国家自然科学基金项目(42277154，41867033)
山东省高等学校"青创人才引育计划"边坡安全管控与灾害
预防技术创新团队项目(鲁教科函〔2021〕51 号)

化工矿山露天转地下开采技术

Open Pit to Underground Mining Technology of Chemical Mine

李小双 王运敏 陈秋松 滕 琳 王 燕 著

科 学 出 版 社

北 京

内 容 简 介

　　本书结合云南滇池区域典型的深凹露天化工矿山——云南磷化集团有限公司晋宁磷矿、昆阳磷矿的开采情况，以层状高陡岩质边坡与房柱法地下开采耦合作用下岩体的采动演化特征这一科学问题为研究目标，阐明露天终了层状高陡岩质边坡对地下开采的坡高、坡角的影响效应，建立边坡影响下地下采场上覆关键层的非线性力学分析模型及岩体变形破坏演化的形态方程，揭示化工矿山露天转地下开采后层状高陡岩质边坡与地下开采耦合作用下岩体非线性变形机制与动态失稳机理，为矿山露天转地下后的地压管理与控制及露天边坡的安全维护提供理论依据。

　　本书可供从事化工矿山开采的工程技术人员、科研人员和管理人员阅读，也可供高等院校采矿工程专业师生参考。

图书在版编目（CIP）数据

化工矿山露天转地下开采技术= Open Pit to Underground Mining Technology of Chemical Mine / 李小双等著. —北京：科学出版社，2024.1

ISBN 978-7-03-071668-2

Ⅰ.①化… Ⅱ.①李… Ⅲ.①磷矿床-非金属矿开采-研究-云南 Ⅳ.①TD871

中国版本图书馆CIP数据核字（2022）第032687号

责任编辑：李 雪 崔元春 / 责任校对：高辰雷
责任印制：师艳茹 / 封面设计：无极书装

科 学 出 版 社 出版
北京东黄城根北街 16 号
邮政编码：100717
http://www.sciencep.com

北京中石油彩色印刷有限责任公司 印刷
科学出版社发行 各地新华书店经销
*
2024 年 1 月第 一 版 开本：720×1000 1/16
2024 年 1 月第一次印刷 印张：18
字数：360 000
定价：128.00 元
（如有印装质量问题，我社负责调换）

序

　　磷矿是指在经济上能被利用的磷酸盐类矿物的总称，是一种重要的化工矿物原料及不可再生的矿产资源。磷矿主要用于生产磷肥，我国用于磷肥生产所消耗的磷矿石约占磷矿石消费总量的 85%；也可以用来制造黄磷、磷酸、磷化物及其他磷酸盐类产品，这些产品被广泛应用于医药、食品、火柴、染料、制糖、陶瓷、国防等部门。同时，磷是植物生长必不可少的三大营养元素之一，而且不可替代。

　　农业是我国国民经济的基础，但是我国农业资源禀赋条件差，人多地少，人均耕地仅 1.36 亩（1 亩约为 666.67m^2），只及世界人均耕地的 40%。要确保在占世界 7% 的耕地上养活占世界 22% 的人口，农业的种植强度提高和化肥的合理利用是稳产增产的关键。习近平总书记提出："中国人的饭碗任何时候都要牢牢端在自己手中，饭碗主要装中国粮。"[1]因此，磷资源高效开发利用是关系我国粮食生产安全的重大课题，磷矿资源的可持续发展，对我国农业的生产、丰产及国民经济具有重要的战略意义。

　　我国磷矿资源丰富。据美国地质调查局统计：2021 年，我国磷矿石储量为 37.55 亿 t，仅次于摩洛哥，居全球第二。我国磷矿资源虽然丰富，但矿产资源人均占有量低，资源禀赋差。我国北方和东部地区可供利用的磷矿资源很少，磷矿资源分布相对集中在云南、贵州、湖北、湖南和四川，五省共占全国查明资源储量的 78.3%，磷矿石产量占全国 95% 以上。我国磷矿资源禀赋条件较差，贫矿多、富矿少，平均品位在 17% 左右；矿体以中厚度缓倾斜层状为主，开采难度大；沉积型磷块岩绝大多数是含硅钙镁的胶磷矿型，约占查明资源储量的 85%，磷矿物和脉石矿物紧密共生，嵌布粒度细，选矿技术难度大，生产成本高。

　　磷矿是我国的战略性矿产资源，随着我国磷肥产能的快速扩张，以及磷化工产品需求的增长，中国磷矿石产量快速增长，2006 年我国超过美国成为世界第一大磷矿石生产国。2019 年底，全国磷矿矿山 281 座，其中，大中型 137 座；全国形成磷矿设计开采规模 12152 万 t/a；选矿规模 4800 万 t/a 左右。相继建成云南磷化集团有限公司，贵州磷化（集团）有限责任公司[包括贵州开磷控股（集团）有限责任公司、瓮福（集团）有限责任公司]，四川雷波、德阳，湖北宜昌、保康等磷矿生产基地。2021 年，中国磷矿石产量为 10289.9 万 t，占世界产量的 45% 左右。

　　云南是我国主要的磷矿和磷肥生产基地，2019 年磷矿和磷肥产量分别占全国

---

① 中国人的饭碗要牢牢端在自己手中，饭碗主要装中国粮. 中国青年报. 2021-12-27 06:14.

的 22.3%和 25.8%，支撑磷肥生产的磷资源开发以滇池周边的露天矿山为主。随着浅部资源基本耗尽，矿山在"十四五"期间面临露天转地下开采问题。目前，国内缺乏系统研究磷矿山露天转地下开采技术的专业性图书，该书在系统理论研究的基础上，以层状高陡岩质边坡和坑底周围岩体与地下采场围岩及其上覆岩体组成的"露井二元复合采动系统"为研究对象，综合应用现场调研、数值模拟试验、相似材料模拟试验及理论分析的研究方法，揭示露天转地下开采后层状高陡岩质边坡与地下开采相互作用的岩体非线性变形机制与动态失稳机理，为露天转地下开采后地压管理及露天边坡安全维护提供理论依据，是对我国化工矿山露天转地下开采具有较好参考价值的专业图书。

中国化学矿业协会秘书长 杜家海

2022 年 11 月

前　言

　　固体磷矿石是目前人类唯一能够开采利用的磷资源，具有不可替代、不可再生的特性，广泛应用于农业、医药、军工、食品等领域，磷资源的高效开发利用是关系我国粮食生产安全的重大课题，具有重要的战略意义。随着资源开采，磷矿石资源日趋枯竭，国土资源部(现自然资源部)将其列为 2010 年后不能满足国民经济发展需求的 20 个矿种之一，并于 2016 年将磷矿石纳入我国战略性矿产目录，随即出台了环保限采、征收资源税等政策，限制磷矿资源的过度开采。我国磷矿绝大部分属于海相沉积型磷矿，缓倾斜薄至中厚难采磷矿床占已探明工业储量的 70%以上，而露天开采的磷矿山约占已探明工业储量的 30%，最具有代表性的矿山为云南滇池区域的昆阳、晋宁、尖山、海口等大型露天磷矿山。

　　"十二五"末期以来，随着我国浅部磷矿资源逐步开采殆尽，我国露天磷矿主产区云南滇池地区、贵州瓮福地区、湖北胡集地区的露天磷矿山逐步进入深凹露天开采阶段，部分矿区(贵州穿岩洞磷矿、湖北黄麦岭磷矿、云南没租哨磷矿)甚至已经转入地下开采阶段。特别是占我国露天产磷总量 90%左右与占磷总产量 25%的云南滇池地区的磷矿，其成矿年代久远、历经地质构造活动频繁、地处云南高原滇池周边这一重要生态敏感区域，为大型沉积型连续层状矿床，呈缓倾斜、含软夹层、薄至中厚的赋存状态，埋藏深度为 50～400m 的近浅埋矿床历经多次地质构造与浅部露天采矿作业扰动，呈现典型的松散体特征，矿体顶板与围岩节理、裂隙发育，属于典型的不稳定岩体类型。同时，矿山由露天转入地下开采后，矿体上盘附近还矗立有露天开采形成的层状高陡岩质边坡，该类型露天边坡的存在对地下开采的顺利进行产生重要影响。

　　全书共 8 章，针对矿山由露天转地下开采后，边坡及坑底周围岩体与地下开采组成一个复合动态变化体系，其变形和力学行为极为复杂，局部呈现出典型的非线性特征这一关键科学问题，以缓倾斜、含软夹层、薄至中厚磷矿床露天转房柱法地下开采为依托背景，拟在现场调研、相似材料模拟试验、数值模拟分析与理论研究的基础上，研究露天层状高陡岩质边坡与地下采场围岩及其上覆岩体应力场、位移场及变形破坏场的动态演化特征，阐明边坡对地下开采坡高、坡角的影响效应。基于岩体弹塑性理论、赖斯纳(Reissner)中厚板理论，运用数学化归分析法，引入边坡效应因子 K，构建地下采场上覆关键层分阶段特征的力学分析模型及岩体变形破坏演化的形态方程，提出岩体采动失稳的力学条件判据，揭示露天转地下开采后层状高陡岩质边坡与地下开采相互作用的岩体非线性变形机制与动态失稳机理，为复杂地质赋存条件矿山露天转地下开采后地压管理与控制及露天边坡的安全维护提供科学依据。特别感谢云南云天化股份有限公司总经理崔周全，国家磷资源开发利用工程技术研究中心主任李耀基，江西理工大学教授赵奎，同济大学教授蔡永昌、博士研究生刘高扬，重庆大学教授张东明、魏作安，中煤科工集团重庆研究院有限公司唐强高级工程师在本书撰写过程中提出的宝贵建议。另外，还要感谢江西理工大学教授王晓军，副教授钟文，讲师耿加波，副教授胡凯建，硕士研究生杨舜、李启航、刘志芳、周涛、罗浪在实验过程中提供的悉心帮助；感谢云南磷化集团有限公司党委书记王清生、副总经理陆龙华，国家磷资源开发利用工程技术研究中心常务副主任魏立君，晋宁磷矿、昆阳磷矿与尖山磷矿的相关领导及工程技术人员在本书出版过程中的悉心帮助。

　　本书近期研究成果及本书的出版得到了国家自然科学基金面上项目(42277154)、国家自然科学基金地区科学基金项目(41867033)、山东省高等学校"青创人才引育计划"边坡安全管控与灾害预防技术创新团队项目(鲁教科函〔2021〕51号)、山东自然科学基金项目(ZR2022E188)、济南市"新高校20条"科研带头人工作室项目(20228108)的资助，作者在此深表谢意。由于作者水平有限，书中不足之处，恳切希望读者予以批评指正。

作　者

2022 年 11 月

目 录

1 绪 论

自 20 世纪 50 年代以来，全世界已建有有色金属、钢铁、煤炭、黄金、化工等各类露天矿山 1500 余座。按矿山当前的生产能力计算，露天开采在各类非能源固态矿床开发中所占的比例约为：有色金属矿 50%、铁矿 87%、化工原料矿 71%、建材矿山近 100%。经过几十年持续高强度的开采，绝大多数露天矿山已经进入深凹露天开采阶段，大部分矿山正在或者已经转露天和地下联合开采或者完全转地下开采。露天矿进入深凹开采阶段后，一方面采场水平不断延深，采场作业尺寸逐渐缩小，工作平台宽度变窄，运输距离增加，运输效率降低，矿山生产能力下降，作业成本显著增加；另一方面露天边坡越来越高，边坡控制和管理的难度越来越大，对生产的威胁日益加剧。此外，采场的环境污染越来越严重，劳动、作业条件日益恶化，劳动生产率显著降低。露天开采具有的投产快、基建投资少、安全指数高、损失贫化指标好等优势逐步丧失。因此，随着浅部易开采资源逐渐减少和露天坑延伸扩大，剥采比增幅显著，并形成了深凹底坑和陡峭的露天终了边坡，使得矿山开采不仅技术难度加大，而且无经济效益可言，这些因素迫使露天开采矿山转地下开采。

矿山由露天转地下开采后，露天边坡及坑底周围岩体先后受到两次大规模开采扰动。露天大规模开采时期，露天边坡及坑底周围岩体已经形成较大的应力扰动，以压应力释放为主，局部地段产生应力集中，开采结束一段时间后应力达到一个新的平衡。在此基础上再转入地下开采阶段，露天边坡及周围岩体依旧位于地下开采影响区域范围内，再次对露天边坡及坑底周围岩体造成扰动，形成二次扰动，且第二次开采扰动极大地影响并改变其应力与变形状态。同时，露天边坡及坑底周围岩体受扰动后的变形破坏对地下采场围岩及其上覆岩层的应力与变形状态也产生重要影响，表现为一种采动的作用与影响对另一个平衡体系的干扰或作用，使得两个体系之间的危害相互诱发，从而组成一个复合动态变化系统。该系统内的岩体应力状态与变形过程有别于单一露天开采或者单一地下开采。

磷矿是国家重要的战略资源，在我国粮食生产、现代化学工业、新能源、新材料及国防等领域中具有广泛用途。磷矿是农业中不可替代的磷肥生产原料，因此磷资源的高效开发利用是关系我国粮食生产安全的重大课题。并且，磷矿石被国土资源部(现称为自然资源部)列为 2010 年后不能满足国民经济发展需求的 20 个矿种之一。磷矿物按其成矿起源可分为沉积岩、变质岩和火成岩。目前，工业开采的磷矿约 85% 是海相沉积型磷矿，其余主要为火成岩磷矿。我国磷矿绝大部分属于海相沉积型磷矿,缓倾斜薄至中厚难采磷矿床占已探明工业储量的70%以上,而露天开采的矿山约占30%,最具有代表性的矿山为云南滇池周边区域的昆阳、晋宁、尖山、海口等大型露天磷矿山。"十二五"末期以来,随着我国浅部磷矿资源逐步开采殆尽,我国露天磷矿主产区云南滇池地区、贵州瓮福地区、湖北胡集地区的露天磷矿山逐步进入深凹露天开采阶段,部分矿区(贵州穿岩洞磷矿、湖北黄麦岭磷矿、云南没租哨磷矿)甚至已经转入地下开采阶段。特别是占我国露天产磷总量90%左右与占磷总产量25%的云南滇池的磷矿成矿年代久远、历经地质构造活动频繁、地处云南高原滇池周边这一重要生态敏感区域,为大型沉积型连续层状矿床,呈缓倾斜、含软夹层、薄至中厚的赋存状态,埋藏深度为50~400m的近浅埋矿床历经多次地质构造与浅部露天采矿作业扰动,呈现典型的松散体特征,矿体顶板与围岩节理、裂隙发育,属于典型的不稳定岩体类型。同时,矿山由露天转地下开采后,矿体上盘附近还矗立有露天开采形成的层状高陡岩质边坡,该类型露天边坡的存在对地下开采的顺利进行产生重要影响。矿山采用露天或者地下开采后,其相应的采矿方法、采矿工艺、生产及运输程序以及由采矿活动引起的边坡、采场覆岩、围岩与地表的采动破坏特征、顶板与采场围岩矿压活动规律是截然不同的[1,2]。因此,对磷矿床露天转地下开采的研究显得尤为迫切与突出。本书通过现场调研、相似材料模拟试验、数值模拟试验和理论研究,对复杂地质赋存条件下磷矿床露天转房柱法地下开采后,层状高陡岩质边坡与地下开采相互作用的采动演化特征及其动态效应进行全面、深入研究,揭示露天边坡与地下采场围岩及其上覆岩层的非线性变形机制与动态失稳机理。相关成果对我国复杂地质赋存条件下矿山露天转地下开采后地压管理与控制及露天边坡的安全维护具有重要的理论意义和工程价值。

1.1 我国磷矿资源赋存现状

磷矿的工业开采始于19世纪中叶。首次有产量记载的是1847年在英国萨福克地区开采了500t磷矿。20世纪50年代以前,磷肥工业尚处于以生产过磷酸钙为主的早期阶段,对磷矿的数量和质量要求都不高,磷矿开采仅选择地理位置好、交通运输方便和开采容易的富矿,不经富集处理即能满足磷肥生产的需要。随着磷肥工业的发展,磷矿需求量迅速增加,尤其是高浓度复合肥料生产的发展对高质量磷矿的需求也相应增加,仅仅开采浅部富磷矿的生产方式已不能满足要求。在这种情况下,开采品位不高的磷矿资源,经过富集加工处理生产商品磷矿的生产方式迅速发展起来。

全球磷矿石资源储量与产量分布较为集中。据美国地质调查局(USGS)统计,截至2019年底全球磷矿储量为678亿t,磷矿资源量为3000亿t,按目前的消耗速度静态计算，全球磷矿探明储量可使用 300 年左右，整体来看，可基本保障社会生存发展需求。尽管全球磷资源储量丰富，但分布极不均衡，其中摩洛哥和西撒哈拉的磷矿储量以 500 亿 t 位列全球第一，中国的磷矿储量以 37 亿 t 居全球第二，阿尔及利亚的磷矿储量以 22 亿 t 居全球第三，仅摩洛哥和西撒哈拉、中国、阿尔及利亚三个国家和地区磷矿储量占全球总探明磷储量的 80% 以上，因此全球磷矿石产业集中度较高。2020 年全球磷矿石产量为 2.2 亿 t，产量居全球前三的国家和地区分别为中国(52%)、摩洛哥和西撒哈拉(12.5%)、美国(11%)，这三个国家和地区产量占比超过全球磷矿石产量的 75%。国外进行深部矿体开采的磷矿山较少，90% 以上磷矿山主要开采浅部矿体资源，美国、摩洛哥、巴西、突尼斯、澳大利亚、约旦、埃及、沙特阿拉伯、以色列、南非、秘鲁和委内瑞拉等主要磷矿开采大国几乎全部采用露天开采方式；而同为磷矿开采大国的俄罗斯及苏联地区则以露天开采方式为主，同时少部分矿山进行了深部矿体资源开采，以地下开采方式为主。

我国蕴藏丰富的磷矿资源，磷矿远景资源储量约占世界磷矿远景资源总储量的 8.33%，仅次于摩洛哥和西撒哈拉地区。已探明磷矿资源量仅次于摩洛哥，约占世界已探明磷矿资源总量的 35%，位居世界第二位。截至 2019 年底，我国共有磷矿产地 578 处，其中大型 93 处，中型 168 处，小型 317 处，所查明磷矿床以中、小型为主。磷矿床数量上以中、小型为主，但储量规模以大型为主。我国磷矿资源分布在全国 29 个省(自治区、直辖市)，已探明磷矿资源量总量 189.90 亿 t，其中经济储量 13.60 亿 t，基础储量 46.40 亿 t，资源量 143.50 亿 t，平均品位 17%。其中，品位大于 30% 的富矿储量 3.30 亿 t，基础储量 7.85 亿 t，保有查明资源量 13.20 亿 t，富矿已探明资源量占已探明磷矿光源总量的 6.95%。据自然资源部统计，截至 2019 年底，全国共有磷矿生产企业 376 家，其中大型生产企业 10 家，磷矿石年生产量约 3500 万 t；中型生产企业 50 家，磷矿石年生产量 1000 多万吨；小型企业 316 家，磷矿石年生产量 5 万 t 以下的小矿有 74 家，磷矿石年生产量合计约 2000 万 t，形成了大中小矿山并举、共同发展的局面，年开采总规模达 6600 多万吨。我国磷矿开采分为露天和地下开采两种，其中，深部矿体资源的地下开采产量约占 65%，浅部矿体资源的露天开采产量约占 35%。露天磷矿多为深凹露天磷矿，以公路开拓运输为主。大型露天磷矿回采率可达到 97%~98%，部分中小型露天磷矿回采率在 75% 左右，露天开采具代表性的磷矿山有云南磷化集团有限公司的磷矿山、贵州磷化(集团)有限责任公司瓮福磷矿、湖北黄麦岭磷矿以及湖北荆襄大峪口磷矿。地下开采主要有空场法和崩落法，采矿回采率一般在 70%~80%，部分特大型矿山的回采率可达到 85% 左右，大部分小型磷矿山的回采率仅为 60% 左右，地下开采具代表性的磷矿山有贵州磷化(集团)有限责任公司开阳磷矿、四川金河磷矿集团有限公司金河磷矿[3,4]。

1.2　国内外研究现状

1.2.1　国内外矿山露天转地下开采现状

1) 国外矿山露天转地下开采现状

国外由露天转入地下开采的矿山较多,主要涉及金属矿山,如瑞典基鲁纳瓦拉矿、南非科菲丰坦金刚石矿、加拿大基德里克多金属矿、加拿大贡纳尔铀矿、加拿大斯提普洛克铁矿、加拿大威廉姆斯铁矿、芬兰皮哈萨尔米矿、苏联阿巴岗斯基铁矿、澳大利亚蒙特莱尔铜矿、扎伊尔卡莫铜钴矿、因斯平拉逊铁矿、苏联列比斯基铁矿、美国圣拉依茨铁矿、英国弗洛根金姆铁矿、苏联沙尔巴伊斯基铁矿、新巴里斯基铁矿、印度 Malanjhkhand 铜矿、伊朗 Chah-Gaz 铁矿、俄罗斯 Raspadsky 铁矿、印度 Rampura Agucha 铅锌矿等[5-25]。根据各矿山地质、采矿、资源、环境和经济等因素的不同,就上述矿山合理的露天开采极限深度、露天开采向地下开采过渡时期的产量衔接、露天开采边坡管理与残柱回收、露天开采坑底顶柱厚度和缓冲层厚度、露天开采开拓系统与地下开采系统衔接以及露天坑内通风与防排水系统等问题进行了系统研究,取得较好的效果[26-48]。

芬兰皮哈萨尔米矿为黄铁矿矿床,矿体埋深在地表以下 500m,走向长 650m,中部宽 75 m,两端变窄,矿体北部倾角 50°~70°,其余部位为垂直的,该矿开采的特点是:采用露天转地下同时开拓建设、露天超前地下开采的方式,并利用统一的地下巷道,使过渡时期拉长,确保地下开采有充分的时间进行采矿方法试验。露天转地下共同使用井下破碎站和提升系统,减少了基建投资和露天剥离量,深部露天矿石通过溜井下放到地下开采的运输系统中,采用竖井提升方式比地面汽车运输节约开采成本,从地面有斜坡道直通井下各个工作面,有利于提高采场的机械化程度和设备的效率。

瑞典基鲁纳瓦拉矿的矿床由三个透镜状矿体组成,长 7000m,倾角 55°~65°,其中基鲁纳瓦拉矿走向长 3000m,平均厚度 90m,该矿从 1952 年开始由露天向地下开采过渡,1962 年全部转入地下开采,矿山生产能力为 2300 万~2500 万 t/a。该矿山开采的特点是:深部露天矿石用溜井通过坑内巷道运出,减少了露天剥离量并缩短了运输距离;地下用竖井斜坡道开拓,使凿岩、装运等无轨设备可直接进出坑内采矿工作面;井下运输提升全部实现自动化,使地下开采的机械化提高到一个新的水平。

2) 国内矿山露天转地下开采现状

国内也有不少矿山正在或即将要露天转地下开采,"十一五"以来特别是"十二五""十三五"期间,我国已有广西的大新锰矿,河北的矿山村铁矿、建龙铁矿,福建的连城锰矿，河南的银洞坡金矿，安徽的新桥硫铁矿，江苏的冶山铁矿、凤凰山铁矿，安徽的铜官山铜矿，甘肃的折腰山铜矿，湖北的余华寺铁矿、大广山铁矿、红安萤石矿、大冶铜山口铜矿、大冶铁矿东露天矿、黄麦岭磷矿，辽宁的北松树卯铝矿、小汪沟铁矿、海城滑石矿，江西的良山铁矿，浙江的漓渚铁矿，山东的赵庄金矿、归来庄金矿、金岭铁矿、蒙阴金刚石矿，内蒙古的金山矿业公司，贵州的穿岩洞磷矿，云南的没租哨磷矿等 30 余座年产量 300 万～1000 万 t 的大中型露天矿山转入地下开采[49-80]。国内露天转地下开采的矿山虽然不多，但通过试验和理论研究在露天地下联合穿爆地下出矿、露天漏斗法采矿、地下穿爆露天出矿、露天转地下开采离散单元数值模拟、露天地下联合开采平稳过渡措施、覆盖层合理厚度、露天转地下开采后次生应力场的有限单元模拟、地下开采防水、露天开采境界顶柱数值分析以及采场结构参数和开采顺序优化等工艺和技术方面积累了很多宝贵经验。

江苏的凤凰山铁矿是我国露天转地下开采最早的矿山，该矿 1960 年开始进行地下开采工程的建设，1973～1976 年由露天向地下开采过渡，由于采用的方法得当，达到了过渡期稳产 30 万 t/a 产量的要求。该矿在过渡期的开采特点是：露天与地下同时建设，先采露天部分，待转入地下开采时，使露天有足够的时间回采残柱，地下有充分的时间进行试采，这样既保证了露天残柱回采，也给过渡期的持续稳产创造了条件；因地制宜地选择地下第一中段的采矿方法，是露天转地下开采在过渡期稳产的重要环节。浙江的漓渚铁矿矿体走向长 300 m，倾角 55°～75°，矿体埋深 335m，矿体平均厚度 60m，该矿在+80m 以上采用露天开采，露天开采结束后，沿矿体走向留下了三个露天坑和顶底板三角矿带。转入地下开采后，先采用无底柱分段崩落法回采顶底盘残矿，然后采用大爆破的方式一次性将顶底板围岩崩落形成厚度 20m 以上的废石覆盖层，作为下一阶段开采时的上覆岩层，以确保地下采矿的安全。

铜陵有色金属集团股份有限公司下属的铜山露天矿、前山露天矿和凤凰山铜矿的金牛露天矿，均为由露天转地下开采的矿山实例。以铜山露天矿为例，该矿利用原–40m 阶段作为露天矿的主运输巷道，其开采技术特征是：露天爆破作业对地下作业面的破坏作用完全可以人为控制，该矿采用多排孔微差爆破技术，每段药量控制在 500kg 以内，地下巷道一般不会发生冒顶和严重开裂现象，可以保证其稳定性；同时把在计算地震波影响范围内的地下工作人员撤离到安全地点并及时清顶检查，可以保证人员安全。此外，凤凰山铜矿与中钢集团马鞍山矿山研究总院股份有限公司合作，就该矿金牛露天采场开采技术安全问题进行了全面系统的研究，采用露天矿临界边坡控制爆破技术、地下空区层位及形态的探测技术、合理规划露天开采顺序和边坡稳定性监控等研究方法和手段，实现了露天矿的安全生产，同时确保了下部矿体地下开采的正常进行。

3)磷矿山露天转地下开采现状

以摩洛哥磷酸盐公司(OCP)、美国佛鲁里达美盛公司(Mosaic Co.)、俄罗斯 PhosAgro 公司、美国 Potash Corp 公司,约旦 Jordan Phosphate Mines Company (JPMC)公司、巴西 Vale 公司、沙特 Maaden 公司、以色列 Israel Chemicals(ICL) 公司为代表的国外磷矿山,依靠其先进的开采设备、管理模式与天然良好的资源 禀赋条件,基本以露天开采为主,远未进入深部露天转地下开采阶段。"十一五" "十二五""十三五"期间,国内部分露天磷矿山已经、正在或即将进入露天转地 下开采阶段,湖北省黄麦岭磷化工有限责任公司露天转地下充填法磷矿年采矿 200 万 t 工程项目基本竣工建成,湖北荆襄、大峪口、洋丰磷矿区露天转地下 30 万~90 万 t 工程项目正在实施建设过程中,贵州磷化(集团)有限责任公司瓮福磷 矿英坪矿段露天转地下充填法磷矿年采矿 100 万 t 工程项目基本竣工建成、云南寻 甸没租哨磷矿露天转地下充填法磷矿年采矿 50 万 t 工程项目基本竣工建成,云南晋 宁昆阳磷矿二矿区露天转地下充填法磷矿年采矿 50 万 t 工程项目正在实施建设过程 中。"十四五"时期,会有更多的露天磷矿山进入露天转地下开采阶段[81-91]。

1.2.2 国内外矿山露天转地下开采技术研究现状

露天转地下开采是一项复杂的系统工程,它不是一个孤立"转"的过程,需 要把露天和地下作为一个整体,通过科学规划和完美衔接,实现总体安全高效开 采。露天开采平稳过渡到地下开采最为关键的岩石力学难题是同一岩层(体)区段 受到数个应力场的作用,使其应力与变形状态十分复杂,呈现典型的非线性、突 发特点,给露天边坡的安全维护与地下采场地压的安全管理、灾害防治与预测带 来严重挑战。露天开采时期的大规模开挖,对露天边坡及坑底周围岩体形成较大 的应力扰动,局部产生应力集中,出现大变形甚至破坏现象。在此基础上进行地 下开采,将形成更为复杂的次生应力场,引起边坡及坑底周围岩体进一步变形和 破坏,甚至出现边坡失稳和采场围岩及其上覆岩层局部离层、垮塌等灾害[92-105]。 同时,露天转地下开采后,露天边坡及坑底周围岩体、地下采场围岩及其上覆岩 体形成了一个统一的复合开采系统,且其形状十分复杂,露天边坡及坑底周围岩 体对地下开采的应力与变形影响效应随着地下开采空间的扩展逐步呈现。

在近百年的露天与地下开采过程中,国内外科研工作者对单一露天开采边坡 岩体和单一地下开采下的采场围岩及其上覆岩层的应力显现规律与变形破坏机理 已经有深入的认识,并取得了卓越的研究成果,形成了较完备的理论体系,并得 到工程实践验证。单一露天开采方面:针对边坡岩体失稳破坏问题,经过广大学 者的不懈努力,已经建立了边坡稳定性评价的基本理论与方法[106-117]。特别是近 年来随着计算机技术的飞速发展与计算分析软件的日益完善,各种计算手段逐渐 被应用至边坡稳定性分析中,大大促进了边坡学科的发展与完善。国内外学者已提出的滑坡稳定性计算方法有数十种之多，常用的边坡稳定性分析方法有工程地质类比法、极限平衡法、极限分析法、数值分析法、可靠度法、模型试验法、人工智能法等。其中占主导地位的是极限平衡法和数值分析法。单一地下开采方面：针对地下采矿工程诱发的采场围岩及其上覆岩层变形、离散移动和垮落、地表下沉等矿山压力显现问题，开展了大量卓有成效的研究工作。国内外地下采场围岩及其上覆岩层应力与变形破坏特征研究大致可分为三个阶段——假说与推理阶段、现场实测与规律认识阶段、预测方法和预测理论建立及实际应用阶段。相关的理论模型建立的研究方法主要包括几何模型研究、力学模型研究、数值模型研究、相似物理模型研究以及其他模型研究(专家系统模型、神经网络模型、遗传算法模型、模糊数学模型和灰色系统模型)[117-135]。依托上述相关理论基础，几十年来，国内外无数露天矿山与地下矿山实现了科学化的开采设计与安全高效开采，并为露天转地下开采的研究与实践工作提供了坚实的基础。

国外露天转地下开采的矿山较多，涉及金属、非金属及煤矿等不同类型的矿山，自 20 世纪 70 年代以来，国外研究人员从实际出发，依据不同类型矿山的地质赋存特点和实际开采情况，对露天开采的极限深度、露天开采转地下开采过渡时期的产量衔接、露天与地下两个开拓系统过渡衔接、露天转地下开采后边坡的稳定性及管理措施、坑底残柱回采、坑内通风与防排水系统等问题展开大量有针对性的研究工作，并在多个矿山的开采实践中积累了丰富的经验。Jakubec 等[136]从地质调查的角度对埃卡蒂(Ekati)金刚石矿露天转地下开采后的边坡岩体结构进行研究与分析。Moss 等[137]针对帕拉博拉(Palabora)矿露天转地下开采后的崩落空区对上部采坑边帮的作用机理进行了研究。Richard 等[138]应用 3DEC 数值模拟软件，对 Palabora 矿露天转崩落法地下开采过程中的北侧高陡边帮失稳过程进行了三维模拟分析。Bakhtavar[139]基于地质钻孔数据，建立了数学经济分析模型，对 Chah-Gaz 铁矿露天转地下开采的最佳开采深度进行了研究。Sokolov 等[140]对俄罗斯乌达奇内(Udachny)矿露天转地下开采过渡时期的产量衔接问题进行了研究。Bakhtavar 和 Shahriar[141]通过理论研究与数学经济模型分析，量化估算了露天转地下开采的合理经济剥采比与最佳时间。

我国大部分大中型矿山建于 20 世纪年 60 年代左右，矿山露天转地下开采方面的研究工作始于 90 年代左右，国内众多学者经过 30 年的不懈努力，特别是"十五""十一五""十二五""十三五"期间，在露天与地下开采统筹规划(露天转地下开采过渡期产量衔接、露天开采极限深度、露天与地下联合/过渡期开采的工艺技术与工艺参数、露天转地下开采后开拓系统与地下采矿方法的选择与优化)、露天生产与地下开采同时作业的安全问题(境界顶柱厚度与稳定性、露天覆盖层的厚度与稳定性)等方面进行了大量现场实际问题的研究工作，相关的科研技术成果为矿山实际工程实践提供了技术支撑。

李占金等[142]采用 ANSYS 三维有限单元数值模拟方法与模糊数学理论，建立了考虑安全和经济效益的综合模糊评判模型，得出石人沟铁矿在不停产过渡期间，在垂直方向上露天与地下同时开采的最佳采场结构参数。周科平等[143]从露天转地下矿山的地质条件和工程状况出发，运用未确知测度理论，建立露天转地下境界顶柱安全性评价模型。采用该评价模型对新桥硫铁矿、石人沟铁矿和获各琦铜矿3 座典型的露天转地下矿山境界顶柱的安全性进行评价，评价结果与实际情况基本一致。谢胜军等[144]基于理想点规范化方法、海明贴近度方法与模糊多属性决策理论，采用主客观组合权重法研究得出南芬铁矿露天转地下开采的最优采矿方法为无底柱分段崩落法。张钦礼等[145]以姑山铁矿露天转地下为实例，通过运用 ANSYS 数值模拟分析，获得了不同跨度下的安全隔离层厚度，推荐露天转地下开采的隔离层最佳厚度为 18m。李海英等[146]针对小汪沟铁矿露天转地下过渡期露天开采境界内底部矿量、地下开采挂帮矿的实际生产条件，系统研究了地下开采与岩移特点，提出了应用诱导冒落技术控制挂帮矿地采岩移的方法，有效解决了露天转地下过渡期产量衔接的难题。

随着科研工作者研究工作不断深入，并伴随计算机模拟技术、矿山岩体测试与观测手段的不断进步，各种试验方法与试验设备不断丰富与更新，加之各种交叉学科的先进理论不断引入，国内科研工作者在前期研究与实践的基础上，进入更深层次露天转地下开采力学机制与变形机理的理论研究与实践阶段，在露天转地下开采后边坡及坑底周围岩体变形特征及破坏机制、露天边坡与地下开采的相互作用机理、露天转地下开采后采场围岩的移动特征与破坏机理、露天转地下开采后地下开采对边坡的稳定性影响及作用机理、露天转地下开采后露天坑底及周围岩体受力与变形特性等相关方面做了大量探索性的研究工作，取得了一系列丰硕成果。此阶段，国内外学者的研究焦点集中在露天转地下开采后边坡的变形破坏特征与失稳机理，以及地下开采对边坡稳定性的影响及作用机制。

李长洪等[147]提出了一种基于支持向量机的露天转地下开采边坡变形模型，有效表达了地下开采扰动引起露天矿边坡变形的非线性变化关系。宋卫东等[148]以攀枝花尖山铁矿为工程背景，采用物理相似材料模型试验和数值模拟计算相结合的方法，对露天转地下开采过程中围岩的破坏机理及移动范围进行了系统研究。张亚民等[149]以金川龙首矿为研究背景，采用理论分析、数值计算与现场实测相结合的方法，对其高水平应力为主导的矿区露天转地下开采地标与边坡岩体的变形机制进行系统研究。徐帅等[150]通过离散元大变形数值模拟，对上向进路充填法地下开采与爆破震动影响下露天边坡的稳定性进行了系统研究。胡建华等[151]结合室内岩石力学实验，对岩石黏聚力、内摩擦角等力学参数进行了统计分析，针对矿山工程现状进行了参数折减，实现了对采空区影响下边坡的稳定性分析。

刘杰等[152]以孟家堡子铁矿露天转地下开采的实际情况为工程背景，利用强度折减法和 FLAC^{3D} 数值模拟方法，分析静态及开采扰动下的边坡稳定性；根据随采深下降的边坡破坏规律，对开采方案进行优化。王云飞等[153]以杏山铁矿为例，通过相似材料模拟试验，研究了地下矿体开采过程中边坡岩体的破坏形态，揭示了露天转地下开采边坡失稳导致的动力冲击灾害发生机理。常来山等[154]针对眼前山铁矿露天转地下开采条件下边坡岩体的变形、破坏和稳定性问题，采用 FLAC^{3D}大变形模式分析了矿体开采不同深度下的露天边坡变形破坏特征。张定邦[155]、王鹏等[156]以大冶铁矿露天转地下开采为依托背景，采用相似材料模拟试验的方法对超高陡边坡与崩落法地下开采相互影响机理这一问题进行深入研究，重点分析了地下开采对超高陡边坡稳定性的影响，并运用二维数值模拟软件 UDEC，对边坡滑体失稳后其冲击力作用下边坡底部围岩应力、应变规律进行了系统研究。

孙世国等[157]以工程实例为基础，应用离散元数值模拟，选取合适的力学参数，运用 3DEC、MATLAB 等软件系统，分析了地下开采对高边坡稳定性的影响机制、滑移特点和后续变形发展趋势。邓清海等[158]基于金川龙首矿地表移动全球定位系统(GPS)监测数据，通过光弹性模拟试验，模拟了露天转地下开采过程中采坑围岩的移动和变形过程，从理论上分析了露天转地下开采后露天采坑底部的隆起机理。李博等[159]针对厂坝铅锌矿露天矿转地下开采后北帮高陡边坡稳定性问题，进行了不同开采深度的数值模拟研究和地下开采过程的仿真分析，给出了边坡稳定安全系数，建立了边坡稳定性与开采深度的函数关系。房智恒等[160]以国内某大型矿山为工程背景，通过数值计算与现场调查相结合的方法，对比分析露天转地下开采影响范围内的地表构筑物水平位移、倾斜、曲率、沉降。贾太保[161]以北京云冶矿业有限责任公司的开采工程为背景，研究了复杂环境工程地质条件下露天转地下开采过程中地表变形的动态演变规律、滑移机制和破坏区的界定等内容，并得出了其开采过程中的动态破坏范围及其移动参数的演变特点。张亚宾等[162]以某铁矿露天转地下开采为背景，通过相似材料模拟试验，采用非接触式全场应变分析系统对开采过程进行监测分析，研究在露天转地下开采过程中地下开采对露天边坡的影响规律。王云飞等[163]通过 FLAC^{3D} 三维数值分析，详细分析了地下矿体开采过程中边坡岩体的变形和应力变化规律。孙世国等[164]以乌海矿露天转地下开采工程实践为背景，应用数值模拟方法对 L 形工作面不同开采方案进行了模拟分析，探讨了地下采区由里向外和由外向里不同开采推进顺序对边坡破坏的影响机制。

随着研究的深入，人们对岩体采动影响下的宏观变形破坏响应特征逐步由岩层整体的定性描述(弯曲、垮塌、离层、断裂、底鼓、片帮)向半定量(分布特征、尺寸大小、形态特征、分布面积、空间位置)、定量(分形理论的分形维数描述)分析过渡，以期进一步揭示岩石破坏现象的机理和本质。近年来，国内外学者主要采用数值模拟和相似材料模拟试验等方法，对矿物开采后采场上覆或底部岩层中形成的采动裂隙的分布、扩展及演化过程、形态特征进行了系列研究，并取得了一定的研究成果，但相关研究主要集中在煤矿地下开采研究领域，金属与非金属矿露天转地下开采领域的报道屈指可数。李宏艳等[165]通过相似材料模拟试验，采用数理统计方法对煤层上覆岩层采动裂隙分布进行定性分析，利用分形理论定量描述采动裂隙时空演化规律。张勇等[166]通过 UDEC 数值模拟软件研究了底板裂隙演化规律及动态变化。薛东杰等[167]采用相似材料模拟试验，利用分形与逾渗理论定量评价了岩层采动裂隙的演化特征。李树刚等[168]采用相似材料模拟试验及理论分析，研究单层开采和重复采动条件下覆岩采动裂隙分布、演化规律及其椭抛带形态特征。陈军涛等[169]通过相似材料模拟试验，研究了底板和断层附近岩层随工作面开采的应力及位移变化规律，反演得到底板及断层采动裂隙的发育及扩展演化规律。李小双等[170]以云南磷化集团有限公司晋宁磷矿为依托背景，借助数字照相量测技术，通过相似材料模拟试验，对 20°、50°两种不同倾角条件下，露天转地下开采后地下采场围岩与覆岩的变形破坏特征及动态演化过程进行了系统研究。

综上所述，目前国内外露天转地下开采的研究对象主要集中在倾斜与急倾斜厚大脉状或块状金属矿床如铁矿、铜矿，极少涉及缓倾斜薄至中厚层状非金属磷矿，研究内容的焦点主要集中在现场具体的实际工程技术(露天转地下后的地下采矿方法与采场结构参数、露天坑覆盖层与隔离顶板厚度、露天与地下过渡期的开拓方式与采矿方法)、地下开采对露天边坡的影响效应及作用机制(地下开采影响下边坡稳定性及其评价方法、地下开采影响下边坡岩体的移动与变形破坏规律、地下开采扰动下边坡岩体的致灾机理)，而关于露天转地下开采后露天边坡对地下开采的影响效应及作用机制(边坡的坡高与坡角对地下开采的影响效应)、露天转地下开采后岩体应力场、位移场、变形破坏场相互间的内在关系、露天转地下开采后地下采场围岩及上覆岩采动演化过程、露天转地下开采后地下采场围岩及上覆岩层的采动裂隙演化特征、露天转地下开采后岩体的动态失稳理论方面的研究涉及甚少。露天矿边坡对地下采场围岩及其上覆岩层的应力分布、移动破坏模式及其稳定性有何影响、影响到何种程度，在理论上未形成统一的认识，以及对边坡与地下开采相互作用下的岩体非线性变形机制及动态失稳机理缺乏足够认知，无法为露天转地下开采后采场地压管理与控制及露天边坡的安全维护提供科学依据与指导。

1.3　露天转地下开采技术研究展望

矿山开采所引起的岩层与地表移动控制技术是矿山开采沉陷学科的一个主要研究方向，其目的是通过研究合适的采矿方法或相关技术，尽可能多地采出地下矿体资源，并尽可能减少岩层与地表移动及其损害程度。矿山地下开采必然引起岩层与地表的变形与移动，其变形速度、影响范围、发生与发展时间受围岩物理力学性质、矿体埋藏深度、赋存条件、地质构造、水文地质条件、采矿方法以及回采工艺等众多因素控制。准确地进行岩层与地表移动与变形预测是采矿优化设计的基础。它直接影响到采掘与回采工作的顺利开展，同时对人们采矿活动的安全进行提供了重要保障。当前，国内外关于矿山岩层与地表采动损害的研究主要集中在煤矿，相关的研究成果已经比较成熟，并基本形成完整的体系。而人们对金属矿山和非金属矿山岩层与地表移动的研究虽然取得一定的研究成果，但没有较大突破性的内容，相关的理论体系远未成熟和完善，在很多方面几乎为空白，尚处于初步研究阶段。金属矿山和大部分非金属矿山无论是矿体赋存条件还是采矿方法，与煤矿地层存在着较大差异。而作为非金属矿的磷矿，其成矿类型、矿床赋存类型与煤矿相似，而采矿方法和矿体及顶底板岩性又与金属矿山相似。因此，研究较为充分，并在很多矿山获得成功应用的煤矿岩层移动规律一般不适用于金属矿山和大部分非金属矿山，部分适用于磷矿山[171-186]。因此，开展磷矿山岩层和地表采动损害研究具有重要的意义。

露天转地下开采是一项复杂的系统工程，它不是一个孤立"转"的过程，需要把露天和地下作为一个整体，通过科学规划和完美衔接，实现总体安全高效开采。露天开采平稳过渡到地下开采最为关键的岩石力学难题是：同一岩体（区段）经历数个应力场的作用，使其应力与变形机制十分复杂，局部呈现典型的非线性、突发特点，给露天边坡的安全维护与地下采场地压的安全管理与控制带来严重挑战。矿山露天转地下开采后，露天终了边坡及坑底周围岩体与地下开采组成统一的复合开采系统。露天终了边坡及坑底周围岩体在露天开采时期受到开挖卸荷的应力扰动，在局部地段产生应力集中，并在坡体内形成潜在滑坡体。在此基础上再转入地下开采阶段，地下矿体开挖对其造成二次扰动，并随着开挖空间的推进，二次扰动效果动态叠加，不断地影响并改变其应力与变形状态。同时，露天边坡及坑底周围岩体受扰动后的应力重新分布与变形破坏变化对地下开采也产生重要影响，使得两个体系之间相互诱发危害，从而组成一个复合动态变化系统[75,187-203]。

露天转地下开采的矿山一般可分为露天开采、地下开采、露天和地下同时（或联合）开采、露天开采结束后（转为）地下开采四种工程状态。查阅国内外相关文献，目前人们对单一露天开采与单一地下开采已有深刻认识，而对露天和地下同时（或联合）开采（矿山实际工程案例较少），特别是露天矿山企业普遍存在的露天开采结束后（转为）地下开采的相关研究相对较少。"十五""十一五""十二五""十三五"期间我国科研工作者在露天转地下开采方面做了大量的研究工作，取得了一定的研究成果。但由于露天转地下开采是一项复杂而庞大的系统工程，矿山由露天开采转入地下开采会遇到许多采矿安全和技术问题[143,204-211]。同时由于各类矿山地质采矿赋存条件、采矿工艺、采矿方法和开采技术差异较大，加之露天边坡与地下开采环境的复杂性和不确定性，目前矿山由露天开采转入地下开采后，边坡和地下采场围岩及其上覆岩体的非线性变形机制与动态失稳机理仍然缺乏统一认识与定量化分析和表达。

矿山露天转地下开采是边坡与地下开采所组成的"露井二元复合采动系统"应力场、位移场、变形破坏场不断演化的过程，所有矿山压力现象都是由矿体采出、应力重新分布及岩体的位移运动与变形破坏所引起。因此，研究露天转地下开采后层状高陡岩质边坡与地下开采耦合作用下岩体的采动演化（应力场、位移场、变形破坏场）特征，是揭示露天转地下开采后边坡与地下开采耦合作用机理的关键基础科学问题。

同时，矿物开采（露天或者地下空间开挖）后，造成岩体应力重新分布，引起周边与上覆岩体的移动与变形破坏，并在岩体中形成离层、弯曲、垮塌、片帮、采动裂隙。层状高陡岩质边坡及坑底周围岩体与地下采场围岩及其上覆岩体应力场、位移场、变形破坏场的演化是一贯穿露天转地下开采始末的动态过程，岩体位移场、变形破坏场的演化势必影响到岩体应力场的形成、发展、演化和失稳过程，而岩体应力场演化又影响岩体位移场与变形和破坏的演化过程，几者在开采过程中的内在关系仍不清楚，故有必要开展露天转地下开采后岩体采动演化的动态效应研究，查明应力场、位移场、变形破坏场的各主要影响因素，从而阐明各因素相互间的支配关系，进而构建相应的岩体力学分析模型，并提出其采动失稳的力学条件判据，最终揭示边坡与地下开采耦合作用下非线性变形机制与动态失稳机理。因此，复杂地质赋存条件下缓倾斜含软夹层薄至中厚矿床露天转地下开采后，边坡的最终坡高与坡角等相关因素对地下开采的影响效应也是今后露天转地下开采领域的重点研究方向。

2　典型露天磷矿山工程地质特征与露天转地下开采可行性分析

2.1　晋宁磷矿山概况

2.1.1　矿区地理、交通位置

矿区位于昆明市南 55km,行政区划属晋宁区六街镇及上蒜镇管辖,地理坐标为东经 102°42′16″~102°44′32″、北纬 24°31′40″~24°37′07″。区内有县级公路通宝兴(15km)及余家海(24km),宝兴有准轨铁路通中谊村(18km)接昆(明)玉(溪)铁路,余家海有昆玉高速公路,向北 51km 达昆明市,交通十分便利。

2.1.2　自然经济地理概况

矿区地处云南高原腹地,高原湖泊滇池的东南面。属金沙江水系,南部邻近南盘江水系分水岭地带。矿区为一开阔的溶蚀谷地,属高原低中山地貌区,总体山势北低南高,最高山地海拔 2483.5m,最低点 2090m,相对高差 393.5m。矿区内无地表河流水体,泉水多分布在东西外侧沟谷中,最大岩溶泉干季流量达103.2L/s(核实区北外约 3.5km)。矿区东距大河水库 2.5km,西距柴河水库 4km,两水库蓄水量分别为 1200 万 m³ 及 1600 万 m³。

矿区属亚热带季风气候,旱季雨季分明。雨量集中于 5~10 月,年平均降雨量 925.4mm。年最高气温 30℃,最低气温–6℃,气温较邻近坝区低 1~3℃。旱季多西南风。矿区位于小江地震活动带之西 8~12km,西邻滇池断裂带。小江地震活动带历史记录中大于 6 级的地震 32 次。昆明地区自 1500 年有地震记录以来,共发生有感地震及破坏性地震近 70 次。晋宁磷矿恰处于滇池断裂带附近,属七度地震带范围内。

高压输电线由晋城引入矿区,电源由昆明电力网供给,用电方便。区内及附近有大梨园、鲁纳寺、老鹰窝、小平坝、王家湾等村庄。居民为汉族。以农业为主,农作物有玉米、薯类、小麦、稻谷及烤烟。磷矿开发以来,当地居民部分参与矿山工作和从事服务性经营,经济收入得以提高,生活得以改善。

2.1.3　矿山现状

晋宁磷矿发现于 1965 年,1973 年当地乡村开始开采利用。详勘工作结束后,乡镇矿山继续开发利用磷矿石。1981 年云南磷化集团有限公司下属的晋宁磷矿经省政府批准正式成立，于 1986 年建成年产 30 万 t 矿山并正式投产，1997 年扩建为生产原矿 100 万 t/a 的矿山。到目前为止，晋宁区有县属乡镇企业磷矿山两座(六街镇磷矿、上蒜镇磷矿)，国有企业矿山一家，即云南磷化集团有限公司晋宁磷矿。

晋宁磷矿设计开采方式为露天开采，开拓方式为胶带—公路运输联合开拓，采矿方法为水平分层推土机集堆，装载机装岩矿，贝拉斯矿车及皮带运输机联合运输，矿石外运，岩土内排，复土植被；选矿方法为富矿一段破碎，富矿二段擦洗脱泥，贫矿进行浮选，生产酸法矿。

20 世纪 80 年代初，晋宁磷矿矿山进行开采设计时，将该矿区划分为 10 个开采坑，编号为 1 号采坑至 10 号采坑(简称 1 号~10 号坑)。在 10 个采坑中以 6 号坑储量最大，2 号坑、3 号坑次之，其他各坑储量都较小，且赋存条件相对 6 号、2 号坑来说都比较差。现在除 7 号坑、10 号坑基本未采外，其余采坑都有过不同程度的开采，据实地勘查，以 5 号坑已开采量最小，6 号坑已开采量最大。6 号坑由国有企业云南磷化集团有限公司晋宁磷矿开采，其余采坑均由乡镇企业开采。目前还正在开采的有 1 号、2 号、3 号、6 号、9 号 5 个采坑，其中 6 号坑东采区开采总深度已超过 160m，西采区开采总深度已有 120m。顶帮坡角为 45°，底帮坡角为矿层倾角即 20°~23°。

2.1.4　矿山地质概述

2.1.4.1　矿体特征

核实区内东、西矿层平行产出，并被横断层切割成若干大小不同的块段。

1) 西矿层

(1)偏头山至大尖山段：矿层位于矿区中部 F_{1-1} 断层以西，北起偏头山 90 勘探线，南止于大尖山 118 勘探线，全长 2800 余米。走向南北，倾向东，倾角 25°~30°，且地表较深部缓，延深较平直。工业矿层厚度大，产状稳定，经工程控制，延深大于 600m。表外矿层延深局部有变薄及分支现象。

(2)小尖山至长冲阱段：矿层南北向分布于小尖山 116 勘探线至长冲梁子一带，南被 F_{2-19} 错移，止于 F_{1-18}，全长 1620m，总体走向 350°，倾向东，顺坡向产出，倾角 15°~28°。延深至小马碾向斜核部，倾角变为 0°~5°，向斜东翼矿层转为西倾，倾角 30°~45°。延深 400 余米，受 F_{1-1} 限制，具一定规模。

2) 东矿层

(1)北段(34~104 勘探线)：矿层北起大梨园 34 勘探线，沿五指山东坡、小石洞梁子及锅盖顶一线南延，至王家湾东 104 勘探线附近，南北长 7000 余米。矿层总体走向 340°，86 勘探线以南转为南北向；倾向东，倾角 40°～45°，地表倾角 35°～40°。矿层形态单一，除中部受北西、北东向小断层切错外，均完整连续，延深大于 400m，规模较大，为区内工业矿段之一。

(2) 南段(110～130 勘探线)：出露于小白龙山 116 勘探线附近，南延至 130 勘探线，止于 F$_{2-22}$，北端被 F$_{1-9}$ 切割，长 2000 余米。矿层总体走向 340°，118 勘探线以北转为南北向。矿层倾向东，倾角 20°～25°，地表倾角 15°～27°，深部倾角 25°左右。本段矿层厚度大，中部 118 勘探线延深大于 1000m，厚度仍在 10m 以上，是区内较好的工业储量地段。

3) 其他地段

(1) 马鞍山段：矿层出露于 F$_{2-9}$ 与 F$_{3-11}$ 夹持的断块中，其间因 F$_{1-7}$ 纵断层逆冲重复呈平行两条，分别位于 TC$_{110-9}$、TC$_{110-4}$、TC$_{112-5}$ 及 F$_{2-13}$、F$_{1-7}$ 间，长分别为 520 余米和 700 余米，由于受断层影响，工业价值较小。

(2) 小白龙段：矿层位于小白龙背斜，北被 F$_{2-9}$ 与 F$_{1-9}$ 切割而不全，南至 120 勘探线附近分叉。矿层全长 1200m，走向南北，分别向东、西倾斜，核部倾角平缓，西翼较陡，东翼倾角 30°～50°，延深几十米即受断层限制。规模较小。

(3) 王家湾以南至 110 线 F$_{2-9}$ 断层以西北地段，储量规模小，构造复杂。

2.1.4.2 开采技术条件

1) 水文条件

矿区位于云南高原腹地，属金沙江水系，南邻南盘江水系分水岭地带。当地最低侵蚀基准面为柴河水库 1950m。区域地表水体远离矿区，并处于较低位置，形成矿区地表水、地下水的排泄场所，对矿区无充水影响。

矿区地处分水岭，区域无含水层补给，地表水体远离矿区并处于较低位置。因此，矿区地下水全部由大气降水补给，其补给面积不大，径流段较短，故其动态降水影响很大。

2) 工程地质

矿层为坚硬岩组，由致密状磷块岩、含砂白云质磷块岩、硅质磷块岩夹含磷白云岩组成，岩石坚固系数(普氏系数)为 7～9，可钻性级别为 Ⅴ～Ⅶ。矿层顶板为半坚硬岩组，由泥质白云岩、含磷白云岩、含云母粉砂泥质岩、页岩及含砾石英砂岩、白云岩夹泥质岩组成。岩石坚固系数(普氏系数)为 6～10，可钻性级别为 Ⅳ～Ⅵ。

矿层底板为坚硬至半坚硬岩组，由白云岩、泥质白云岩夹薄层燧石及粉砂质页岩组成。岩石坚固系数(普氏系数)为 14～16，可钻性级别为 Ⅴ～Ⅵ。矿区内矿层及其顶底板岩层属坚硬或半坚硬岩组，涉及露采边坡岩层的软弱夹层很少，采场受断层及节理影响小。工程地质条件简单。

3) 环境地质

矿区位于小江地震活动带西 8～12km，西邻滇池断裂带，根据《中国地震烈度区划图(1990)》，矿区地震烈度为七度，属较稳定区。但在 2001 年编制的《云南省区域地壳稳定性评价图》(1∶1000000)上，此区划为次不稳定区。在中国地震动参数区划图中，矿区地震动峰值加速度为 0.20g。历史上近 400 年此区虽无破坏性地震，但东侧小江强震活动带发生过 6 级以上地震 32 次，西侧断裂带也有多次破坏性地震。本区自身发生强震的可能性很小，而邻区小江断裂带和滇池断裂带可能发生的破坏性地震会影响到此区的稳定性。

现采区内各露天采场台阶高度和坡角选用合理，采场边坡较稳定，未出现过大的崩塌现象，仅个别底帮出现过滑塌。废土石均有稳定排放场地，置于相对低凹处，停用排放场地均已种草，部分已植树。排放场地稳定性较好。

综前所述，矿区所处地区稳定性介于较稳定与较不稳定之间，矿区附近无污染源，地下水水质良好。

2.2　晋宁磷矿 6 号坑口东采区概况

2.2.1　自然地理

晋宁磷矿 6 号坑范围：西起小石岩—锅盖顶一线，东至打煤炭—小平坝—大柳树一线；南起大沙地，北达小黑土。南北长约 4.16km，东西宽约 0.57km，面积约 2.37km^2。地理坐标为：东经 102°42′47″～102°44′09″，北纬 24°33′47″～24°36′10″。

晋宁磷矿 2 号坑属于晋宁磷矿区中部(Ⅲ矿段)的一部分，54～62 号勘探线为 2 号坑北部。

矿区属中山地貌，海拔高度介于 2160～2420m，平均海拔高度 2290m，最大相对高差 263.0m。矿区东侧有大河水系，西北侧有柴河水系，据气象资料，矿区冬季寒冷，夏无酷暑，且常年多雾。年最高气温 30.3℃，最低气温–6℃，就一般情况而言，气温较坝区低 1～3℃。旱雨季明显，雨量集中于 5～10 月，年平均降雨量 925.4mm。旱季多为西南风，最大风力七级。矿区东、西侧沟谷中有泉水涌出。

矿区位于小江地震活动带之西 8～12km，西临滇池断裂带。小江地震活动带历史记录大于Ⅵ度的地震 32 次。其中Ⅹ度地震 2 次，Ⅸ度地震 3 次，昆明地区自 1500 年有地震记录以来共发生有感地震及破坏性地震近 70 次。晋宁磷矿处于滇池断裂带附近，属于断层地震影响范围内，矿山建设应考虑地震因素。

2.2.2 矿区地层

区内出露的地层大都为沉积岩。由老至新为：前震旦系昆阳群浅变质砂板岩、碳酸盐岩；震旦系(Zb)陆相碎屑岩及浅海—滨海相碳酸盐岩、碎屑岩；下寒武统(∈₁)浅海相泥质岩、磷酸盐岩；泥盆系(D)滨海—海相碎屑岩、碳酸盐岩；石炭系(C)浅海—滨海相碳酸盐岩、泥质岩；二叠系(P)浅海—滨海相碳酸盐岩、玄武岩；三叠系滨海相泥质岩、碳酸盐岩；侏罗系至第四系均为陆相碎屑岩。由西至东，区域地层渐次变新，详细介绍如下。

2.2.2.1 上震旦统灯影组(Z_2dn)

下段(Z_2dn^1)为灰白至暗灰色中厚至厚层状隐晶—细晶白云岩，偶夹灰黄色泥质白云岩，局部具硅质条纹。中段(Z_2dn^2)为灰黄、灰紫、灰绿色薄至中厚层状细—粉砂岩、粉砂质页岩、泥质白云岩、含粉砂白云质页岩，上部夹岩屑石英细砂岩。上段(Z_2dn^3)为灰白色薄至中厚层状隐晶—细晶白云岩，夹泥质白云岩及硅质条带。主要分布在本工作区的西南部。P_2O_5含量一般为0.5%～3%。厚度大于300m。

2.2.2.2 梅树村组第一段($\in_1m^1$)

灰色、灰白色薄至中厚层状白云岩，夹黑色薄层状燧石层，燧石常呈脉状及波状层理，有时呈透镜状层理。该段夹有20余层燧石层，其频率约为8.5条/m。P_2O_5含量一般为1%～6%。厚度为7～25m。

2.2.2.3 梅树村组第二段($\in_1m^2$)

底部：下为灰黑色硅质磷块岩，致密坚硬。局部见同生次圆状磷砾石，砾径约1cm，P_2O_5含量一般为14.34%～31.54%，平均为21%。厚度为0～5.3m。上为黑、灰黑色含磷凝灰质黏土岩，风化后呈白(黄)色，薄层状含磷砂质凝灰质黏土岩。主要黏土矿物为伊利石、蒙脱石—伊利石混层。晶屑、玻屑矿物有石英、长石，还有磷块岩粒屑、白云石、黄铁矿等。厚度为0～3.3m。P_2O_5含量一般为1.7%。以上两层由于受古地貌和后期剥蚀作用的影响，一般残缺不全，厚度变化大，分布不稳定。

下部：灰至深灰色薄至中厚层、层纹状含砂白云质磷块岩，夹灰黄色含云母粉砂质白云岩。层纹由深、浅两色相间构成。P_2O_5含量一般为8%～15%，为主要表外矿体。一般厚度为10～15m。

上部：灰至灰黑色薄至中厚层(有时为层纹状)含砂白云质磷块岩，夹灰黄色含云母粉砂质白云岩。P_2O_5含量一般为8%～24%，为贫矿体。厚度为0～38m，一般为3～16m。

2.2.2.4　梅树村组第三段($\epsilon_1 m^3$)

该段为主要富矿体(层)。

深灰、蓝灰、瓦灰色薄至中厚层状致密块状磷块岩，偶夹灰色硅质磷块岩。P_2O_5 含量一般为 25.00%～37.12%，当硅质磷块岩增多时，P_2O_5 含量相对降低。富矿体一般为条带状构造。厚度为 0～19.70m。

工作区内缺失梅树村组第四段($\epsilon_1 m^4$)和下寒武统筇竹寺组($\epsilon_1 q$)，与中泥盆统海口组($D_2 h$)呈假整合接触。

2.2.2.5　中泥盆统海口组($D_2 h$)

底部为浅灰绿色、灰紫色砾岩、含砾石英砂岩。砾石成分为磷块岩、硅质岩、碳酸盐岩。砾石呈长条状、扁球状，长轴多平行于层面。厚度 0.48m。下部为灰白、灰绿、灰紫色中厚层状细粒石英砂岩，底层有稀疏的磷块岩细砾，顶层有 15cm 的灰黑色含砾泥质岩。上部为灰绿、灰紫色薄层状细砾岩、含砾石英砂岩及石英砂岩，厚度 3.6～32m。与上覆地层呈整合接触。

2.2.2.6　上泥盆统宰格组($D_3 z$)

下段($D_3 z^1$)为黄色、灰色中厚层状泥质白云岩夹浅绿色泥质岩，灰色、浅紫色隐晶—中晶白云岩夹泥质岩、灰质白云岩，浅黄色中厚层状泥质白云岩夹黄绿色泥质岩，厚度 3～15m。

中段($D_3 z^2$)为浅灰至深灰色隐晶—中晶白云岩，夹泥质白云岩、泥质岩，厚度 30～60m。

上段($D_3 z^3$)为浅黄色、灰色薄至中厚层状隐晶—中晶白云岩，与泥质白云岩及泥质岩呈不等厚互层。往上为灰黄、灰紫色薄至中厚层状细晶白云岩，夹浅绿色泥质岩，厚度约 17m。与上覆地层呈整合接触。

2.2.2.7　下石炭统大塘阶($C_1 d$)

下段($C_1 d^1$)：底部为浅黄色厚层同生角砾状白云岩；下部为灰色中厚层状细晶—中晶白云岩夹淡绿色泥质岩、浅紫灰色中厚层状泥质白云岩；中部为浅绿色厚层块状同生角砾状白云岩；上部为浅灰、灰色隐晶—中晶白云岩，夹淡绿色薄层泥质岩。该段以同生角砾状白云岩为其特征，厚度 24.65～93.50m。

上段($C_1 d^2$)：为浅灰、灰白色中厚至厚层状隐晶—中晶白云岩，中上部夹灰白色中厚层致密状灰质白云岩，厚度 42.84～84.67m，与上覆地层呈整合接触。

2.2.2.8　中石炭统威宁组($C_2 w$)

下段($C_2 w^1$)：下部为浅红、浅黄色中厚至厚层状中晶—粗晶白云岩夹致密灰质白云岩,上部为浅灰、灰白色厚层中晶—粗晶白云岩,厚度 20～43m。

上段(C_2w^2):灰色、灰白色中至厚层状生物碎屑灰岩、鲕状灰岩。溶蚀较发育,有少量泥砂质充填,厚度 15～18m,与上覆地层呈整合接触。

2.2.2.9　下二叠统倒石头组(P_1d)

底部为石英砂岩,下部为碳质黏土及页岩,上部为杂色铝土质页岩,夹灰岩透镜体及煤层,与上覆地层呈整合接触。

2.2.2.10　下二叠统栖霞组(P_1q)

灰色、灰白色厚层状白云岩,上部时有含方解石团块的致密灰质白云岩。厚度 52～149m,与上覆地层呈整合接触。

2.2.2.11　下二叠统茅口组(P_1m)

下部为灰色、灰白色虎斑状灰岩,夹薄层白云岩,上部为白云岩,厚度 213.31～252.15m。与上覆地层呈整合接触。

2.2.2.12　第四系(Q)

褐色、黄色、土红色黏土、含砂黏土,常夹各类岩块,厚度 0～50m。

2.2.3　矿区构造

前期受到东西向的挤压,形成近南北向的区域性 F_{1-1}、F_{1-2}、F_{10-01} 断层,工作区位于 F_{1-1}、F_{1-2} 断层的东侧,后期受到近北西-南东向的挤压,形成近北东-南西向的 F_{2-4} 断层。构造不复杂,地层、矿层向东倾斜,呈单斜状产出。

2.2.3.1　断层

区内断层均为成矿后形成的断层,按其产出及展布方向可分为近南北向、北东-南西向两组。

1)近南北向断层

F_{1-1} 断层:为区域性大断层,近南北向贯穿于整个晋宁磷矿区,错断地层和矿层,形成东西两大矿体(层),工作区内矿体(层)为东矿体(层),属 F_{1-1} 断层的东盘。区内长度约 9530m,断层面倾向东,倾角 65°～70°,属逆断层,东盘上升,西盘下降。穿越工作区西侧。

F_{1-2} 断层:断层走向 N15°W,断层总长度约 2588m,区内长度约 584m,在 57 号勘探线附近弯曲度较大。断层面倾向东,倾角 63°～70°,属逆断层,东盘上升,西盘下降。

F_{10-01}断层：断层走向 N2°E，断层长度约 107m，断层面倾向东，倾角 68°～71°，属逆断层，东盘上升，西盘下降。延伸短，规模小。

2）北东-南西向断层（主要有 F_{2-4} 断层）

F_{2-4} 断层：断层走向 N22°E，断层长度约 129m，断层属平—逆断层，北西盘向南西方向滑动，南东盘向北东方向滑动，滑动距离 27～29m。断层延伸短，规模小，对矿层影响不大。

2.2.3.2 褶皱

工作区内无褶皱，地层、矿层向东倾斜，为单斜地质体。若从较大的范围来看，为养伯牛向斜西翼的一部分。

2.2.4 矿床地质特征

区内磷块岩矿床属浅海相沉积层状大型矿床，后期受构造运动影响，经风化、剥蚀，对矿层的稳定性造成一定的影响，富矿层变化较大，贫矿层基本稳定，矿层产于含磷岩系地层的中上部，矿体（层）形态和产状与围岩基本一致。

矿体（层）的产出基本与含磷岩系地层一致，矿体（层）沉积后，受到近东西向的挤压，形成近南北向的区域性断层 F_{1-1}，矿层东盘的西部被抬升，形成西高东低、向东倾斜的单斜矿体（层）。矿层走向约为 N19°W，倾向约为 N71°E，倾角为 25.8°～59.3°，平均倾角 44.7°。大部分矿体（层）的倾角在 45°左右，倾角变化较小。

区内矿体（层）主要赋存于梅树村组第二、三段中，第三段为主要富矿层，主要特征如下：梅树村组第二段底部为灰黑色硅质磷块岩。下部为灰、深灰色、黑色薄至中厚层状含砂白云质磷块岩，主要为Ⅲ品级（表外矿），风化强可为Ⅱ品级。上部由深灰、灰紫、绿灰、灰绿、灰黑色含砂白云质磷块岩及少量致密块状磷块岩组成，主要为Ⅱ品级，部分为Ⅲ品级。梅树村组第三段为深灰、蓝灰、瓦灰色薄层状致密块状磷块岩，是Ⅰ品级富矿赋存层位。

矿层形成后，受构造运动的影响，被抬升到海平面之上，接受风化和剥蚀，富矿层位于上部，影响较大，区内部分位置的富矿层受到不同程度的剥蚀，有些部分被剥蚀，使Ⅰ品级矿体（层）变薄，有些已被完全剥蚀，缺失Ⅰ品级矿体（层），所以Ⅰ品级矿体（层）连续性较差，Ⅱ品级矿体（层）连续性次之，Ⅲ品级矿体（层）连续性较好。矿区内，Ⅰ品级（富矿层）厚度 1.20～28.40m，平均厚度为 4.78m（面积加权平均厚度），Ⅱ品级（贫矿层）厚度 1.00～20.80m，平均厚度为 5.11m（面积加权平均厚度），Ⅲ品级（表外矿）厚度 1.00～28.42m，平均厚度为 11.64m（面积加权平均厚度）。

2.2.5 矿体围岩和夹石

矿体(层)底板为梅树村组第一段灰色、灰白色薄至中厚层状白云岩，夹黑色薄层状燧石条带。主要化学组分为硅、钙、镁，P_2O_5含量为1%～3%，顶部局部风化后P_2O_5含量可高达15%左右，平均含量3.35%。

矿体(层)顶板为中泥盆统海口组(D_2h)灰白、灰绿色、灰紫色砾岩、含砾石英砂岩。主要化学组分为硅、钙、铝，P_2O_5含量为2%～6%。

一般情况下，富矿体(Ⅰ品级)内部不含夹石层，局部地段Ⅰ品级矿体夹Ⅱ品级矿层。夹石层常伴随Ⅱ品级和Ⅲ品级矿层出现，有时夹石层与Ⅱ品级矿层、Ⅲ品级矿层相互交错出现，本区内大多数剖面都可见夹石层，Ⅲ品级矿层中夹石层较多，Ⅱ品级矿层中次之。

2.2.6 晋宁磷矿 6 号坑口东采区开采现状

晋宁磷矿从1987年开始进行小矿开采，经过扩建改造后，目前矿山已达到150万t/a富矿加中矿的采选生产能力，其开采范围主要在6号坑，其余采坑也有小规模零星开采。经过多年开采，6号坑西翼大部分矿量已被消耗，东翼也已开采到2360m标高以下。在6号坑的五个小采区中，西一采区和西三采区已经闭坑，其中西三采区的采空区已开始内排废石，西二采区露采境界底部还有少量零星矿体，东一采区和东二采区的矿体开采标高已到达2360m以下。在6号坑已经形成的采空区内，还残留有部分零星矿体，在以后开采中一并加以回收利用。矿山急需其他各采坑接续开采，以维持矿山的正常生产，并满足正在建设的晋宁二街450万t/a磷矿浮选厂对原矿的需求。

根据现有的地质勘探，目前6号坑西采区深部矿体基本枯竭，东采区在露天境界线2150m标高以下还存在大量矿体，其倾向延伸长度达到1000m以上。当前6号坑东采区开采总深度已超过200m，最大达到220m(图2.1)，对深部矿体

图 2.1　晋宁磷矿 6 号坑口东采区开采现状

继续进行深凹露天开采在经济和技术上基本不合理，进行深部矿体露天转地下开采是未来必然的选择。

2.3 晋宁磷矿露天转地下开采可行性分析

2.3.1 1 号坑口

1 号坑位于晋宁磷矿的最北端，34～48 勘探线之间，由于矿体厚度变化大和前期小生产开采，1 号坑的矿体情况主要从 34 勘探线、38 勘探线及 42 勘探线剖面图获得。34 勘探线剖面图矿体仅在 2130m 左右，其深部应该有延深，只是勘探程度不够；38 勘探线剖面显示，矿体上部较厚，从 2200m 向下逐渐变薄，2180m 以下三级矿体总厚度仅 3m 左右；42 勘探线剖面矿体分布比较均匀，剖面图矿体延深至 2090m，自 2170m 矿体内出现夹石，矿石质量不是很好。

经过对 1 号坑各剖面的分析，由于勘探程度较低，深部矿体情况不明朗，根据目前的地质资料，矿权上部，即 2210m 以上适合露采，剥采比 2.7m³/t 左右，小于经济合理剥采比，其深部矿体仍有露天开采的可能，经过简单推断和估算，1 号坑采至 2170m，剥采比 3.5～3.8m³/t，基本达到了露采盈利极值，因此建议 1 号坑露天回采最深采至 2170m 水平，虽然矿体勘探深度不大，但根据目前的地质资料分析，矿体有尖灭迹象，远景储量不大，1 号坑不具备地下开采价值，即没有地采可行性，特别是雨季应采取有效防范措施。

2.3.2 2 号坑口

2 号坑位于 1 号坑和 5 号坑之间，即 48～94 勘探线之间，2 号坑走向比较长，现在被分成了南北两个采坑，进行过一定规模的回采，采坑部分矿段进行了回填，回填量不明。2 号坑由 11 个剖面控制，其中 48 勘探线剖面图矿体厚度大且品位好，只是剖面图中矿体只到 2220m；50 勘探线剖面矿体分为两层，矿体厚度均匀，变化不大，有较大延深，深部矿体有增大，只是主要为Ⅲ品级矿量。62 勘探线和 70 勘探线剖面图矿体至约 2190m 水平，矿体厚度和品位较好，没有尖灭迹象，根据附近剖面判断，应该还有较大的延深；74 勘探线和 78 勘探线处的矿体较薄，仅上部比较厚，向深处逐渐变薄，分别在约 2070m 和 2140m 处尖灭；其余剖面矿体厚度均比较稳定，延深至 2000m 左右仍没有明显的尖灭现象，说明深部仍有矿体。

2 号坑矿量比较大，且矿石质量也较好，有很大的延深，只是矿量较为分散。目前分为南北两个采坑，由于 74 勘探线和 78 勘探线矿体较薄，分成两个采坑可以降低剥采比，只是要损失部分矿石。2 号坑矿体虽然倾角较大，约 45°，有较大延深(目前看在 250m 左右)，但矿体倾向与山坡一致，且矿体较厚，由于各剖面矿体的勘探深度不一致，无法准确计算剥采比，只能根据相邻剖面和本剖面矿体的变化情况进行推断和估算。经过对各剖面的分析计算，2号坑采至2020m水平，剥采比约3.3m³/t，基本达到了经济合理剥采比水平，即2号坑的露天最大开采深度至2020m水平，以下适宜地下开采。采用盈利法计算的剥采比3.8m³/t来圈定露天境界，最大开采深度为1990～2000m。由于2号坑部分矿段进行了回填，需要进行二次剥离，势必增大剥采比，然而回填量的多少及采出量的多少目前不是很清楚，无法计算考虑二次剥离的剥采比。总之2号坑有较好的远景储量，存在露天转地下开采的可能。

2.3.3　3号坑口

　　3号坑属于西矿层，位于5号坑的西部，位于94(西)勘探线和104(西)勘探线之间，勘探线网度较小，共由6条勘探线控制，储量级别高，矿量比较多，露天采场连续，矿量集中，剥采比较小，因此3号坑适合于露天开采。但是，由于采坑东部是王家湾村，距离民房很近，有一部分民房已经位于露天开采境界内，如果影响范围内的全部民房进行搬迁，搬迁量大，需要较多的费用。如果这些民房不搬迁，整个3号坑基本上不能开采。如果采用地下开采，投资大，基建期长，受上部村庄的影响，地采比较困难，采用空场法或崩落法势必影响地表安全，采用充填法的成本会大大提高，基本无经济效益可言。3号坑目前采矿权范围内仅Ⅰ品级和Ⅱ品级矿量约1000万t，加上Ⅲ品级矿量，估计潜在价值在30亿元以上。根据矿体的延深情况，3号坑远景储量仍有很大的潜力。

　　3号坑露天开采无疑是最好的选择，但目前首先要做好王家湾村的搬迁安置工作，其次才能进行深部勘探，增加储量。

2.3.4　4号坑口

　　4号坑同属于西矿层，位于3号坑南侧，3号坑和4号坑被一条沟谷一分为二。4号坑走向较短，南高北低，高差较大，主要由3个剖面控制，即106勘探线、110勘探线和114勘探线，储量级别低，北半部在采矿权2210m以下，因此储量报告中矿量少，但矿体均匀稳定，有一定延深，深部储量可观。目前仅在114勘探线附近进行了开采。

　　106勘探线剖面地表水平较低，矿体倾向与山坡相反，目前勘探揭露至2000m水平，以下没有尖灭迹象，深部矿体应该有一定储量；110勘探线剖面在4号坑中间位置，矿体出露地表位置海拔较低，经一斜坡抬升60m左右，地表趋于平缓，矿体倾向总体与地表坡角相反，剖面矿体在2100m水平附近，推测深部有较大延深；114勘探线剖面地表海拔高，矿体出露位置约在2380m水平，勘探程度低，揭露矿体标高仅在2300m左右，矿体较厚，品位较好，深部应该有较大远景储量。

综合三个剖面的分析，4 号坑矿体倾向与地表坡向相反，在走向上从南到北矿体向下倾伏，角度较大。矿体有较大延深，且深部矿体储量可观，需要进一步勘探。虽然矿体有较大延深，且矿体倾向与地表坡向相反，但出露地表，上部矿体仍然适合露天开采。根据选定的剥采比 3.32m³/t 对其进行境界圈定，经过计算 106 勘探线、110 勘探线和 114 勘探线三个剖面的开采深度分别至 2100m 水平、2200m 水平和 2300m 水平。其深部矿体适合地下开采，但目前勘探程度低，深部矿体情况及储量不明，需要进一步做好深部详勘工作。

3 号坑与 4 号坑相邻，被一天然沟谷隔开，其矿体应该属于同一矿脉，根据剖面图来看，情况也比较相似，两个采坑的走向都不是很大，因此在考虑地下开采时可将其划分为一个采区，这样可以节省投资，提高效益。

2.3.5　5 号坑口

5 号坑属于东矿层，位于 2 号坑以南，主要由 94 勘探线、98 勘探线和 102 勘探线三个剖面控制，矿体出露地表，有较大延深，但储量级别低，深部基本没做探矿工作。从剖面图来看，5 号坑无疑是适合露天开采的，按照最小经济合理剥采比对露天境界进行圈定，最大开采深度至 2080m 左右，2080m 以下矿体矿量不明，需要做补勘工作，可和 2 号坑一并考虑地下开采。从 5 号坑的平面位置来看，大破碎站到擦洗厂的高强度胶带机从南到北穿过整个采坑，如果搬迁则造成擦洗厂停产，且搬迁费用较多，因此，目前搬迁的可能性较小，只有到最后可以拆除该胶带机的南段时才能开采。

2.3.6　6 号坑口

经过多年开采，6 号坑西翼大部分矿量已被消耗，东翼最深已开采到 2150m 水平。在 6 号坑的五个小采区中，西一采区和西三采区已经闭坑，其中西三采区的采空区已开始内排废石，西二采区露采境界底部还有少量零星矿体，东一采区和东二采区的矿体开采标高最低已至 2150m 水平，目前主要在 2150～2180m 水平采坑。

6 号坑矿体走向长约 2km，倾向延伸在 800m 以上，个别地段达到 1000m 以上；矿层分两层，浅部总厚度一般在 15m 以上，深部变薄，局部较厚，在 0～10m，一般在 5m 左右；矿体倾角一般在 20°～30°，属于缓倾斜矿体，但倾角变化较大，有的达 80°，甚至倒转；矿体及上下盘围岩稳固性较好，水文地质条件较好。

6 号坑矿体上部较厚，出露地表，原设计露天开采是合理的，但随着开采深度的不断下降，东采区开采总深度已超过 200m，并进入深凹露天采矿。根据新计算的最小经济合理剥采比对六号坑东翼采场进行圈定，其最大开采深度约在 2150m 水平，采用面积法估算保有矿量，约 1500 万 t。根据矿山的实际情况，原设计露天境界底最低水平为 2210m,化学工业部连云港设计研究院 2016 年对其进行了扩界设计,扩界后最低水平为 2150m 水平。2018 年由于受到矿石价格上涨及矿山生产规模调整的要求,在原有的露天境界范围的基础上进行了东扩与南扩,本次计算的开采深度是按地质剖面图圈出,扩界后单独回采生产剥采比将大大提高,会影响公司效益,矿山早已进入深凹露天,根据现场生产实际情况,建议 6 号坑最低开采水平为 1920m 水平。

云南磷化集团有限公司下属的昆明磷矿地质队于 2007 年 6 月 22 日至 2008 年 3 月 31 日完成了晋宁磷矿六号坑东采区 114~128 勘探线的生产探矿工作,其深部仍有较大储量,有必要进行地下开采。矿体延深局部超 1000m,采用地下开采符合矿山的长远利益;矿体及顶底板围岩情况较好,矿体附近无较大的水体,排水方便,相对开采条件好。总之,晋宁磷矿 6 号坑具有较好的露天转地下开采条件。

2.3.7　7~10 号坑口

7~10 号坑比较集中,且采坑均不大,位于 6 号坑北部,4 号坑东部,该部分矿体勘探程度较低,剖面较少,但简单判断都比较适宜露天开采,各采区情况如下。

7 号坑位于 110~114 勘探线之间,保有矿量较多,剥采比小,储量级别高,从平面图来看,采场工作面连续,矿量集中。但布置有汽保车间,需要搬迁。

8 号坑位于 106~110 勘探线东,矿量较多,剥采比小,但储量级别低,需要补充勘探。

9 号坑位于 102~110 勘探线东,保有矿量较少,剥采比小,但储量级别低,需要补充勘探。

10 号坑位于 110~116 勘探线之间,保有矿量较多,剥采比小,经过生产勘探后储量级别提高。但布置有采场办公生活区,需要搬迁。

2.3.8　露天转地下开采可行性分析

经过对晋宁磷矿 10 个采坑的分析,除 1 号、7~10 号坑外其余采坑都具有地下开采的可行性。2 号坑采深至 2020m 水平;3 号坑勘探深度较浅,不好判断开采水平,估计与 4 号坑北部相似,约在 2100m 水平;4 号坑为梯段式,最低开采水平由北向南分别为 2100m、2200m 和 2300m;5 号坑采深至 2080m;6 号坑东采场采深至 2210m。2 号坑采深最深,但考虑到 2 号坑需要二次剥离,会增大其剥采比,因此 2 号坑的采深会提高。因此各采坑的露采最低开采水平在 2100m 附近。

存在地下开采可行性的采坑中,除 2 号坑口与 6 号坑深部做过生产探矿外,其余采坑深部勘探程度低或只是推断,不能满足地下开采的设计需要,同时还应补做水文地质及矿岩物理性质报告,方可进行下一步的工作。同时结合现阶段矿山的生产、运营情况,2 号坑口北采区、6 号坑口东采区深部矿体是地下开采的最佳地点。考虑到当前 6 号坑口的"三通一平"设施条件较好，深部矿体探矿达到详勘程度且目前进入露天开采境界的收尾阶段，矿区露天接替露天开采范围的东扩与南扩工作基本结束，为确保露天转地下开采阶段的平稳过渡，最终确定将 6 号坑口东采区作为当前阶段地下开采的首选地点、2 号坑口北采区作为后续工业试验地段。

2.4　矿区岩体物理力学参数测定

2.4.1　试件采集与制备

(1)在采样操作过程中，应使试件原有结构和状态尽量不受破坏，一般采用打钻取样，也可以在巷道中或回采工作面采空区及矿壁直接采样。

(2)采样地点应该符合研究的目的要求，并应特别注意试件的代表性。在研究某一局部地点的岩石性质时，应在所研究地点附近寻找具有代表性的采样点采样；在研究较大范围内的岩石性质时，应根据岩性变化情况，分别在几个具有代表性的采样点采样；当岩层厚变化较大时应分别在上、中、下不同部位采样。

(3)钻孔取样应尽量垂直层面打钻，偏斜不大于 5°。有特殊困难不能做到上述要求时，应注明偏斜角度。尽量不采用爆破方法采样，以免产生大量人为裂隙。如只能用爆破方法时，也应降低炮眼的装药量，以减小其影响。本次所采取岩块的规格大体为长×宽×高=20cm×20cm×15cm 的立方体。

(4)采样时应有专人做好试件描述记录和编号工作。岩块试件编号方式采用Ⅱ/1-1、Ⅱ/1-2、…标记，其中罗马数字表示矿层编号，前一个阿拉伯数字表示矿层顶板(底板)的第几层，后一个阿拉伯数字表示该岩层的第几块试件。阿拉伯数字在上(分子)表示为顶板试件，在下(分母)表示底板试件。钻孔采样时应附柱状图，岩心岩(样)编号可采用柱状图上的岩层层序号。编号用颜色漆写在试件上，同时在试件上用符号"⊥"表明其层理方向。

(5)每组试件的数量应满足试件制备的需要，根据要求测定的项目确定。考虑到加工时的损耗以及偏离度大于 20%的试件要剔除等因素，采样时一般应按表列数量的两倍取样。对于软岩，采样数量还应该更大一些。

(6)试件采好后，迅速用纸包好，写上编号，运到装载点后立即浸蜡整体封固。对松软吸水风化的岩石最好能在取样点立即包装封固。试件封固后装入上下四周均填塞木屑的木箱内，编号完毕后发运到实验单位。

根据晋宁磷矿 6 号坑口东采区、2 号坑口北采区的工程地质调查情况，结合工作报告研究主要目的，在地表和采空区内随机采集若干岩石试件，岩石试件采好并包装好后通过专用运输箱运至实验室进行加工。开展室内单轴压缩、劈裂和三轴压缩试验。样品统计见表 2.1。

表 2.1 样品统计

岩石名称	取样块数	备注
Ⅰ品级磷矿石	6	
Ⅱ、Ⅲ品级磷矿石	10	试件均取自晋宁磷矿 2 号、6 号坑口采场，试件
直接顶板含砾石英砂岩	6	节理都较发育。取样试件在较小的外力冲击下容
间接顶板层状含泥白云岩	5	易脱层
直接底板灰白色薄至中厚层状白云岩	5	

根据《水利水电工程岩石试验规程》(SL/T 264—2020)的要求，岩石抗拉试验采用间接的劈裂法，试件规格为 $\phi50mm\times h25mm$ (ϕ 表示直径，h 表示高度)标准试件，抗压及三轴剪切试验采用 $\phi50mm\times h100mm$ 试件，试件采用从大块试件上钻取岩心(图 2.2)，然后锯切研磨，制成所需规格和精度要求的标准试件(图 2.3)。

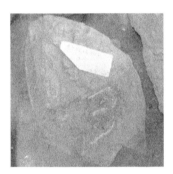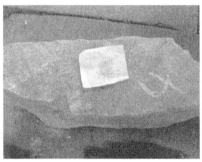

图 2.2 现场采集的部分岩块

图 2.3 标准圆柱形试件

2.4.2 岩石力学试验设备和仪器

试验所用设备包括三部分：第一部分为岩石试件加工和制作设备；第二部分

为岩石试件基本物理性质参数测试设备；第三部分为岩石力学单轴、三轴压缩和巴西劈裂试验设备。

2.4.2.1　岩石试件加工和制作设备

试验中岩石试件加工和制作设备主要包括：姜堰区先科机电设备有限公司生产的立式钻床(图 2.4)、姜堰区先科机电设备有限公司生产的自动岩石切片机(图 2.5)、云南磨床厂生产的卧轴矩台平面磨床机(图 2.6)。

图 2.4　立式钻床　　　　　　　　图 2.5　自动岩石切片机

图 2.6　卧轴矩台平面磨床机

2.4.2.2　岩石试件基本物理性质参数测试设备

科研报告中所用到的岩石试件基本物理性质参数测试设备主要有直角尺、误差控制在 0.02mm 的游标卡尺、水平检测台、百分表。

2.4.2.3　岩石力学单轴、三轴压缩和巴西劈裂试验设备

1)岩石单轴和三轴压缩试验设备

试件常规单轴压缩试验所使用的岩石力学试验系统为美国生产的 MTS815.03

电液伺服岩石力学试验机，如图 2.7 所示。该试验机是目前国内配置最高、性能最为先进的岩石力学试验设备，可进行岩石的单轴压缩试验、单轴直接拉伸试验、单轴间接拉伸试验、常温和高温下的三轴压缩试验、循环压缩试验、蠕变试验等。轴向最大荷载为 2800kN，围压最大为 140MPa，系统精度<0.3%，系统零漂<±0.03%，最大压缩变形量 50mm，测试精度高、性能稳定，可进行高低速数据采集，具有良好的动、静态和系统刚度，能够跟踪岩石破坏的全过程，并得到岩石破坏的全过程应力-应变曲线。此外，进行岩石试件单轴和三轴压缩试验还需要电阻应变片、胶结剂、清洁剂、脱脂棉以及测试导线等材料。

图 2.7　MTS815.03 电液伺服岩石力学试验系统

2）岩石巴西劈裂试验设备

试件巴西劈裂试验所使用的岩石力学试验系统为岛津 AGI-250 岩石力学伺服试验机。岛津 AGI-250 岩石力学伺服试验机是由日本生产并在中国的岛津工厂组装，如图 2.8 所示。该试验机最大轴向荷载为 100kN，可进行高速数据采集，高精度测量，还可进行拉伸、压缩、3/4 点弯曲、撕裂、摩擦、蠕变、松弛、剥离拉伸循环、压缩循环、3/4 点弯曲循环试验，是目前最为先进的中国自组装生产的材料试验机。

图 2.8　岛津 AGI-250 岩石力学伺服试验机

2.4.3　岩石物理力学参数测定

2.4.3.1　试验步骤

(1)测定前核对岩石名称和试件编号，加工完毕后的部分标准试件如图 2.9 所示。

图 2.9　加工完毕后的部分标准试件

(2)检查试件加工精度，测量试件尺寸，一般在试件中部两个互相垂直方向测量直径并计算平均值，达不到要求的试件应剔除。

(3)将试件放置在试验机的承压板中心，调整试件位置和球形座，使试件上表面与上承压板接触均匀，然后对纵应变片进行反复预调平衡。

(4)施加初荷载，检查试验机和应变片工作情况，单轴和三轴压缩试验采用位移控制方式，加载速率为 0.005mm/s，采用 5mm 位移传感器测量试件的轴向位移，1000kN 的力传感器测量试件的轴向荷载。记录荷载和应变值，直至试件完全破坏。试件单轴和三轴压缩试验完毕破坏后的典型照片分别见图 2.10 和图 2.11。

(5)在进行试件的巴西劈裂试验时，通过试件直径的两端，沿轴线画两条相互平行的线作为加载基线。将岩石试件放置于劈裂夹具内，夹具的上、下两弧对准

图 2.10　试件典型单轴压缩试验破坏形式

图 2.11　试件典型三轴压缩试验破坏形式

加载基线，用两侧加持螺钉固定好试件。再把夹好的试件放入试验机的上、下承压板之间，使试件的中心线和试验机的中心线在一条直线上，调整好试件位置和球形座后，以 0.005mm/s 的位移加载速度均匀加载，记录荷载和应变值，直至试件破坏。试件巴西劈裂试验加载完毕破坏后的典型照片见图 2.12。

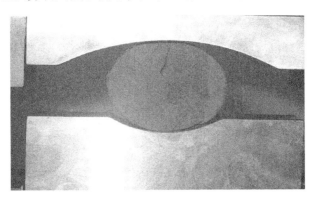

图 2.12　试件典型巴西劈裂试验破坏形式

2.4.3.2　力学参数测定

1）单轴压缩试验

通过测定单轴压力作用下试件所承受的最大荷载，来计算岩石单轴抗压强度；通过轴向和环向位移传感器所测得的应变值计算得出岩石的泊松比；通过MTS815.03 岩石力学电液伺服试验系统绘制全应力-应变过程曲线，求得岩石弹性模量，试验结果见表 2.2。

2）巴西劈裂试验

巴西劈裂试验是目前国内外岩土工程界中测定岩石抗拉强度最基本和应用最广泛的试验方法。其基本原理是在圆柱体（亦称圆盘）试件的直径方向上对径施

表 2.2 岩石物理力学试验结果

岩性	单轴抗压强度/MPa	弹性模量/GPa	抗拉强度/MPa	泊松比	黏聚力/MPa	内摩擦角/(°)	备注
Ⅰ品级磷矿石	75.92	86.07	3.52	0.30	8.42	42.4	
Ⅱ、Ⅲ品级磷矿石	78.23	89.51	5.83	0.32	8.65	42.9	
含砾石英砂岩	45.73	53.08	2.66	0.26	7.84	41.0	试件取自晋宁磷矿 2 号、6 号坑口采场
层状含泥白云岩	49.55	78.31	3.66	0.25	6.09	41.2	
灰白色薄—中厚层状白云岩	78.70	91.49	6.64	0.25	9.03	41.9	

加线性荷载,使试件沿直径破坏,测定出试件径向受压劈裂破坏的荷载,试验结果见表 2.2。

3)三轴压缩试验

除了抗压强度和抗拉强度以外,岩石主要的力学参数还有黏聚力(C)和内摩擦角(ϕ),这两个参数是通过试件三轴压缩试验测得的。试验在 MTS815.03 电液伺服岩石力学试验机上进行,通过测试围压分别为 2MPa、4MPa、6MPa、8MPa、10MPa 下岩石试件轴向所承受的最大荷载值,绘制出岩石试件的莫尔-库仑强度包络线,从而得到岩石试件的黏聚力和内摩擦角值,试验结果见表 2.2。

2.4.4 岩体力学参数研究

岩体宏观力学参数的研究一直是岩石力学最困难的研究课题之一。由于岩体力学性质的小确定性和小均匀性,室内乃至现场岩石力学试验很难代表工程范围大的工程岩体。除岩体力学具有地质代表性外,最大的困难在于如何将小规格尺寸(小于 1m)的试验结果应用于工程范围的岩体参数取值,即如何解决岩体力学参数的尺寸效应问题。由于矿山岩体的各向异性、非连续结构的特点、力学性质及赋存环境总是处在不断变化的过程之中,岩体力学参数取值是岩体力学研究中的一大难题。岩体力学参数取值的准确性与可靠性直接关系到采矿工程的安全性和经济性。实验室中制备的试件,虽然采自现场,但样品是一块完整性较好的岩块,不含或极少含有天然岩体所特有的软弱结构面,由室内试验测试出来的力学参数不能完全代表天然岩体的力学特性,因此,其力学参数需要按一定比例折减,才能应用于天然岩体中。

目前岩体力学参数的确定,归纳起来主要有如下 5 种方法:现场和室内试验法、数值分析法、经验分析法、位移反分析法、不确定性分析法。大量的研究表明[178-182],经验分析法具有简便、快速、经济等优点,已成为岩石边坡工程中岩体力学参数研究占统治地位的研究方法。它通过各种因素将定性与定量分析相结合，综合考虑了影响岩体力学参数的诸多因素，并经许多工程不断验证、改进和完善，已经在世界上得到了广泛应用和推崇，是一种比较有效的确定岩体力学参数的方法。Hoek-Brown 经验法是当前岩土和矿山工程中确定岩体力学参数应用最为广泛、效果最好的一种经验分析法，其岩石与岩体的力学关系见式(2.1)：

$$\sigma_1 / \sigma_b = \sigma_3 / \sigma_b + (1 + m_m \sigma_3 / \sigma_b)^{0.5} \tag{2.1}$$

式中，σ_1、σ_3、σ_b 分别为岩石破坏时三轴抗压强度的最大主应力、最小主应力和单轴抗压强度；m_m 为岩体参数。

以上述 Hoek-Brown 经验公式为理论基础，通过室内岩石力学试验，并在参考国内大量类似工程经验以及《晋宁磷矿矿区地质报告》的基础上，按照表 2.2 的值对围岩与矿体的弹性模量、泊松比、单轴抗压强度与抗拉强度、黏聚力和内摩擦角分别取相应的合适的折减系数，得到了晋宁磷矿 2 号、6 号坑口磷矿层、顶底板及邻近岩层的岩体参数值，各岩体层相关力学参数见表 2.3。

表 2.3　岩体力学参数取值

岩性	单轴抗压强度/MPa	弹性模量/GPa	抗拉强度/MPa	泊松比	黏聚力/MPa	内摩擦角/(°)	备注
Ⅰ品级磷矿石	37.96	28.40	0.88	0.30	5.64	30.53	
Ⅱ、Ⅲ品级磷矿石	39.12	29.54	1.46	0.32	5.80	30.89	
直接顶板含砾石英砂岩	22.87	17.52	0.67	0.26	5.25	29.52	试件取自晋宁磷矿 2 号、6 号坑口采场
间接顶板层状含泥白云岩	24.78	25.84	0.92	0.25	4.08	29.66	
直接底板灰白色薄—中厚层状白云岩	39.35	30.19	1.66	0.21	6.05	30.17	

2.5　本章小结

(1)针对典型的露天磷矿山暨晋宁磷矿，重点对 2 号、6 号坑口的地质、采矿、水文特征及边坡开采现状进行了现场调查。

(2)结合典型的露天磷矿山暨晋宁磷矿各个坑口矿区的实际情况，对其深部矿体地下开采的可行性进行了分析研究，得出晋宁磷矿 6 号坑口东采区是当前条件下实施露天转地下开采的最佳首选地点，2 号坑口北采区次之。

(3)在工程地质调研的基础上，结合研究需要进行了现场采样和室内岩石物理力学性质试验，得到了晋宁磷矿 6 号坑口东采区、2 号坑口北采区主要矿岩层的岩石物理力学参数，并根据前人的理论研究和工程经验折减出各矿岩层相应的岩体物理力学参数。

3 露天转地下开采岩体应力演化特征

目前采矿工程的研究主要依赖三种手段：理论研究、相似材料地质物理力学模型以及数值分析。数值分析以计算力学为基础，随着有限单元分析方法和电子计算机技术的迅速发展而得以广泛应用。滇池区域周边典型的缓倾斜中厚磷矿山由露天转入地下开采后，为了安全、高效地回收矿产资源，在深部矿体地下开采的规划设计阶段和开采过程中，需要对露天边坡、地下矿岩体及采场矿柱、顶板围岩的应力分布及变形情况有一个完整而清楚的了解。伴随着现代矿山工程建设的规模越来越大，场地条件也越来越复杂，产生的矿山工程问题也越来越复杂。对这些问题进行分析评价时，采用传统的现场工业试验与测试或者室内大型的模型试验往往要耗费大量的人力、物力和财力，同时对一些难度较大的矿山工程项目常常由于现阶段试验测试手段的限制而无法实现。数值分析的突出优点是在耗费较少的人力、物力和财力的基础上，结合现代的力学和数学理论知识，借助高度发达的计算机软件，实现对矿山工程问题分析与研究。同时其通过与室内试验和现场实测研究结果的对比与补充分析，作为室内试验和现场实测研究外的一种补充手段，可更好地解决现场工程地质问题。因而数值方法日益广泛地应用在矿山工程问题分析的各个方面。在矿山工程问题分析中，最常用的数值分析方法包括有限单元法、离散单元法、边界单元法以及近年来快速兴起的拉格朗日有限差分方法。本章通过 FLAC^{3D} 拉格朗日有限差分方法数值软件对晋宁磷矿 6 号坑东采区缓倾斜中厚磷矿体由露天转入地下开采后岩体应力演化特征进行研究，为现场工程的安全开采提供理论和技术方面的可行性指导和建议。

3.1 FLAC^{3D} 概述

3.1.1 FLAC^{3D} 简介

FLAC（fast Lagrangian analysis of continue）软件是由美国 ITASCA 国际公司研发推出的基于连续介质力学的分析软件，是该公司众多知名软件的核心产品。FLAC 有二维和三维计算软件两个版本，FLAC^{3D} 是在 FLAC 的基础上开发的，可实现岩土工程问题中力学、流体流动、热传导等广泛物理过程的单个过程或多个过程相互耦合作用的三维模型数值分析与设计。FLAC^{3D} 采用显式差分格式求解岩土工程中的微分控制方程，根据已知应变增量，可以方便地求出应力增量、不平衡力等系统演化变量，显式差分格式在计算过程中，不形成刚度矩阵，对计算机内存需求小；采用混合离散元模拟材料的屈服、塑性流动至大变形等，优于有限单元法通常采用的离散集成法；通过动态运动方程来求解拟静态系统，可在数值上实现模拟物理上的不稳定过程。同时 FLAC^{3D} 提供快捷的命令式及操作界面的前处理和后处理功能，方便快速生成几何模型图、应力位移云图、速度矢量图、塑性区图等，亦可设置测点进行变量追踪记录绘制曲线图等，并可输出文件文本。FLAC^{3D} 专为岩土工程力学开发丰富的本构模型，包括常见的弹性本构模型、莫尔-库仑模型、修正剑桥模型等，内置静力、动力、蠕变、渗流、温度五种计算模式，同时提供多种结构单元，可模拟梁、锚元、桩、壳以及人工结构如支护、衬砌、锚索、土工织物、摩擦桩等，界面单元可模拟节理、断层或虚拟物理边界。利用其内置程序 FISH 语言，用户可自由完成拓展开发，定义新的变量或函数，以适应特殊分析，设计自己的本构模型，在数值试验中进行伺服控制；追踪提取计算过程中的节点、单元参数等[212,213]。FLAC 目前已在全球七十多个国家得以广泛应用，在国际土木工程学术界和工业界享有盛誉。

3.1.2 FLAC^{3D} 计算基本原理与理论

FLAC^{3D} 软件采用拉格朗日连续介质法，属于有限差分法。在采用数值计算方法求解偏微分方程时，通过将每一处的导数由有限差分近似代替，从而将求解偏微分方程的问题转化为求解代数方程组的问题[214]。其求解过程如下：

(1)区域离散化，即将求解区域划分为有限个网格节点；

(2)近似替代，即采用有限差分格式替代每一个网格节点处的导数；

(3)逼近求解，即求解偏微分方程转化而成的代数方程组的过程。

此外，FLAC/FLAC^{3D} 在求解过程中还采用混合离散法和动态松弛法[215]。在三维常应变单元中，四面体具有不产生沙漏变形的优点，而在考虑塑性变形过程时，四面体无法提供足够的变形模式。因此，Marti 和 Cundall 于 1982 年提出采用混合离散法解决此问题，即通过适当调整四面体应变率张量中的第一不变量，为单元提供更多的体积变形。在数值计算过程中，区域首先离散为常应变

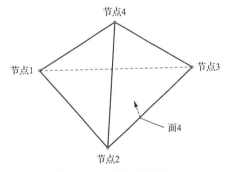

图 3.1 四面体计算网格

多面体单元，接着每一个多面体进一步离散为以该多面体顶点为顶点的常应变四面体。所有参与计算变量均在四面体上进行计算(图 3.1)，最后，取多面体应力、应变的加权平均值作为多面体单元的应力、应变值。

1) 导数的有限差分近似

如图 3.1 所示四面体,节点编号依次为 1~4,第 n 面表示节点 n 相对的面,设其内任一点的速率分量为 v_i,则可由高斯公式得

$$\int_V v_{i,j} \mathrm{d}V = \int_S v_i n_j \mathrm{d}S \tag{3.1}$$

式中,V 为四面体的体积;S 为四面体的外表面;n_j 为外表面的单位法向向量分量;$v_{i,j}$ 为 i-j 之间的速率分量。

常应变单元的 v_i 为线性分布,n_j 在每个面上均为常量,由式(3.1)可得

$$v_{i,j} = -\frac{1}{3V} \sum_{i=1}^{4} v_i^l n_j^{(l)} S^{(l)} \tag{3.2}$$

式中,l 代表节点 l;上标 (l) 为面 l。

2) 运动方程

计算过程均是以节点为对象,将力和质量均集中在节点上,然后通过运动方程在时域内完成计算。则节点的运动方程表示为

$$\frac{\partial v_i^l}{\partial t} = \frac{F_i^l(t)}{m^l} \tag{3.3}$$

式中,$F_i^l(t)$ 为 t 时刻 l 节点在 i 方向的不平衡力分量,可由虚功原理导出;m^l 为节点的集中质量,静态问题中,采用虚拟质量以保证数值稳定,动态问题中,采用实际的集中质量。

在时域内对式(3.3)左端采用中心差分来近似,可得

$$v_t^l\left(t + \frac{\Delta t}{2}\right) = v_t^l\left(t - \frac{\Delta t}{2}\right) + \frac{F_i^l(t)}{m^l} \Delta t \tag{3.4}$$

式中,v_t^l 为 t 时刻 l 节点上的速率分量;Δt 为时刻为 t 的区间。

计算过程中某一时步的单元应变增量 Δe_{ij} 可由速率求出,如式(3.5)所示:

$$\Delta e_{ij} = \frac{1}{2}(v_{i,j} + v_{j,i})\Delta t \tag{3.5}$$

式中,$v_{j,i}$ 为 j-i 之间的速率分量。

根据应变增量,由本构方程求出应力增量,然后将各时步的应力增量进行叠加得到本时步内的总应力。在大变形情况下,当前时步的总应力需要当前时步单

元的转角进行旋转修正。然后由虚功原理求出下一时步的节点不平衡力，继而进行下一时步的计算。在静态问题中，式(3.3)的不平衡力中加入了非黏性阻尼，以使系统的振动渐衰至达到平衡状态。此时：

$$\frac{\partial v_i^l}{\partial t} = \frac{F_i^l(t) + f_i^l(t)}{m^l} \tag{3.6}$$

$$f_i^l(t) = -a\left|F_i^l(t)\right|\mathrm{sign}(v_i^l) \tag{3.7}$$

式中，$f_i^l(t)$ 为阻尼力；a 为阻尼系数，默认值为 0.8。

$$\mathrm{sign}(y) = \begin{cases} +1, & y > 0 \\ -1, & y < 0 \\ 0, & y = 0 \end{cases} \tag{3.8}$$

3.2 露天转地下开采后采矿方法选取

3.2.1 采矿方法的初选

针对化工磷矿山地下开采，国内主要采矿方法有空场采矿法、充填采矿法、崩落采矿法、留矿采矿法等；根据矿块布置不同、矿柱留设、底柱留设以及充填方式和材料的不同，各种采矿方法又可细分为全面采矿法、房柱采矿法、普通留矿法、选别留矿法、选别充填采矿法、干式充填采矿法、胶结充填采矿法、支柱与支柱充填采矿法、壁式崩落采矿法、分层崩落采矿法、分段崩落采矿法(其中又分为有无底柱的布置方式)、阶段崩落采矿法等。其中以空场采矿法中的房柱法应用居多，该方法矿房布置简单，采矿工艺成熟，顶板管理较好。

留矿采矿法多适用围岩稳固、倾角较陡的倾斜或急倾斜矿体，利用矿体自重进行装运，矿体倾角应保证采下的矿石借自重能顺利放出，在薄矿体和极薄矿体中倾角应大于 55°。

全面采矿法在划分好的采区或矿块中布置回采工作面，沿走向或者逆倾斜方向全面推进，形成的采空场主要依靠围岩及顶板自身的稳固性，辅以少量矿柱或者支柱进行支护，当顶板较坚硬时，矿压顶板管理将成为难题。分段崩落采矿法则要求矿体倾角大于矿石的自然安息角，且矿体厚度大于 8m。充填采矿法最大的优点就是能有效控制覆岩变形，限制地表沉降。

选别充填采矿法主要针对矿石本身与围岩差异性较大，在矿房回采过程中，充填材料直接由自身获得。当矿体较厚、倾角较大时，可采用干式充填采矿法，在矿房中由下往上逐层回采，随着回采工作的进行用人工或机械将充填材料输送至采空区逐层回填，但这种方法劳动强度大，生产率低，充填质量不好，因其充填系统简单，多在中小型矿山使用。胶结充填采矿法则是改变充填材料，在充填材料中加入凝胶材料，使松散的充填材料凝结，形成具有一定强度的整体，使得充填质量提高，能很好地改善回采条件，同时，可以进一步回采矿柱，降低矿石贫化率和损失率，使矿山总的技术经济指标取得良好效果。因此，胶结充填采矿法对防止地表陷落，开采形态复杂、价值高，控制深部开采冲击地压等方面有着重要意义。支柱与支柱充填采矿法的特征是矿房的回采是由下到上或由上而下以梯段、直线工作面或进路形式分层回采，采空区可由横撑、棚子、方框支架或混凝土板等来支护，也可用支柱和充填材料共同维护围岩与矿石的稳定性，多适用于围岩不稳定、节理较发育或矿石与围岩均不稳固的倾斜至急倾斜薄至中厚矿体。

　　壁式崩落采矿法可用于开采水平或缓倾斜中厚矿体。在矿块内以长壁或者短壁工作面沿走向推进，随着工作面不断向前推进形成采空区，围岩不是立即崩落，而是先以支柱临时支护，待顶板暴露面积足够大，选择全部或者部分崩落顶板围岩充填采空区，进行地压控制。采准巷道布置简单，切割工艺也较简单。一般采空区覆岩会形成规律的三带分布，顶板垮落充分，与围岩及工作面支架构成共同的支护系统。分层崩落采矿法、分段崩落采矿法和阶段崩落采矿法均要求地表允许沉陷，矿石品位较高，围岩松散，矿体厚度大且倾角较大，因此均不符合缓倾斜薄至中厚磷矿体的开采。

　　综上所述，根据开采磷矿体厚度和倾角变化情况，从采矿方法的技术可行性方面，初选房柱采矿法、胶结充填采矿法、壁式崩落采矿法三种采矿方法进行数值模拟分析比较。当然，根据目前各种采矿方法的生产成本和采矿工艺的不同，最终开采方案需进行综合分析和衡量。

3.2.2　初选采矿方法布置方案

　　1) 房柱采矿法

　　利用房柱采矿法开采时，在采区内设置较多的回采工作面，在已划分好的采区或者盘区内，按一定尺寸布置规则的矿房与矿柱，用留下的规则矿柱来维护顶板围岩，较适合矿石与围岩中等稳固以上、各种厚度的水平或缓倾斜非金属层状矿体。盘区内设置若干矿房，矿房一般沿倾斜布置，矿房高为矿体厚度，矿房长为 50～60m，矿房宽 6～15m，矿柱为连续矿柱，宽为 5m，也可以留设间隔矿柱。

　　采准巷道一般均布置在矿体中，沿矿体倾斜方向上每隔 50～60m 布置采区运输巷道，其布置在采区矿柱中，在矿房最下端掘进切割平巷，使其贯穿采区内每个矿房，采区运输平巷与切割平巷采用联络巷连接，每个矿房对应一个联络巷，然后在矿房中间沿矿体底板从切割平巷开始往上掘进切割上山，并与采区通风平巷连通(图 3.2)。

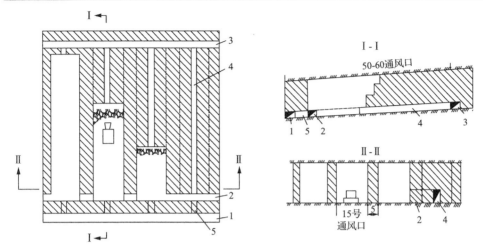

图 3.2　房柱法开采矿房布置示意图

1-采区运输平巷；2-切割平巷；3-采区通风平巷；4-切割上山；5-联络巷；6-15、50-60-通风口

2) 胶结充填采矿法

胶结充填采矿法采用的充填材料主要由凝胶材料、骨料和水组成。骨料可以是从专门采石场和露天矿剥离的废石、天然卵石及井下巷道掘进所得的废石、碎石等。磷矿洗选过程中产生的尾砂，可以直接作为细骨料，不仅经济、取材方便，而且便于处理尾矿，同时尾砂胶结料可以远距离输送，效率高。

在开采过程中，矿房与矿柱宽度可取相当，矿房尺寸小容易限制大型机器的运行，矿柱过大，在开采前期容易积压较大矿量。矿房尺寸只要满足开采后经胶结充填使得矿柱回采安全即可。矿体厚度不大时矿块沿走向布置，矿房宽度为 6~8m，矿柱宽度为 8~10m，一般不留底柱。

阶段间的矿块布置方式主要有两种：对正布置与交错布置，分别见图 3.3(a)、(b)。一般对正布置较有利，矿柱受力较均匀；交错布置由于胶结体与矿柱的抗压强度不一致，矿柱在围岩压力下易受剪切破坏。如图 3.3(c)~(e)所示，矿房与矿柱的回采顺序有三种：①阶段内的矿房与矿柱全面回采，回采顺序灵活，较适合采场面积小、产量不大的小型矿山；②在整个阶段或者几个阶段内先采矿房，等矿房全部回采完毕后回采矿柱，矿柱的滞后回采可以有效控制矿压，保障矿房开采的安全，生产力较高，缺点即前期积压大量矿柱，矿柱承压时间长；③此种开采方法为矿房开采完毕后开始回采相邻矿柱，此时矿柱回采时间短，回采作业集中，当然矿柱也可能面临承压问题。

3) 壁式崩落采矿法

壁式崩落采矿法在阶段内设置矿块，以长壁或短壁工作面沿走向推进。化工磷矿阶段斜长一般为 40~60m，矿块长度一般为 50~100m，增加矿块长度可以减

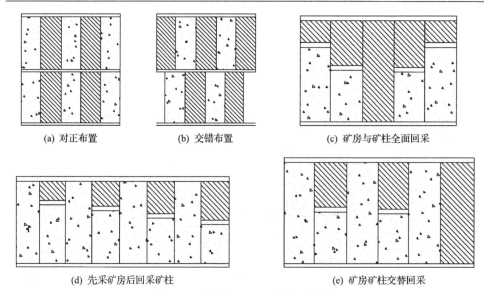

(a) 对正布置　　　　(b) 交错布置　　　　(c) 矿房与矿柱全面回采

(d) 先采矿房后回采矿柱　　　　　　(e) 矿房矿柱交替回采

图 3.3　矿块布置及开采顺序示意图

少切割天井数目，但是目前在阶段内安排的矿块数相应减少，影响阶段内生产能力。顶底柱斜长一般为 4～8m。如图 3.4 所示，壁式崩落采矿法采准巷道布置较简单。图 3.4 为脉内外采准巷道布置，运输平巷布置在底板中，切割平巷直接布置在矿体中，用于材料运输、行人与通风、开切眼；在脉外运输巷道顶板上每隔5～6m 向上掘进矿石溜子至矿体，然后在矿块底、顶柱中每隔 6～12m 掘进联络巷，用作安全出口、运送材料及行人。采准巷道掘进完毕，由切割平巷逆矿体倾

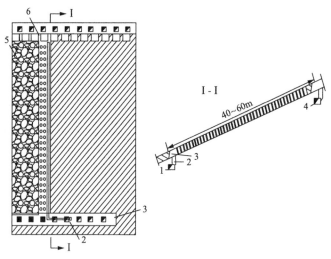

图 3.4　壁式崩落采矿法采准巷道布置示意图

1-采区运输平巷；2-矿石溜子；3-切割平巷；4-采区通风平巷；5-切割上山；6-联络巷

向沿整个工作面长度向上掘进切割上山。回采工作从切割上山开始，以直线工作面沿走向方向推进。回采工作主要为落矿、装运和顶板管理三项。

3.3 露天转地下开采数值模型的建立

3.3.1 基本假设

数值模拟作为一种科学有效而又快捷方便的分析方法，已广泛引入交通、采矿、水利、建筑等多学科地下工程领域的力学分析、稳定性评价、方案比较中。露天转地下工程中的岩层受采动影响的移动规律是非常复杂的力学过程。数值模拟是基于严格的数学解析公式和严密的数学方法求解的过程，其本身是一种数学求解，模拟结果对地下工程活动的质量取决于数学方法对岩层移动规律描述的准确性和可靠性以及岩石力学性质参数等诸多因素。在数学求解过程中，难免进行简化处理，如岩石自身的弹塑性及黏性性质、物理性质的各向异性、高压环境下岩石的流变性质等。因此，过于追求模拟结果与实际工程本构关系的精确程度意义不大。本书的数值模拟着重进行方案的工程评价，能反映采矿方法的采准布置方式和围岩的变形移动规律。

1) 对岩石岩性的假设

假设岩石为各向同性、均质，符合莫尔-库仑准则，本构模型采用较成熟的莫尔-库仑模型。

2) 对露天边坡影响范围假设

上覆岩层受地下开采扰动影响，假设其岩层移动角为定值，考虑由于露天开采剥离表土层形成较大边坡的稳定性，参考设计取60°。

3) 矿房尺寸简化处理

在三维数值模拟中，为简便起见，对采准巷道布置进行简化，巷道、天井、斜井、联络巷以及溜矿井等简化为实体。

3.3.2 几何模型尺寸

目前晋宁磷矿6号坑东、西部采场露天开采结束后均可进行露天转地下开采，矿体倾角10°~30°，东部倾角缓，西部较陡，有上、下两层矿，中间含有软夹层，平均厚度约1m，东部较厚，西部偏薄，矿体赋存与山坡一致，沿走向向山体两侧延伸，矿体渐变有缺失，向深部延伸，夹层厚度变薄。因此，根据117#勘探线剖面图，矿层平均厚度7~8m，平均倾角16°，简化软夹层，直接开采，进行分选。2020年底地表剥离至1960~1970m水平，终采设计标高为1920m。采坑回填后，最终边坡高约 62m，斜长约 88m。考虑露天转地下开采过程对边坡稳定性的影响，模型向露天坑坑底水平延伸 30m。

1) 模型尺寸

模型沿倾向宽 400m，由地表向地下延伸 210m，沿走向设计矿房布置总长 90m，考虑边界效应，取最小开挖长度的 3～5 倍，左右各延伸预留矿柱 30m，因此走向长度共计 150m(图 3.5)。

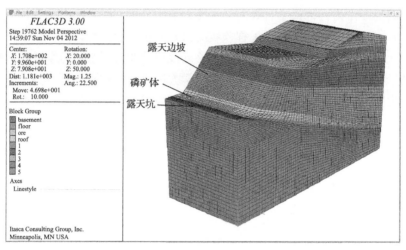

图 3.5　几何模型图

2) 矿房结构参数

初选三种开采方法进行方案评价比较，因此矿房结构参数针对每种采矿方法取值如下(图 3.6)：

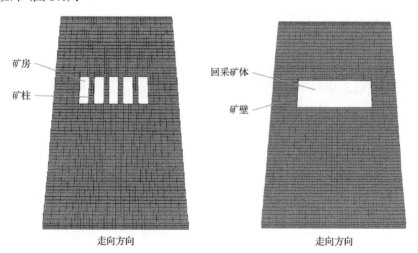

图 3.6　矿房结构示意图

（1）利用房柱采矿法开采时，沿走向长度矿房取 12m，斜长矿块取 60m，矿柱取 6m；

（2）胶结充填采矿法即在房柱采矿法的基础上，首先对矿房充填，回采矿柱，对矿柱进行置换；

（3）采用壁式崩落采矿法开采时，沿走向长度矿房取 90m，斜长矿块取 60m。

3.3.3 边界条件

边界条件的设置对模型计算的合理性和精度有重要影响。为尽量接近真实物理场状态，沿倾斜方向边界 X 方向施加辊轴支撑边界条件，约束 x 方向运动，允许 y 和 z 方向运动；同理，沿走向方向边界 Y 方向施加辊轴支撑，约束 y 方向运动，岩体可作 x 和 z 方向运动，沿垂直方向，只在下表面施加 Z 方向辊轴支撑，约束 z 方向运动，上表面为自由面，无任何约束，如图 3.7 所示。

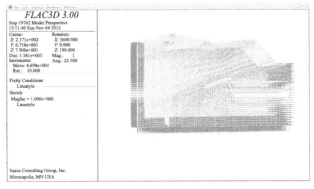

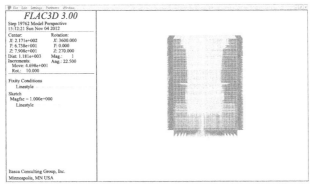

图 3.7　模型施加边界条件示意图

对于露天转地下开采工程活动，岩体中的应力状态称为地应力。一般情况下，地应力主要由自重应力和构造应力组成。一般接近地表的采矿工程活动，可忽略构造应力的影响，深部矿体构造应力占主导因素。同时，根据提供的地质勘查报告，并未提及区域存在明显构造应力，因此，模型通过重力作用初始化计算获得矿区自重应力场，在矿体开采前，进行位移和速度初始清零，获取开采活动前模型的初始状态。

3.3.4　模型参数

岩体力学参数依据第 2 章表 2.3 进行取值，充填材料力学参数参考国内近似磷矿山(开阳磷矿、瓮福磷矿)进行取值，详见表 3.1。

表 3.1　充填材料力学性质参数

单轴抗压强度 σ /MPa	弹性模量 E /MPa	泊松比 μ	抗拉强度 T /MPa	黏聚力 C /kPa	内摩擦角 φ /(°)
1.5	231.1	0.19	0.17	170	36.7

3.4　露天转地下开采岩体应力演化特征研究

矿体倾向与山坡倾向一致，整体埋深较浅，在露天转地下开采前，处于原岩应力状态，受各个方向应力约束。垂向应力与矿体埋深成正比，随着矿体被采出，采空区暴露面积增大，周围岩体失去应力平衡状态，应力重新分布达到新的应力平衡。图 3.8 的模型初始应力云图显示，最大自重应力 5.7MPa，位于模型底面中心位置；竖直方向上，应力随埋深呈线性增加；水平方向上，应力随地表形状起伏呈层状分布。

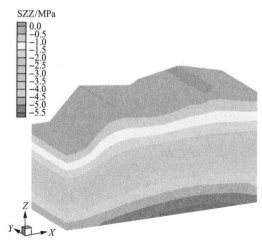

图 3.8　模型初始应力云图
SZZ-Z 方向上的垂直应力

3.4.1　房柱采矿法开采

在阶段矿块内布置矿房,沿走向矿房长度为 12m,矿柱为 6m,如图 3.9 所示。矿房依次编号为 1#～5#,矿房间的矿柱依次编号为Ⅰ～Ⅳ,矿房按编号沿走向依次开采,由阶段底部切割平巷沿倾斜方向上行开采,间隔矿柱。模型中矿块两侧矿柱网格单元尺寸渐变划分为 5～8m,矿块内开采矿体与矿柱网格单元尺寸为3m。

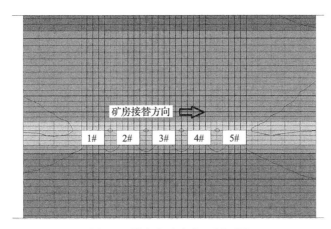

图 3.9　沿走向矿房布置剖面图

3.4.1.1　露天转地下开采岩体应力演化规律

1)沿走向应力演化规律

矿房接替开采,使围岩原岩应力场受到扰动,重新分布。图 3.10 为模型沿矿房中部 $X=180m$ 处的竖直剖面矿房接替开采后垂直应力沿走向方向演化云图。

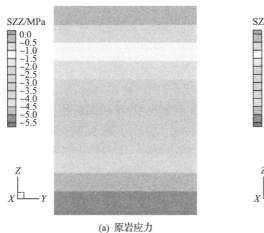

(a) 原岩应力

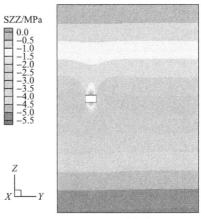

(b) 1#矿房开采

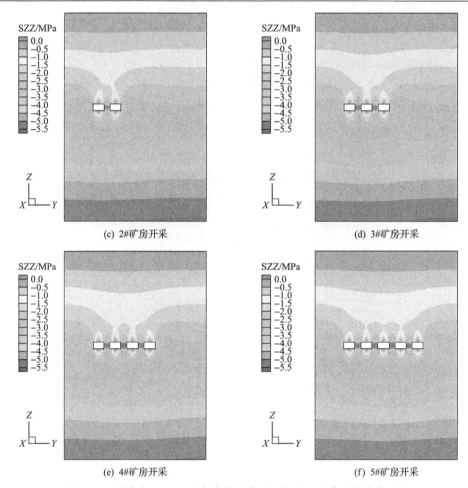

图 3.10　沿走向 1#～5#矿房接替开采后 Z 方向上垂直应力演化云图

由图 3.10 可知，原岩应力呈层状平行分布，最大应力值约 5.7MPa；矿房开采后，矿房两侧矿壁出现应力集中，顶底板应力值减小，随着矿房的接替，卸压范围沿走向和竖向增大，矿房间矿柱上的应力值急剧增大，应力集中明显，不同矿房上方顶板卸压范围出现交叠，被矿柱上方应力集中区域隔开；竖直方向，顶板卸压范围较底板卸压范围更大；矿房沿走向向右方接替，1#矿房矿壁应力集中区域逐渐向上抬升，右侧矿壁应力集中区域向右方延伸至 5#矿房右侧；随着开采矿房数目的增加，中间矿房顶板应力降低出现连通，应力值减小至 1～1.5MPa。

在矿房顶板上方 4～6m 处，设置平行走向的观测线，监测随着矿房接替顶板 Z 方向上的垂直应力值演化情况，如图 3.11 所示。

图 3.11 中应力演化曲线分别对应 1#～5#矿房接替开采后顶板上方 4m 处应力值，可以得到：

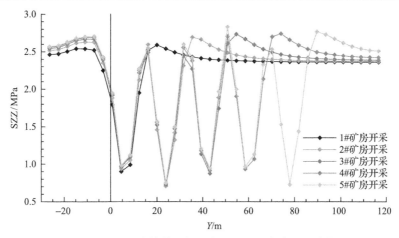

图 3.11 1#～5#矿房接替顶板 Z 方向上的垂直应力演化曲线图

(1) 5 个应力降低区域分别对应 5 个矿房上方区域,应力卸压大小相当,2#、5#矿房卸压最大;4 个应力增大区域分别对应矿房间的 4 个矿柱,1#～5#矿房开采完毕后,3#、4#矿房间矿柱Ⅳ应力值最大为 2.74MPa。

(2) 矿房开采后,矿壁两侧应力集中明显,应力集中区域宽 8～10m,应力峰值出现在距矿壁约 8m 处,应力集中系数 $k = 1.06～1.17$。

(3) 1#矿房左侧矿壁在矿房接替过程中,始终处于应力集中状态,随矿房开采应力集中程度逐渐增大,应力集中区域增大;矿房右侧矿壁应力集中区域随矿房接替逐渐右移,且范围增大,应力值增加。

(4) 矿房间的矿柱先经历矿壁的应力集中,然后随着相邻的矿房开采后应力值小幅增加,但小于应力集中区应力峰值。继续推进矿房的开采,应力又小幅度增加;矿房开采结束后矿柱上方的顶板始终处于应力集中状态。

(5) 矿房开采后,正上方顶板卸压最明显,趋于稳定,然后其他矿房接替开采,已采矿房上方顶板受二次采动影响,出现二次卸压。

2) 沿倾向应力演化规律

矿房沿倾向跨度较大,顶板卸压明显,矿房围岩受自身开采扰动影响,同时受其他矿房接替开采的扰动破坏,1#矿房二次扰动次数最多。图 3.12 为沿倾向过 1#矿房垂直应力分布云图,顶底板卸压明显,上下方顶、底柱矿体出现应力集中。

各矿房围岩在开采过程中都先后经历了自身扰动以及后续矿房接替采动影响,使得应力反复重新分布,1#矿房受扰动次数最多。图 3.13 为 1#矿房围岩在 1#～5#矿房采动影响下,沿倾向顶柱、顶板及底柱垂直应力变化曲线。由图 3.13 可知:初始状态时,顶柱埋深较浅,应力小于底柱,矿房开采后,顶板中部卸压最充分,顶柱与底柱分别出现应力集中,随着矿房开采,扰动次数增加,应力集中增大，其中一次采动与二次采动对顶、底柱应力集中影响较大，然后趋于稳定。顶板在多次采动影响下，仍有小幅卸压。

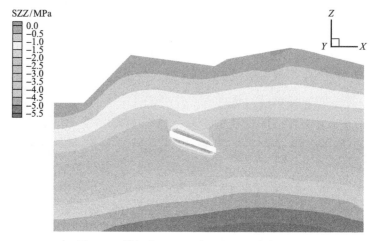

图 3.12　沿倾向过 1#矿房垂直应力分布云图

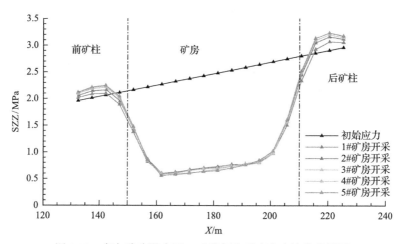

图 3.13　多次采动影响下 1#矿房倾向垂直应力演化曲线图

3.4.1.2　矿柱垂直应力演化规律

在采用房柱采矿法开采过程中，矿房中的矿体不断被采出，顶板卸压，上方覆岩层此时由矿柱、人工支柱及围岩共同支撑，其中矿柱占主导作用，矿柱上的应力不断受二次采动扰动，直接影响矿柱的稳定性。在矿柱沿垂直方向不同高度设置监测点，记录在采动影响下垂直应力值的演化规律，如图 3.14 所示。

（1）由图 3.14 可知，监测点布置在沿垂直方向过矿柱距离底部不同高度的位置，初始状态时，初始应力随埋深线性减小。

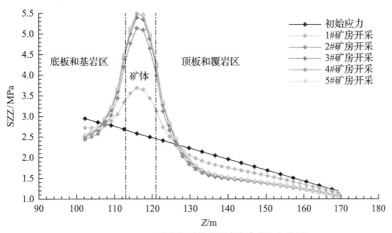

(a) 1#、2#矿房间矿柱Ⅰ垂直应力变化曲线图

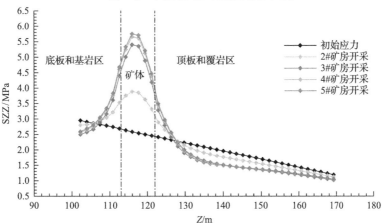

(b) 2#、3#矿房间矿柱Ⅱ垂直应力变化曲线图

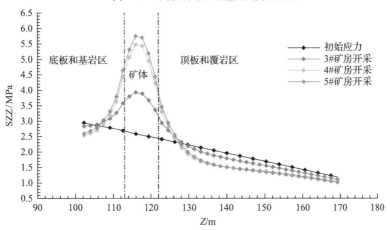

(c) 3#、4#矿房间矿柱Ⅲ垂直应力变化曲线图

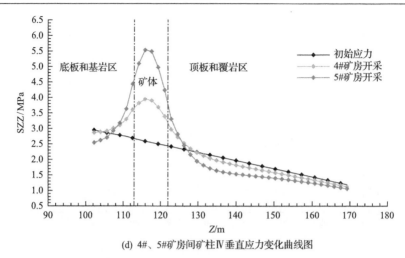

(d) 4#、5#矿房间矿柱Ⅳ垂直应力变化曲线图

图 3.14 距模型底部不同高度矿房间矿柱垂直应力演化曲线图

(2)矿房初次开采，紧邻矿房的矿柱先经历一次较大的应力集中，垂直应力增加至约 3.6MPa，增幅 44%，应力集中系数约 1.44；在二次采动影响下，垂直应力再一次较大幅度增加至约 5.5MPa，增幅约 52.7%，应力集中系数约 2.2，在随后的矿房开采过程中，矿柱压力仍有小幅度增大，但是不明显。

(3)图 3.14 中虚线为矿体顶底板界限，可以清晰知道，最大应力集中出现在矿体中部位置，在底板以下区域，应力集中区域影响范围为 7～8m，受初次采动影响，矿房底板卸压范围较小，矿柱下方较快恢复原岩应力，随着采动影响次数增加，矿房间的卸压区域出现交叠，矿柱下方应力集中区域以下的局部区域处于卸压区中。

(4)顶板及覆岩区域，矿柱上方应力集中区域垂向影响范围约 7m，受初次采动影响后，矿柱上方经历应力集中后进入卸压区影响范围，随着采动影响次数增加，矿柱上方应力集中区域范围变化不大，上方随着顶板卸压程度和范围的增加，卸压程度也增大。

3.4.2 胶结充填采矿法开采

数值模型选用胶结充填采矿法，阶段内采准巷道布置方式与房柱采矿法较接近，但是需要另外布置胶结充填系统，以及布置充填天井、安排充填工作与工作面开采作业等。矿房结构参数选取与房柱采矿法一致，首先按矿房编号，将矿房逐一开采，在矿房内，工作面上行推进，在工作面进行开采时，充填工作滞后一段距离进行。阶段矿块内矿房开采完毕后，开始矿柱的开采工作。矿房—矿柱布置开采充填示意图如图 3.15 所示。

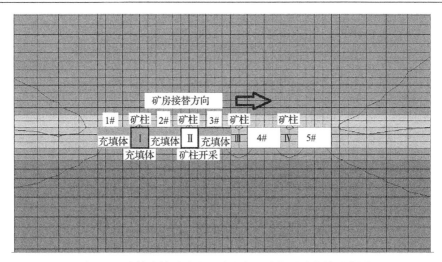

图 3.15 胶结充填采矿法开采矿房—矿柱开采充填示意图

3.4.2.1 矿房开采后采场应力演化规律

1)沿走向顶板采场应力演化规律

矿房与矿柱的开采顺序是：先采矿房后采矿柱，初期矿房开采过程中，矿柱能很好地承压，开采较为安全，生产能力较高。矿房按编号顺序开采，然后边开采边充填，滞后一段距离。在充填体上方顶板 4m 处监测矿压变化，记录绘制应力演化曲线。

图 3.16 为采用胶结充填采矿法开采时，矿房依次接替开采充填后沿走向剖面应力分布云图。顶底板卸压后在矿房接替过程中，应力值变化不明显，卸压范围在垂直方向上延伸不明显，沿走向卸压范围随走向矿房开采增加，范围增大。矿柱在开采过程中，初次开采两侧矿壁应力集中但未达到峰值，稍后的接替过程中，矿柱应力集中程度增加，但由于已开采的矿房被胶结体充填，矿柱靠近已开采一侧应力值较小，偏开采一侧矿柱达到应力峰值，工作面推进方向前方矿壁应力集中程度明显偏小。对比房柱采矿法相同矿房结构参数可知，整体矿柱应力集中区域明显减小，充填体承压，但是压力较小。

图 3.17 为矿房接替开采充填过程中，顶板上方 4m 处的应力演化曲线。其整体上的变化趋势与房柱采矿法开采时较为接近，随矿房开采接替，1#矿房左侧矿壁应力集中程度逐渐增大，开采矿房右侧矿壁应力集中区逐步向前推移，应力增大；每个矿房顶板均卸压，未开采的矿柱上方应力仍然保持，接近原岩应力。不同之处主要有两个：①矿房开采后充填，如图 3.17 中圈中区域 1 所示，1#矿房左侧矿壁在矿房接替过程中，矿压增幅较小且均匀增加，受各次开采影响程度依次减弱。②矿柱上方矿压明显减小，如图 3.17 中圈中区域 2 所示，矿柱上方区域在

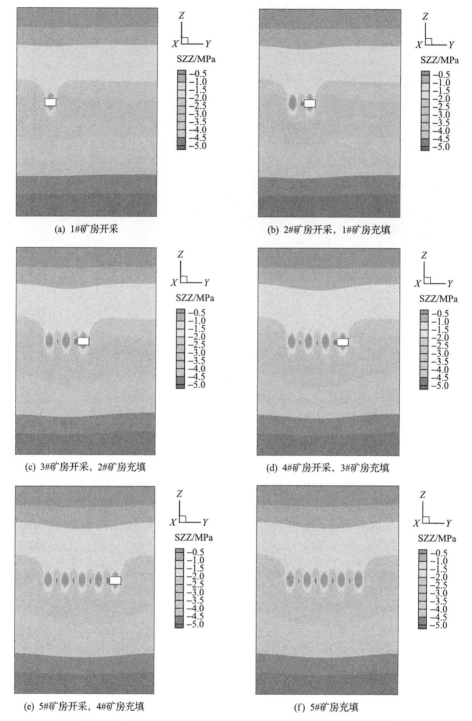

(a) 1#矿房开采

(b) 2#矿房开采，1#矿房充填

(c) 3#矿房开采，2#矿房充填

(d) 4#矿房开采，3#矿房充填

(e) 5#矿房开采，4#矿房充填

(f) 5#矿房充填

图 3.16 矿房依次接替开采充填后沿走向剖面应力分布云图

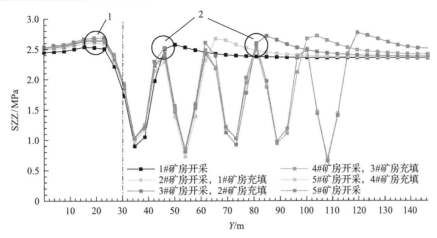

图 3.17 矿房接替开采充填后顶板应力演化曲线

左侧矿房开采时，右侧约 8m 处于应力峰值区域，矿柱中心位置处于应力降低区，应力为 2.3～2.5MPa，右侧矿房开采后，矿压增大小于初始应力峰值，接近原岩应力，而采用房柱采矿法开采时，应力值超过应力峰值；当 5#矿房开采完毕后，3#、4#矿房间矿柱Ⅳ上方应力几乎无变化，而采用房柱采矿法开采时，达到最大应力值。

2) 沿倾向顶板采场应力演化规律

图 3.18 分别为沿倾向过充填后的矿房的剖面与过支撑矿柱的剖面覆岩应力演化云图。矿房充填后，开始承压，但应力较小，矿柱依然存在较大应力集中，但是应力集中区域减小。顶板卸压明显，沿倾斜方向顶、底柱存在应力集中。

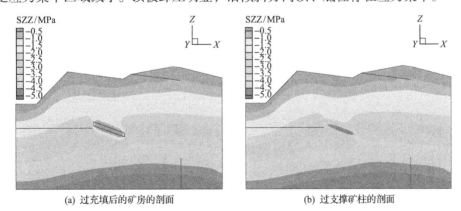

(a) 过充填后的矿房的剖面   (b) 过支撑矿柱的剖面

图 3.18 倾向开采后覆岩矿压显现应力分布云图

图 3.19 为沿倾向顶板上方 4m 处应力演化曲线，原始应力随埋深线性增加，1#矿房开采后，由于数值模拟简化过程中充填滞后距离较远，顶板大面积悬空，无支护，卸压加大，顶、底柱矿壁经小范围应力降低区后进入应力集中区；随后

2#矿房开采，1#矿房充填完毕，充填体开始承压，顶板卸压小幅度回升，随后 3#、4#、5#矿房开采及充填过程中顶板保持稳定，应力无明显变化，顶、底柱应力增加幅度很小，整个过程扰动较小。

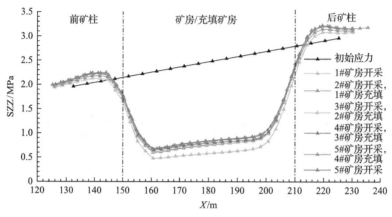

图 3.19　沿倾向顶板上方 4m 处应力演化曲线

过 1#矿房倾斜方向剖面，矿房充填后由底板向顶板及覆岩沿垂直方向记录应力变化，曲线如图 3.20 所示。矿房充填后，随后续矿房接替，顶底板卸压变化不大，随着顶板下沉与充填胶体压实接触，胶体内应力增加，幅度较小。

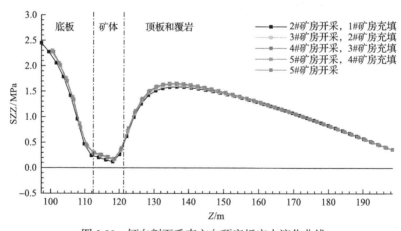

图 3.20　倾向剖面垂直方向顶底板应力演化曲线

3.4.2.2　矿柱开采后采场应力演化规律

矿房依次开采充填完毕后，开始开采矿柱，矿柱编号依次为 1′~5′，如图 3.21 中标识所示。

图 3.22 为矿柱开采前后矿房充填与矿柱充填完毕后垂直应力分布云图对比，

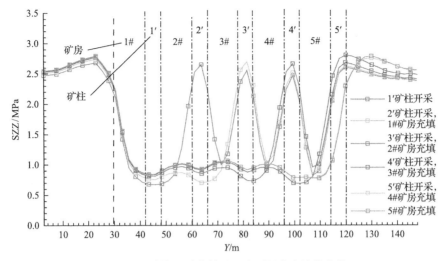

图 3.21 矿柱开采充填过程中顶板应力演化曲线

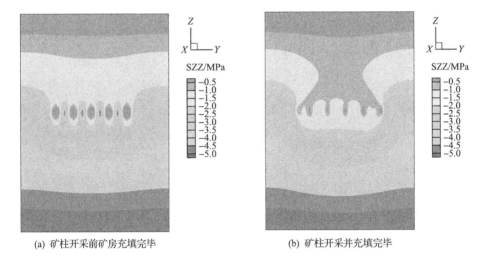

(a) 矿柱开采前矿房充填完毕　　　　　(b) 矿柱开采并充填完毕

图 3.22 充填法矿柱开采前后应力分布对比图

可以清晰地看出，矿柱开采前，矿房的充填体与矿柱共同承压，但压力主要集中在矿柱上，但与房柱采矿法相比，集中区域面积减小；矿房充填体应力较小，1#、5#矿房两侧矿壁应力集中；矿柱开采后，矿房充填体承压开始增大，矿柱充填体承压较小，1#、5#矿房两侧矿壁应力集中系数增大，但与壁式崩落采矿法相比，明显偏小，偏小约19.8%。矿柱开采过程类似矿房开采，此时支撑系统由充填体与围岩共同组成。1′矿柱开采后，矿柱顶板卸压，充填体承压增大，矿柱充填后，在后续开采过程中，顶板下沉胶结体被压实，应力增大；1#矿房左侧矿体上方覆岩在开采过程中，应力仍有小幅上升，4′矿柱开采后，5#矿房右侧矿体上方覆岩应力有一次新的增长，集中系数变大，随后 5′ 矿柱开采，应力集中区右移，峰值应力保持。

3.4.3 壁式崩落采矿法开采

在阶段内设置矿块，沿走向推进开采，工作面回采，采空区顶板全部垮落，晋宁磷矿矿体赋存条件较好，可采用壁式崩落采矿法，以整个阶段斜长作回采工作面，工作面长度为 60m，便于矿压管理。矿块推进长度为 90m，同时便于与其他两种采矿方法形成对比。工作面落矿方法一般为风镐、爆破及割岩机（机械落矿）落矿等。风镐落矿适用于较松软矿体，机械落矿如滚筒采矿机、刨煤机等多适用于硬度不大、厚度不大的非金属矿床。晋宁磷矿矿体由第 2 章室内常规力学试验可知硬度较大，因此可采用爆破落矿，一般采用浅眼爆破，一次推进距离与支柱排距成整数倍，一般为 0.8～2.0m，为减少计算时间和方便网格划分加快收敛速度，数值模型一次推进距离设为 15m。

一阶段矿块内矿体分 6 次推进，如图 3.23 所示。数值模型按矿块内编号 1～6 的顺序进行推进，工作面采用金属支柱或液压支架进行临时支护，采空区管理方式为逐步放顶让伪顶或直接顶垮落充填采空区。

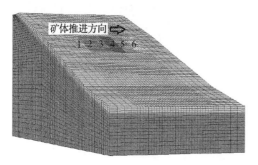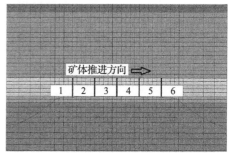

图 3.23　壁式崩落采矿法矿体推进示意图

1）沿走向应力演化规律

矿块内矿体逐步推进回采，随着工作面向前推进，采空区也逐渐扩大，采空区顶板开始卸压，卸压范围逐步增大，影响范围向上方覆岩及水平方向深部延伸，图 3.24 为矿体沿走向推进不同距离 $Y = 170$m 剖面垂直应力演化云图。

随着工作面推进距离不断加大，顶板卸压更充分，上方覆岩卸压范围更大，矿壁应力集中更加明显，整体垂直应力分布沿采空区中心线呈轴对称分布。

在采空区上方顶板 4m 处设置应力观测线，各点随工作面推进距离不同的应力变化曲线如图 3.25 所示。同时在采空区中心线上布置应力观测线，每次推进后，随埋深不同应力变化曲线如图 3.26 所示。由图 3.25 和图 3.26 可知：

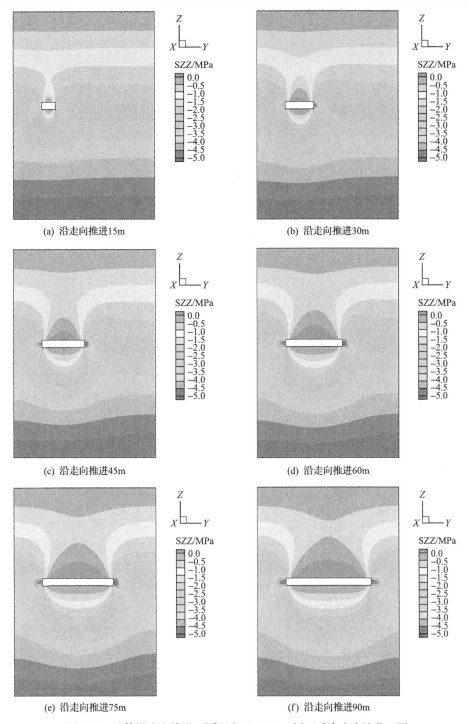

(a) 沿走向推进15m

(b) 沿走向推进30m

(c) 沿走向推进45m

(d) 沿走向推进60m

(e) 沿走向推进75m

(f) 沿走向推进90m

图 3.24　矿体沿走向推进不同距离 $Y = 170\text{m}$ 剖面垂直应力演化云图

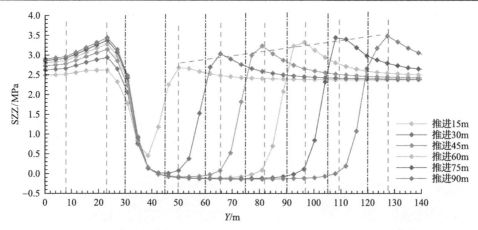

图 3.25 沿走向工作面推进不同距离顶板上方 4m 处垂直应力演化曲线

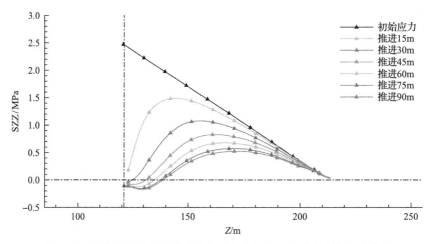

图 3.26 工作面推进不同距离采空区中心线沿埋深垂直应力演化曲线

(1)顶板上方同一埋深的测点垂直应力相同，矿体沿走向推进 15m 后，顶板卸压，原岩应力由 2.5MPa 降至 0.5MPa；随着推进距离的增加，顶板卸压加剧，推进 30m 后，顶板压应力开始变为拉应力，说明顶板局部已充分卸压，在之后的推进过程中，顶板卸压保持稳定。

(2)工作面初次推进后，工作面前方矿壁及采空区后方矿体出现应力集中，初次应力集中系数较小，约为 1.07；随着推进距离的增加，矿壁应力集中系数逐渐增大，推进 30m、45m、60m、75m、90m 后，应力集中系数分别为 1.21、1.29、1.33、1.37、1.39。

(3)矿壁应力集中，采空区后方矿体峰值应力出现在距矿壁约 8m 处，应力集中区范围约 22m，工作面前方峰值应力随推进距离不同，出现位置不同，总体呈增大趋势，介于 5~10m 范围内，影响范围增大。

(4)在垂直方向上，随埋深不同，从工作面顶板至地表，垂直应力呈线性减小至 0。由不同推进距离采空区中心线在垂直方向的应力值对比分析可知，推进距离增加，卸压加剧，但增大程度减小；推进 30m 后，顶板上方覆岩小范围内开始出现拉应力，应力值较小。

(5)推进距离不同上方覆岩卸压范围增大，推进距离为 15~60m 时，影响范围增大较快，随后影响范围增大趋势减小。

2)沿倾斜方向应力演化规律

在工作面向前不断推进过程中，沿倾向垂直应力等值面图如图 3.27 所示。采空区上方顶板及底板卸压，随推进距离增加，卸压程度增大，垂直应力等值面减小；卸压范围扩大，垂直应力等值面向上扩张，与近地表等值面连接；工作面沿倾向上下顶、底柱应力集中程度逐渐增大，等值面逐渐抬高，弯曲程度加大，同一等值面向上方覆岩延伸加剧；采空区正上方逐渐形成应力圆锥等值面。

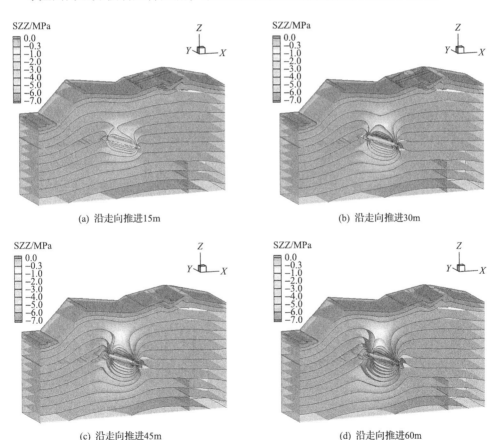

(a) 沿走向推进15m

(b) 沿走向推进30m

(c) 沿走向推进45m

(d) 沿走向推进60m

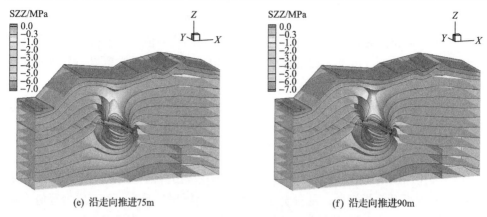

(e) 沿走向推进75m　　　　　　　　　　　(f) 沿走向推进90m

图 3.27　矿体推进不同距离沿倾向垂直应力等值面图

　　如图 3.28 所示，沿倾向在采空区上方顶板 4m 处设置应力监测线，平行于矿层，随工作面推进，记录每次应力变化曲线。由图 3.28 中不同推进距离对应的应力演化曲线对比分析可知：

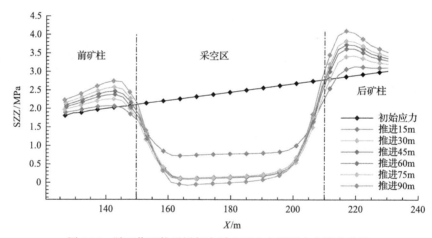

图 3.28　随工作面推进沿倾向采空区上方覆岩应力演化曲线

　　(1)沿矿体倾斜方向,矿体顶部矿柱由于埋深较浅垂直应力值小于矿体底部矿柱垂直应力值,应力随埋深呈线性递增。

　　(2)当工作面推进 15m 时，顶板卸压程度较大，应力值衰减明显；推进 30m 时，垂直应力衰减程度次之；随后推进过程中，垂直应力衰减变化不大，基本维持恒定，局部范围出现拉应力，说明 30m 后顶板卸压趋于稳定。

　　(3)在工作面推进过程中，沿采空区上下方顶、底柱出现应力集中，随推进距离增加，应力集中程度加剧，初始状态时，顶柱垂直应力大小为 1.99MPa；推进 15m 时垂直应力为 2.07MPa；推进 60m 时，垂直应力增加到 2.46MPa；推进 90m

时，垂直应力增加至 2.74MPa。底柱初始应力为 2.89MPa；推进 15m 时，垂直应力为 3.13MPa；推进 60m 时，垂直应力增加至 3.71MPa。

(4)矿柱应力峰值均出现在矿壁延伸至矿体内 7～8m 处，推进距离加大，应力集中范围增大，超过 20m。

3.5　不同采矿方法岩体应力演化特征对比分析

根据晋宁磷矿 6 号坑东采区自身赋存条件及开采方法的使用条件，初选了三种采矿方法，通过数值模拟，结合矿房结构参数和充填体材料参数的选择，分析比较不同采矿方法，得出其露天转地下开采后采场应力演化特征不同，图 3.29 为阶段终采时，顶板垂直应力演化曲线。

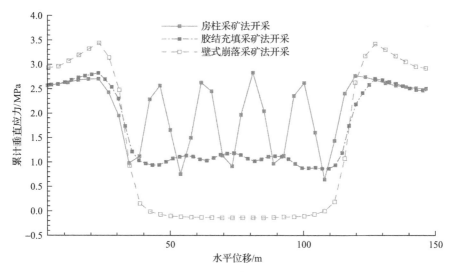

图 3.29　不同采矿方法岩体应力演化曲线对比图

由上述分析可知：

(1)不同采矿方法，顶底柱卸压程度不同。壁式崩落采矿法顶板垮落面积最大，中间无支护，在采空区后方矿体及前方矿壁、倾向顶底柱做永久支护，覆岩由垮落的顶板压实支撑，因此顶板卸压充分，范围大；采用房柱采矿法开采，矿房开采后无充填，顶板可直接垮落，由重新压实的冒落顶板及间隔矿柱和顶底柱共同支撑，顶板卸压程度次之；采用胶结充填采矿法开采，在回采矿柱前，顶板由矿房间隔矿柱及矿壁、矿房充填体和倾向顶底柱共同支撑，回采矿柱后，矿壁与充填体作主要支护，充填体承压增大，顶板压实，卸压程度最小。

(2)不同采矿方法共同作用的支护系统不同，磷矿山露天转地下开采后岩体应力演化特征不同。三种采矿方法(房柱采矿法、胶结充填采矿法、壁式崩落采矿法)

终采完毕时，共同作用支护围岩稳定的系统分别由矿壁、顶底柱及间隔柱，矿壁、顶底柱及(矿柱)充填体，矿壁及顶底柱等组成，壁式崩落采矿法采空区前后方矿壁应力集中系数最大，应力集中范围也最大，房柱采矿法矿柱应力集中较大，且矿柱中心区域均处于应力集中区，胶结充填采矿法矿柱应力集中系数及范围均有减小，后期，矿壁应力集中程度较低。

(3)房柱采矿法开采中，矿柱应力集中系数较大，沿走向观测，随矿房接替矿柱受第一次左侧矿房开采和第二次右侧矿房回采扰动最大，分别对应两个应力阶跃，随后趋于恒定。

(4)目前，磷矿山露天转地下开采后，房柱采矿法依然占主导，经验借鉴性强，技术成熟可靠，劳动生产率高，但矿柱不易回收；胶结充填采矿法可利用矿产废料作为充填体材料，采动对地表影响较小，顶板管理方便，工作安全，可回采矿柱，但生产成本高；壁式崩落采矿法布置简单，矿石损失贫化率低，但对矿压管理不利，矿壁应力集中程度高，覆岩及地表沉陷量大，地表边坡及山体稳定性需加强监测与分析，从岩体应力演化特征考虑，此种方法不利。现阶段，对于化工磷矿山企业，进行露天转地下开采工程实践时，一般采用房柱采矿法与胶结充填采矿法相结合的地下采矿方法暨柱式分段空场嗣后阶段充填法，可在保证安全高效的前提下，最大限度地控制采矿成本。

4 露天转地下开采岩体变形破坏演化特征

4.1 概　　述

多年的实践经验表明，露天边坡与地下采场覆岩变形特征取决于地质和采矿因素的综合影响。这些地质和采矿因素中，一类是人们无法对其产生影响的，称为自然地质因素；另一类是采矿技术因素。只有正确地认识和掌握这些因素的影响，才能合理有效地解决矿山露天转地下开采工程中所遇到的实际问题。云南磷化集团有限公司所属晋宁、昆阳等大型磷矿山目前都是露天开采，"十三五"时期，为了适应公司的发展要求，矿山开采规模不断扩大，露天开采水平下降速度加快，露天边坡开采逐渐转为深凹开采，露天开采境界内的资源量迅速减少，露天转地下开采已然成为该公司所属矿山"十四五"期间不得不面对的现实。为了安全平稳地过渡露天转地下开采，同时切实保护好边坡、地表建筑设施以及矿区生态环境，对矿山露天转地下开采过程中岩体变形破坏演化特征进行研究就显得尤为重要。该问题的深入研究，是确定工程岩体力学属性，进行边坡和地下采场围岩稳定性分析，实现矿山露天转地下及浅部转深部开采采掘设计与决策的重要前提，同时也为矿山的实际生产提供指导和依据。

由于考虑方面广、影响因素多、物理过程复杂，为了营造真实的试验环境以得到较为准确的试验结果，最为理想的莫过于在生产现场进行实地试验。但是由于现场实测周期长，耗费的人力物力巨大，受现场条件限制严重，矿山岩体内部应力与应变测量困难，同时矿用测量设备精度较低，而高精度设备又难以适应矿山的恶劣环境，加之试验中可能存在的安全问题，现场试验在拥有许多优点的同时也面临着诸多难以解决的问题。为了给现场试验乃至以后的实际生产提供指导与依据，结合现阶段的主流研究途径，相似模拟试验的研究方法已然成为现场工业试验的有力前奏。

4.2　研究方法及相关要求

相似模拟试验密切围绕矿山露天转地下开采工程实际，为试验点矿山工程实践提供理论支撑，其研究方法及相关要求如下。

(1)前期准备阶段：收集资料，总体规划，制定试验研究计划；

(2)根据相似三准则(指相似第一定理、相似第二定理、相似第三定理)的要求，堆砌制作相似模型并晾置干燥成型；

(3)相似模型性质稳定后进行模型开挖，记录试验数据并初步整理。

4.2.1　相似模拟试验

(1)通过理论分析，进行矿山试验点剖面的相似模型制作；

(2)根据矿山露天转地下开采初步设计，进行模型的开挖试验，记录相关的位移以及变形破坏特征；

(3)根据试验记录数据进行结果分析，总结出每次开挖过程中的岩体位移以及变形特征规律。

4.2.2　试验总结与理论分析

(1)根据相似模拟结果以及相关结论，分析总结原型矿山中可能出现的位移分布规律以及相关数据；

(2)根据相似模拟结果以及相关结论，分析总结原型矿山中可能出现的变形破坏演化特征。

4.2.3　研究要求

此次相似模型以及数值模拟计算，均是在已知试验点地层分布、岩层物理力学特性、矿区地面布置以及矿山露天转地下开采初步设计等条件的基础上进行的。相似模拟试验需根据以上试验参数，遵照相似三准则的要求对原型进行一定比例的缩小，然后在模型矿体中按照开采方案进行开挖，以研究矿山露天转地下开采边坡与地下采场覆岩变形破坏演化特征。

4.3　露天转地下开采岩体变形破坏特征相似模拟试验研究

相似模拟研究是目前矿山压力与采场覆岩变形破坏的研究手段之一，是近百年来矿山研究中的一个新领域。相似模拟技术正从不断实践和研究中得到完善和发展。相似模拟是根据苏联学者库兹涅佐夫所提出的相似理论，并以此为依据而形成的一整套从物理试验、力学试验、模型试验直到工程试验的研究方法，为矿山压力的测定及在实验室中观测矿山压力与采场覆岩变形破坏提供了一条新路子。

相似模拟可分为两种，一种是实验室中的物理模型法。这是一种用实物的方法，通常将该实物称为相似模型。首先测定工作地点岩层的物理力学参数，其次在一定的模型架中，以一定比例制成模型，使其物理力学性质按相同比例变化。在相似模型架中，以模拟方法去研究现场真实情况的全过程及其规律性，这种方法就叫相似模型法。另一种是数学模拟法，用电子计算机按一定的程序来替代物理过程进行模拟计算而取得结果。

用相似模型法进行地压与覆岩变形研究可起到如下作用：

(1)辅助矿山压力的现场实测研究，能取得更完美的效果。现场矿山压力的研究需要较多的人力、物力，所做的工作量很大、耗时多、周期长、费用大，而围岩发生的变化过程和内应力作用情况都不可能直接观测到，在观测时又经常受到生产工作的影响，难以取得较好的成果。相似模拟试验可以直接观测到矿山压力实验的整个过程和内应力作用情况，能人为地改变矿山压力中围岩的条件从而进行新技术、新方案的试验，并且能提供较有价值的参考数据，从而解决目前用理论分析方法尚不能解决的一些课题。

(2)矿山岩体现场实测存在周期很长、耗费的人力和物力巨大，受现场条件限制严重、局限性大，加之矿山岩体内部应力与位移变化测试困难，现有的适用矿山的测试仪器仪表粗糙落后，而其他领域较先进的仪器仪表又无法适应矿山恶劣的工作环境，对非测量地区缺乏延展意义等问题，时至今日，仍没能很好地解决。而采矿方面的数值模拟目前还难以精确地处理采动后岩体应力分布、大变形移动破坏、冒落后的物性变化等的演变过程，缺乏进行精确计算所必需的真实原岩应力场、真实岩体物理力学参数等基础数据，其计算结果往往也就无法达到真正的"仿真"。相似模拟试验能较好地模拟复杂工程的施工工艺、荷载的作用方式及时间效应等，能研究工程的受力全过程，如从弹性到塑性，一直到破坏。因此，用这种试验不仅可以研究工程的正常受力状态，还可以研究工程的极限荷载及破坏形态。同时，与数值计算结果相比，它所给出的结果形象、直观，能给人以更深刻的印象。正是由于相似模拟试验技术具有上述独特的优越性，其在国内外矿山与岩土工程界得到了广泛的重视和应用。

4.3.1　相似模拟试验理论

相似材料模拟试验的理论基础是以相似理论、相似准则及因次分析作为依据的试验研究方法。

4.3.1.1　相似模拟理论

相似材料模拟的依据是相似原理，它的理论基础是相似三准则，如下所述。

1)相似第一定理

此定理由牛顿(Newton)于1686年首先提出，此后由法国科学家贝特朗(Bertrand)于1848年给予了严格的证明。相似第一定理可表述为：相似现象的相似准数相等，相似指标为1，且单值条件相似。

单值条件是个别现象区别于同类现象的特征，它包括：几何条件、物理条件、边界条件及初始条件。几何条件是指参与过程物体的形状和大小；物理条件是指参与过程物体的物理性质；边界条件表示物体表面所受的外界约束；初始条件则是所研究的对象在起始时刻的某些特征。

2) 相似第二定理

此定理是在 1911 年由俄国学者费捷尔曼导出的。1914 年美国学者白金汉 (Buckingham) 也得到了同样的结果。

相似第二定理也称"π 定理"，它可以表达为：描述相似现象的物理方程均可变成相似准数组成的综合方程。如果现象相似，描述此现象的各种参量之间的关系可转换成相似准则之间的函数关系，且相似现象相似其综合方程必须相同。

因为相似准则是无因次的，故描述相似现象的物理方程为

$$f(a_1, a_2, \cdots, a_k, a_{k+1}, a_{k+2}, \cdots, a_n) = 0 \tag{4.1}$$

可以转换成无因次的相似准则方程：

$$F(\pi_1, \pi_2, \cdots, \pi_{n-k}) = 0 \tag{4.2}$$

式 (4.1) 中的 $a_1, a_2, \cdots, a_k$ 是基本量，$a_{k+1}, a_{k+2}, \cdots, a_n$ 是导出量，由此可见，相似准则有 $(n-k)$ 个。

该定理为相似试验结果的推广提供了理论依据。因为若两种现象相似，根据该定理就可以从模型试验结果中整理出相似准则关系，并将其推广到原型中去，从而使原型有了圆满的解释。

3) 相似第三定理

该定理是由基尔皮契夫及古赫尔曼于 1930 年提出的。

相似第三定理可表述为：在几何相似系统中，若具有相同文字的关系方程式单值条件相似，且由单值条件组成的相似准数相等，则这两种现象是相似的。

为了把个别现象从同类物理现象中区别出来，所要满足的条件称为单值条件。单值条件具体指：

(1) 几何条件。说明进行该过程的物体的形状和尺寸。

(2) 物理条件。说明物体及介质的物理性质。

(3) 边界条件。说明物理表面所受的外力，以及给定的位移及温度等。模型的边界条件应与原型尽量一致。使用平面模型时，应满足"平面应变"的要求，采用各种措施保证前后表面不产生变形。模拟深部岩层时，往往用外部加载的方法来代替自重应力。

(4) 初始条件。指现象开始产生时，物体表面某些部分所给定的位移和速度以及物体内部的初应力和初应变等。

(5) 时间条件。说明进行该过程在时间上的特点。

4.3.1.2 相似准则

磷矿山露天转地下开采是一个复杂的系统工程，涉及诸多因素，要使所有因素都保持相似很难做到，在工程实际中也没有这个必要。实践经验表明，在实验室通过模型试验来模拟磷矿山地下开采，相似模拟试验主要考虑以下参数：含磷矿层厚度 M、边坡和采场覆岩各层厚度 H、抗压强度 σ_c、抗拉强度 σ_t、容重 γ、弹性模量 E、时间 t、泊松比 μ，令其方程为

$$F(H,M,\sigma_c,\sigma_t,\gamma,E,\mu,t)=0 \tag{4.3}$$

根据 π 定理，应用量纲分析法，可得出以下 5 个相似准则：

$$
\begin{cases}
\pi_1 = \sqrt{H}\,/\,t \\
\pi_2 = E\,/\,\sigma_c \\
\pi_3 = \sigma_c\,/\,\sigma_t \\
\pi_4 = \gamma H\,/\,\sigma_c \\
\pi_5 = M\,/\,H
\end{cases}
\tag{4.4}
$$

故要使模型与原型相似，则需满足下列方程：

$$
\begin{cases}
\dfrac{E_m}{E_p}=\dfrac{\sigma_{tm}}{\sigma_{tp}} \quad \dfrac{\sigma_{cm}}{\sigma_{cp}}=\dfrac{\sigma_{tm}}{\sigma_{tp}} \quad \dfrac{\sigma_{cm}}{\sigma_{cp}}=\dfrac{\gamma_m\cdot H_m}{\gamma_p\cdot H_p} \\[3mm]
\dfrac{H_m}{H_p}=\dfrac{M_m}{M_p} \quad \dfrac{t_m}{t_p}=\sqrt{\dfrac{H_m}{H_p}}
\end{cases}
\tag{4.5}
$$

式中，下标 m 表示模型，p 表示原型。

4.3.2 相似模拟试验概况

4.3.2.1 相似模拟试验模型和剖面选择

1) 模型特点及选择

目前用于采矿工程中的二维相似模拟试验模型有平面应力模型和平面应变模型两种。平面应力模型是将沿长度方向力学性质不变的横向剖面作为模拟对象的一种模型，其两帮及上下部四个方向受约束，而前后面不受约束。在模拟深部岩体时模型上部用加载代替自重力。在实验过程中，平面应力模型便于开采矿层，且能随时观察到岩层的移动、变形及裂隙发育情况。由于露天边坡与地下采场上覆岩层的移动、变形及裂隙发育主要是由岩层冒落引起，侧向位移造成的影响可忽略不计。因此，在研究矿山压力与采场上覆岩层的变化规律时，多采用平面应

力模型。为了保证试验成功与安全，计划在新近设计、加工、安装的平面应变模型实验台上进行试验。在平面应力问题和平面应变问题中，应力的求解方程是一样的，因此常应用平面应力模型来模拟实际处于平面应变状态下的岩层，且平面应力模型容易干燥，便于观测，且每次铺设用料及工作量少，是目前研究工作中应用最普遍的模型。

本章相似材料模拟试验是在江西理工大学矿山压力实验室内采矿平面应力相似模拟实验台上进行的。该采矿平面应力相似模拟试验装置的主要功能是模拟矿体开采过程遇到的一些技术难题，重点从宏观及定性的角度来研究磷矿山露天转地下开采过程中边坡与采场上覆岩层的变形、破坏、冒落、移动规律，为矿井设计和生产提供科学依据。模型架的有效尺寸为 3.00m×2.00m×0.30m，同时该模型实验台还可配备杠杆加载装置，加载范围为 0.10～2.00MPa，荷载偏差小于 2%，如图 4.1 所示。

图 4.1　平面应力相似模拟实验台

2) 露天转地下开采试验原型工程概况

相似模拟试验是以云南磷化集团有限公司晋宁磷矿 2 号坑口北部采区磷矿体为研究对象。其简要的工程概况如下。

矿区内无明显的断层结构；直接底以下寒武统梅树村组第一段白云岩夹粉砂泥质岩、燧石层为主，老底为上震旦统灯影组上段白云岩夹泥质白云岩及燧石条带；矿体分布均匀，Ⅰ、Ⅱ、Ⅲ品级磷矿石自上而下依次分布，Ⅱ、Ⅲ品级偶尔间杂，Ⅲ品级间杂矸石夹层，矿体厚度 3.5～29m，倾角 41°～54°；顶板以中泥盆统海口组含砾石英砂岩、砂岩为主，老顶为上泥盆统宰格组下段泥质白云岩夹泥质岩、白云岩；老顶以上分布 1～8 层各式白云岩及灰岩，以泥质、砂泥质、灰质为主，呈层状、鲕状以及角砾状等；地面边坡由露天开采形成，坡角 50°～65°，部分区域地表覆盖露采堆积物。

模型试验研究区段内磷块岩矿床贫富矿层之间连续沉积，物质组分渐变，矿石品位逐渐过渡。根据矿石品级划分，Ⅰ品级(P_2O_5含量≥25%)位于含磷矿层的上部；Ⅱ品级(P_2O_5含量为15%～25%)主要位于含磷矿层的中部；Ⅲ品级(表外矿，P_2O_5含量为8%～15%)位于含磷矿层的中、下部；Ⅲ品级(表外矿层)中出现夹石层。区段矿体倾角较大，平均为45°，矿体厚度变化较大，上盘矿层(Ⅰ+Ⅱ品级)平均水平厚度为8.9m，下盘矿层(Ⅱ品级)平均水平厚度为4.0m，上、下盘矿层之间夹层(主要为Ⅲ品级)厚度4～6m。

3)试验剖面的选取

试验剖面选取的原则：地表有重要的建筑物，地下矿体分布复杂且厚度较大，工程地质和采矿条件具有代表性，在矿体开挖过程中其围岩的力学性状近似为平面应变状态。由于相似材料模拟试验具有周期较长、工作量大、费用较高、对试验技术和测量技术要求较高等特点，试验次数有限。综合考虑矿山地质采矿技术条件，结合课题研究的重点，最终选取2号坑口58勘探线之间矿体岩层作为模拟模型试验剖面，其工程地质剖面如图4.2所示，需要说明的是在模型模拟试验中截取其中一定范围进行研究，由于进行的是平面应力相似模拟，为了使研究成果更具代表性，对原勘探线剖面各岩层厚度取平均值；同时为了便于模型试验堆砌，对勘探线剖面进行了适当简化。

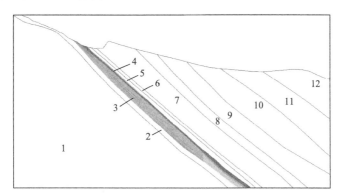

图4.2　晋宁磷矿2号坑口北采区58勘探线工程地质剖面

1-白云岩夹泥质白云岩；2-白云岩夹粉砂泥质岩、燧石层；3-Ⅱ、Ⅲ品级磷矿层；4-Ⅰ品级磷矿层；
5-含砾石英砂岩；6-泥质白云岩夹泥质岩；7-中粒石英砂岩；8-白云岩夹泥质岩；9-砾状白云岩；
10-白云岩夹灰质白云岩；11-含泥白云岩；12-鲕状灰岩

4.3.2.2　相似模拟试验模型

1)模拟范围的确定

相似模拟范围的确定原则：在地下采矿期间，模拟的最小范围应该是所要研究区段应力扰动不会波及的边界，即周边始终保持初始应力状态，同时为了节约试验成本力求减小模型的尺寸。本次模型模拟试验研究工作是在"云磷集团晋宁磷矿 2 号坑深部矿体开采方法"的基础上进行的，项目"十三五"期间做了较扎实的基础工作，试验地点选择、试验采矿方法等已基本确定。由于各矿山地质采矿条件存在差异，当前研究的主要目的是通过露天转地下开采相似模拟试验，积累工程经验，结合矿山现有的实际情况确定的 2 号坑口 58 勘探线工程地质剖面模拟试验的具体模拟范围如下。

模拟深度的确定：在前期相关研究成果的基础上，为了体现地下开采 2～3 个中段的开挖情况，本节只考虑开采至 2120m 水平的情况，考虑到围岩原岩应力场受采矿扰动重新分布的影响范围，确定最大地面标高为 2320m，模拟最大开采深度为 200m。

模拟宽度的确定：参考类似矿山岩体资料，确定矿层上盘岩体移动角为 60°，端部移动角为 70°，矿层下盘岩体移动角即矿体倾角。据此可以确定最小模拟宽度为 167.3m，考虑到围岩原岩应力场受采矿扰动重新分布的影响范围，模拟宽度确定为 300m。

2）相似模拟参数确定

相似比选择的原则：相似比选取要满足试验的精度和所要研究区域的模拟范围，并尽量减少模型制作和相似材料选取的工作量，充分利用实验室现有的模型试验设备、测试技术和试验技术，在达到研究目的情况下尽量减少试验成本。经过几个相似比方案的综合分析比较，根据现有试验条件，根据选定模型架尺寸及其他条件综合考虑确定的相似系数如下所述。

（1）模型几何相似系数（几何比）。

本次模型试验采用平面应力模型，长度相似系数为

$$a_L = L_m / L_p = 1/100 \tag{4.6}$$

式中，L_m 为模型尺寸；L_p 为原型尺寸。

（2）时间相似系数。

取时间相似系数为

$$a_t = t_m/t_p = \sqrt{a_L} = \sqrt{1/100} \approx 1/10 \tag{4.7}$$

式中，t_m 为模型过程时间；t_p 为原型过程时间。

（3）容重相似系数。

要求模型与原型的所有作用力都相似，考虑重量影响，则

$$a_\gamma = \gamma_m / \gamma_p = (1.95 \times 10^4)/(2.40 \times 10^4) \approx 0.81 \tag{4.8}$$

式中，γ_m 为模型容重，取 $1.95\times10^4\mathrm{N/m^3}$；$\gamma_\mathrm{p}$ 为原型容重，取 $2.40\times10^4\mathrm{N/m^3}$。

(4)其他力学参数相似系数。

由相似定理及以上各基本的相似系数，可导出如下相似比。

强度比：

$$a_\sigma=\frac{\sigma_\mathrm{m}}{\sigma_\mathrm{p}}=\frac{\gamma_\mathrm{m}.L_\mathrm{m}}{\gamma_\mathrm{p}.L_\mathrm{p}}=a_\gamma a_L=0.81\times(1/100)\approx1/123.5 \tag{4.9}$$

外力比：

$$a_p=a_\gamma a_L^3=0.81\times(1/100)^3=8.1\times10^{-7} \tag{4.10}$$

弹性模量比：

$$a_E=a_\gamma a_L=0.81\times(1/100)\approx1/123.5 \tag{4.11}$$

泊松比：

$$a_\mu=1 \tag{4.12}$$

(5)初始条件及边界条件相似。

根据现场考察的应力场资料，研究区域地质条件简单，不存在地质构造应力，可以近似认为是均质重力场，所以初始应力场是相似的。

3)相似模型材料用量

各分层材料总用量由式(4.13)计算可得

$$Q_i=L\times b\times m_i\times r_i\times k \tag{4.13}$$

式中，Q_i 为分层材料总用量，kg；L 为模型架长度，m；b 为模型架宽度，m；m_i 为模型分层厚度，m；r_i 为材料容重，$\mathrm{N/m^3}$；k 为材料损失系数。

由配比号确定各分层中各种材料的用量，计算公式如下：

$$W_{砂}:W_{碳酸钙}:W_{石膏}=A:B:(1-B) \tag{4.14}$$

细河砂用量：

$$W_{砂}=\frac{B}{A+1}Q_i$$

石膏用量：

$$W_{石膏} = \frac{1-B}{A+1}Q_i$$

水用量：

$$W_{水} = \frac{Q_i}{9}$$

碳酸钙用量：

$$W_{碳酸钙} = \frac{B}{A+1}Q_i$$

硼砂用量：

$$W_{硼砂} = \frac{1}{100}Q_i$$

根据"云磷集团晋宁磷矿 2 号坑深部矿体开采方法"相似模拟材料配比结果，由式(4.13)和式(4.14)计算出的 2 号坑北部采区 58 勘探线剖面模型上各分层各种材料的用量分别见表 4.1。

表 4.1 2 号坑北采区 58 勘探线剖面模型材料用量

序号	岩性	$W_{砂}$/kg	$W_{碳酸钙}$/kg	$W_{石膏}$/kg	$W_{水}$/kg	$W_{硼砂}$/g
1	第四系砂质黏土覆盖层	210.09	24.51	10.50	24.51	245.10
2	浅灰、灰白色中厚层状隐晶—中晶白云岩	3.51	0.12	1.05	0.47	4.68
3	灰白色、灰色中晶—粗晶白云岩	65.43	2.18	19.63	8.72	87.24
4	浅灰色、灰色层状隐晶—中晶白云岩	34.97	1.17	10.49	4.66	46.62
5	夹泥质深灰色隐晶—中晶白云岩	483.43	23.20	170.17	67.68	676.80
6	层状含泥白云岩	185.02	22.80	43.28	25.11	251.10
7	含砾石英砂岩	165.65	5.52	49.69	22.09	220.86
8	Ⅰ、Ⅱ品级混合开采磷矿层	72.34	3.62	26.52	10.25	102.48
9	第一层Ⅲ品级磷矿层	48.75	2.03	18.28	6.91	69.06
10	Ⅱ品级开采磷矿层	32.61	1.36	12.23	4.62	46.20
11	第二层Ⅲ品级磷矿层	37.78	1.57	14.17	5.35	53.52
12	灰白色薄至中厚层状白云岩	264.28	11.01	99.11	37.44	374.40
13	灰白色薄至中厚层状隐晶—细晶白云岩	801.43	48.09	272.49	112.20	1122.00

注：表土覆盖层另加塑料 2.35kg、软胶 0.88kg、机油 0.48kg、碎木屑 0.68kg。

4.3.2.3　模型制作

在试验前，仔细查看试验模型架、模型架前后两侧护板及螺栓情况，检查搅拌机的工作状况是否正常，准备好电子秤、手持小型电动搅拌器、布置模型用料、装水和溶解硼砂的胶桶与量筒等容器。为了方便观测边坡和采场覆岩的变形情况，在铺设模型前将边坡和采场覆岩大于 3cm 的模拟岩层进行分层，保证模型每一层厚度在 2～3cm，并在模型试验架两侧做出标记，便于模型铺设。模型的制作按以下步骤进行：

(1)试验前将试验架和护板清理干净，在模板内表面涂上凡士林，为防止脱模时相似材料黏结在模板上，在刷凡士林的模板上再铺一层非常薄的保鲜塑料薄膜，并将其用透明粘胶固定在模型架两侧，检查护板与模型架底座之间是否有较大的间隙，如有则应对间隙进行处理。

(2)根据表 4.1 计算出的材料用量，分别称量所需的细河砂、碳酸钙、石膏的重量，倒入搅拌机内，混合搅拌均匀。

(3)取称量好的硼砂溶于水中(一般采用温水溶解)，搅拌至硼砂完全溶解。

(4)搅拌机内材料边搅拌边缓缓加入硼砂溶液，搅拌至模拟材料均匀。

(5)将配制好的材料倒入模型架，用刮刀将其表面抹平，并利用木槌、铁块或振动棒将材料捣固压实。

(6)边上护板，边倒入材料，重复步骤(1)～(4)，直至设计高度。

(7)干燥一周左右，拆掉两侧护板，继续干燥 1～2 周后便可进行开挖和观测。为防止过多的侧向变形及碎块漏失，在模型的前后面设置专用护杆，并利用窄护板或螺母固定，以保持其平面应力模型状态。

应该说明的是，在模型制作时，适当控制分层铺设的间隔时间(一般为 2～5min)，并在层与层之间撒入一定量的云母粉来隔开，整个模型一次铺设完成。由于所堆设模型为非水平的缓倾斜岩层，在进行模型材料堆砌前应标出各层层位并准备好堆砌倾斜岩层成形工具。

4.3.2.4　模型试验方案

本次相似模拟模型试验共分为两个模型，即对 20°、50°两种不同倾角条件下磷矿山露天转地下开采过程中边坡与采场覆岩的采动破坏特征及变形破坏规律进行系统研究，具体的相似模拟试验方案如表 4.2 所示。

表 4.2　相似模拟模型试验方案

组别	试验条件	模拟试验的工程背景
第一组	20°矿体倾角	2 号坑口北采区 58 勘探线剖面
第二组	50°矿体倾角	2 号坑口北采区 58 勘探线剖面

4.3.2.5　岩体变形观测与开挖方案

1) 岩体变形破坏演化过程观测方案

相似材料模拟试验的覆岩变形观测方法主要包括标准小钢尺法测水平和垂直位移、摄影观测法、灯光透镜投影法测水平和垂直位移、百分表测水平和垂直位移以及近年来兴起的由中国矿业大学李元海教授开发出来的数字照相量测技术等。本次相似材料模拟试验中采用索尼 HX9 高清晰数码照相机(分辨率为 1920PPI[①] × 1080PPI) 近景量测技术进行岩层位移观测。

数字照相量测是一项通用性很强的现代非接触量测新技术，该技术由图像采集硬件和图像分析软件两大部分组成，以数码相机为代表的图像采集硬件可通过市场按需选购，操作也不复杂，因此，图像分析软件成为该项技术应用的核心与关键，可以说，拥有数字照相量测软件，等于拥有数字照相量测新技术。一般来讲，数字照相量测方法的计量精度 $m < \pm 0.12mm$，测电子全站仪观测的精度为 $m < \pm 0.2mm$，小钢尺观测的极限误差为 0.2mm，摄影观测的极限误差为 0.3mm，百分表观测的极限误差为 0.14mm，灯光透镜投影法的极限误差为 0.178mm，由此可见，数字照相量测方法的精度最高。数字照相量测可以理解为是利用数码相机、电荷耦合器件(CCD)摄像机等作为图像采集手段获得观测目标的数字图像，然后利用数字图像处理与分析技术，对观测目标进行变形分析或特征识别的一种现代量测新技术，在实验力学领域有着广阔的应用空间和巨大的发展潜力。一些传统量测方法，如试验模型上布设位移传感器，因仪器安装空间限制，测点数量极为有限，而在模型上描画网格线，拍照后人工测量，精度低，工作量大，测点密度不高，都无法满足材料细观与全场变形特性定性与定量研究的要求。

在材料变形演变过程的全程观测与细观力学特性研究方面，数字照相量测由于具有突出的优越性，近年来，在采矿工程、岩土工程、结构工程、桥梁与隧道工程、建筑工程、材料工程、机械工程、林业工程以及医学工程等多学科的实验力学研究领域中发展迅速而且应用日渐广泛。数字照相量测根据观测目标上是否布置人工物理量测标志点，可简单划分为"标点法"和"无标点法"两大类。其中，"无标点法"和数字散斑相关法(DSCM)、数字图像相关法(DICM)及粒子图像测速(PIV)等方法的基本原理相同，都是以散斑图像相关性分析为基本原理；此外，在很多情况下"无标点法"可代替以图像质心算法为基础的"标点法"。

根据相似模拟模型试验所要研究的内容，拆开模型护板和护梁。在已经成型的模型的正面布置位移观测点，将所要观测的应力点均匀布置在开挖磷矿层上覆岩层中，各观测点采用大头针穿 $1cm^2$ 的正方形锡纸进行标定。

---

① PPI 表示像素每英寸(pixels per inch)。

具体的布置情况：沿水平方向在开挖磷矿层的上覆岩层均匀布置 16 条位移观测线，各测线水平间距为 10m（模型上为 10cm），起始观测线距离 2270m 水平起始开挖矿体水平间距为 17.3m（20°倾角）（模型上为 17.3cm）与 11.6m（模型上为 11.6cm）（50°倾角）。沿法线方向，各观测线最下端测点距离开挖磷矿层的垂距为 10m（模型上为 10cm），往后各测点沿垂直方向依次增大 10m（模型上为 10cm），具体布置情况如图 4.3 所示。

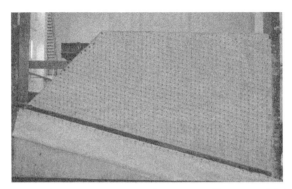

图 4.3 晋宁磷矿 2 号坑 58 勘探线剖面模型岩体变形观测点布置图

2）工程地质和采矿过程模拟

岩层接触面和节理的模拟：在模型试验过程中，岩层之间的接触弱面和节理用云母粉、软胶、碎木屑与机油的混合物代替。

地应力的模拟：现场的工程地质研究表明，垂直矿体走向的水平构造应力较小，所研究区域不存在地质构造，因此，力学参数敏感性分析中水平构造应力不是影响覆岩移动变形的敏感性参数。在相似模拟模型试验中仅模拟岩体的自重应力，岩体的自重由相似材料的自重来模拟。

采矿过程的模拟：由于本次相似模拟模型试验共分为两个模型，对 20°、50° 两种不同倾角条件下磷矿山露天转地下开采过程中岩体变形破坏演化特征进行系统研究，各种方案下模型的开挖方式也不尽相同，具体的相似模拟试验采矿过程如表 4.3 所示。

表 4.3 相似模拟模型试验采矿过程模拟

组别	试验条件	模拟试验的工程背景	采矿过程模拟
第一组	20°矿体倾角	2 号坑 58 勘探线剖面	采用房柱采矿法开挖Ⅰ+Ⅱ矿体，将 2250～2138m 均匀地划分为 6 个开挖矿块。矿块沿走向布置，矿块斜长 31.10m，矿房跨度 8m，房间矿柱 3m×4m，矿柱间距 5m，顶柱宽度 5m
第二组	50°矿体倾角	2 号坑 58 勘探线剖面	采用分段留矿—崩落法开挖Ⅰ+Ⅱ矿体，矿块沿走向布置，矿块长度 100m，中段高度 50m（2220～2270m，2170～2220m），将每个中段平均划分为 5 个分段，分段高度 10m，按照从下往上的顺序，分 5 次开采完毕

4.3.3　相似模拟试验结果与分析

4.3.3.1　不同倾角磷矿露天转地下开采岩体移动规律研究

1) 20°矿体倾角模型

按照表 4.3 所述的矿体开挖步骤对模型进行开挖，利用数字照相系统量测采场覆岩各测点在不同开挖阶段的水平和竖向位移值，并对所有试验结果进行整理分析，最终得出采场覆岩各测点的变形曲线图。以 U_{N-M} 表示模型覆岩各测点的水平位移值，以 W_{N-M} 表示模型覆岩各测点的竖向下沉位移值，其中 N 表示测线号，M 表示测点与矿层顶板的垂距。图 4.4 与图 4.5 分别为模型上 16 条测线中各测点在不同开挖步骤后的水平位移值与竖向下沉位移值。

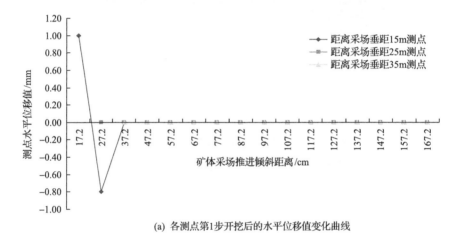

(a) 各测点第1步开挖后的水平位移值变化曲线

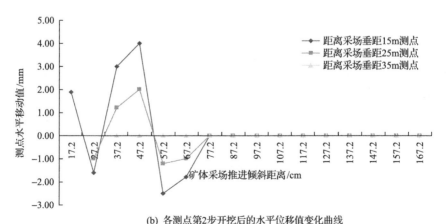

(b) 各测点第2步开挖后的水平位移值变化曲线

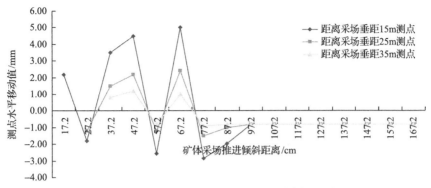

(c) 各测点第3步开挖后的水平位移值变化曲线

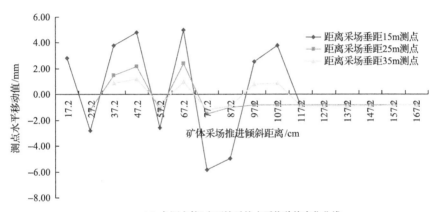

(d) 各测点第4步开挖后的水平位移值变化曲线

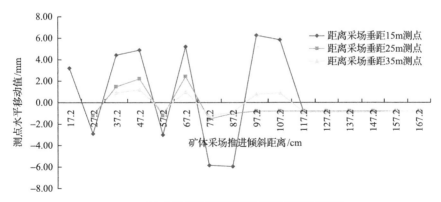

(e) 各测点第5步开挖后的水平位移值变化曲线

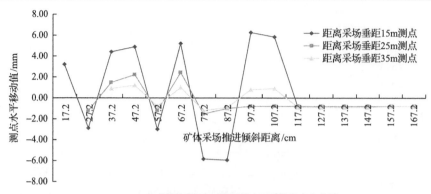

(f) 各测点第6步开挖后的水平位移值变化曲线

图 4.4　20°矿体倾角模型岩层各步开挖后的水平位移值变化曲线

测点水平移动值采空场前方为正，采空场后方为负

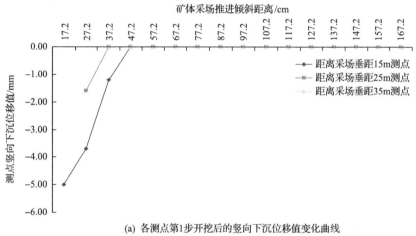

(a) 各测点第1步开挖后的竖向下沉位移值变化曲线

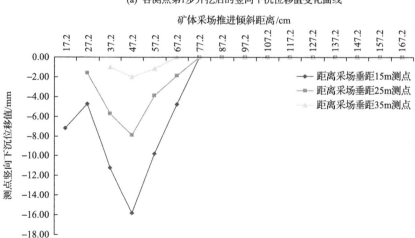

(b) 各测点第2步开挖后的竖向下沉位移值变化曲线

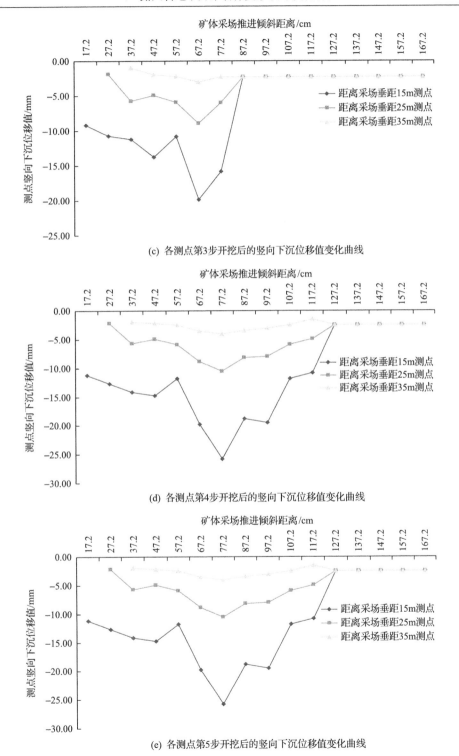

(c) 各测点第3步开挖后的竖向下沉位移值变化曲线

(d) 各测点第4步开挖后的竖向下沉位移值变化曲线

(e) 各测点第5步开挖后的竖向下沉位移值变化曲线

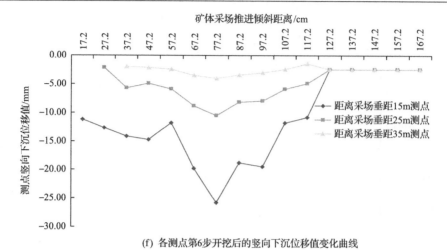

(f) 各测点第6步开挖后的竖向下沉位移值变化曲线

图 4.5　20°矿体倾角模型岩层各步开挖后的竖向下沉位移值变化曲线

由图 4.4 与图 4.5 可以得出以下结论:

(1)磷矿山露天转地下开采后,随着采空区作业面的持续推进,采场覆岩变形明显分为三个阶段,即采场局部小变形阶段(第 1～2 步开挖)、大范围的整体垮塌剧烈变形阶段(第 3 步开挖)以及持续稳定的变形增大阶段(第 4～6 步开挖)。

模型进行第 1～2 步开挖即沿矿体倾斜方向推进 31.1cm(实际工程 31.1m)和 62.2cm(实际工程 62.2m),由于矿体开挖后采空区空间范围较小,采场覆岩受开采扰动的程度和范围都较小,只有采空区顶板上方及周围的岩体产生小范围的离层、垮落,采场覆岩整体性完好,处于稳定状态。第 1 步开挖完毕后,仅测点 1-15、2-15 与 2-25 发生变形,其余测点基本没有变形。最大水平位移值仅 1.00mm(实际工程 10.00cm),最大竖向下沉位移值仅 5.00mm(实际工程 50.00cm),产生最大水平位移值与最大竖向下沉位移值的点均为距离采空区空间最近的测点 1-15。第 2 步开挖完毕后,随着开挖空间的增大,采动影响的范围延展至采场前方的测线 6,矿体受开采扰动的程度也加重,最大水平位移值增大到 4.00mm(实际工程 40.00cm),最大竖向下沉位移值增大到 15.80mm(实际工程 1.58m),采场覆岩变形剧烈区域位于采空区中央区域的测线 3～测线 5。

模型进行第 3 步开挖即沿矿体倾斜方向推进 93.3cm(实际工程 93.3m),由于采空区空间范围持续扩大,采空区顶板垮落、离层、破裂和破碎带向采场覆岩关键层发展,产生一定数量的宏观贯通裂纹和一定范围内的拉裂微裂隙贯通带,在采场覆岩的右边上侧范围内出现采场覆岩整体滑落至采空区的失稳破坏现象。矿体采动影响区域由第 2 步开挖的 67.2cm(实际工程 67.2m)骤增至 157.2cm(实际工程 157.2m),采动覆岩剧烈影响区域也由第 2 步开挖的 30.0cm(实际工程 40.0m)增大至 50.0cm(实际工程 70.0m),最大水平位移值增大到 5.00mm(实际工程 50.00cm),

最大竖向下沉位移值增大到 19.80mm(实际工程 1.98m)。

模型进行第 4～6 步开挖即沿矿体倾斜方向推进 124.4cm(实际工程 124.4m)、155.5cm(实际工程 155.5m)和 186.6cm(实际工程 186.6m),随着开挖采空区空间范围的进一步增大,采动影响范围和程度持续稳定地增大,采动影响下采场覆岩离层、裂隙和破碎带大幅度向上发展至地表,采动影响下矿体上覆岩体产生大量新的宏观采动裂纹,原有的宏观采动裂纹贯通并形成离层,采空区右边上侧大范围覆岩整体变形并向采空区整体继续滑落。模型第 4～6 步开挖后,采场覆岩最大水平位移值分别增大到 4.95mm(实际工程 49.50cm)、6.25mm(实际工程 62.50cm)与 8.85mm(实际工程 88.50cm);最大竖向下沉位移值分别增大到 18.80mm(实际工程 1.88m)、39.50mm(实际工程 3.95cm)与 39.80mm(实际工程 3.98m);采场覆岩变形剧烈区域分别位于测线 6～测线 8(距离矿体开切眼位置 67.2～87.2cm,实际工程 67.2～87.2m)、测线 8～测线 11(距离矿体开切眼位置 87.2～117.2cm,实际工程 87.2～117.2m)与测线 9～测线 13(距离矿体开切眼位置 97.2～137.2cm,实际工程 97.2～137.2m)。地表的最大竖向下沉位移值分别达到 4.00mm(实际工程 40.00cm)、5.00mm(实际工程 50.00cm)与 5.50mm(实际工程 55.00cm)。

(2)磷矿山露天转地下开采形成采空区后,受采动影响,模型采场覆岩各测点均出现不同幅度的下沉,最大下沉区域位于采空区中心偏矿体下盘的位置,且随着采场的开挖推进最大下沉区域位置动态前移。对磷矿体进行 1～6 步开挖后(实际工程推进 17.2～167.2m),采场覆岩最大下沉区域位置分别位于测线 2～测线 3之间(距离矿体开切眼位置 27.2～37.2m)、测线 4～测线 5 之间(距离矿体开切眼位置 47.2～57.2m)、测线 6～测线 7 之间(距离矿体开切眼位置 67.2～77.2m)、测线 8～测线 9 之间(距离矿体开切眼位置 87.2～97.2m)、测线 9～测线 10 之间(距离矿体开切眼位置 97.2～107.2m)、测线 11～测线 12 之间(距离矿体开切眼位置117.2～127.2m),最大下沉区域位于采空区中心偏矿体下盘的位置 3.0～15.0m,开采区域范围越大,偏离距离也越大。

(3)磷矿山露天转地下开采后,受开采扰动的影响,采场覆岩出现大小不同的水平移动,采场覆岩水平位移值最小点与采场覆岩竖向下沉位移值最大点位置相同。以采场覆岩最大下沉点为中心,在采动影响一定区域范围内(模型为 15.00～35.00cm,实际工程为 15.00～35.00m),随着与中心点水平间距的增加,采场覆岩的水平移动增量单调递增;当与中心点水平间距增大到一定程度后(模型为35.00～50.00cm,实际工程为 35.0～50.0m),采场覆岩的水平位移值增量单调递减至 0,且采场覆岩水平位移值最大点随采场推进而动态前移。

(4)磷矿山露天转地下开采,采场覆岩出现不同幅度的水平变形和竖向下沉,覆岩水平变形与竖向下沉的方向均指向采空区中央区域,采场覆岩竖向下沉位移值最大点和水平位移值最大点均位于离采空区垂距最小的 15.00cm(实际工程为

15.00m)测点上。随着与采空区垂距的增大,采场覆岩相对下沉增量和水平相对位移增量单调递减。

(5)磷矿山露天转地下开采,随着采场的推进,采场覆岩由稳定状态(模型开挖的第1~2步)逐步发展到局部整体非线性失稳破坏状态(模型开挖的第3步),最后达到整体线性失稳破坏状态(模型开挖的第4~6步),采场覆岩相应的整体竖向下沉位移值曲线最终为稍偏向下山方向的非对称槽形。

2)50°矿体倾角模型

按照表4.3所述对模型进行开挖,利用数字照相系统量测采场覆岩各测点在不同开挖阶段的水平和竖向位移值,并对所试验结果进行整理分析,最终得出采场覆岩各测点的变形曲线图。以U_{N-M}表示模型覆岩各测点的水平位移值,以W_{N-M}表示模型覆岩各测点的竖向下沉位移值,其中N表示测线号,M表示测点与矿层顶板的垂距。图4.6与图4.7分别为模型上16条测线中各测点在不同开挖步骤后的水平位移值与竖向下沉位移值。

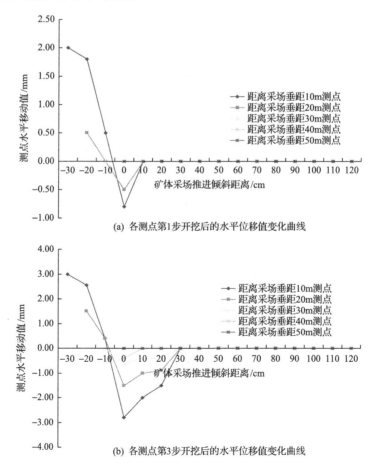

(a) 各测点第1步开挖后的水平位移值变化曲线

(b) 各测点第3步开挖后的水平位移值变化曲线

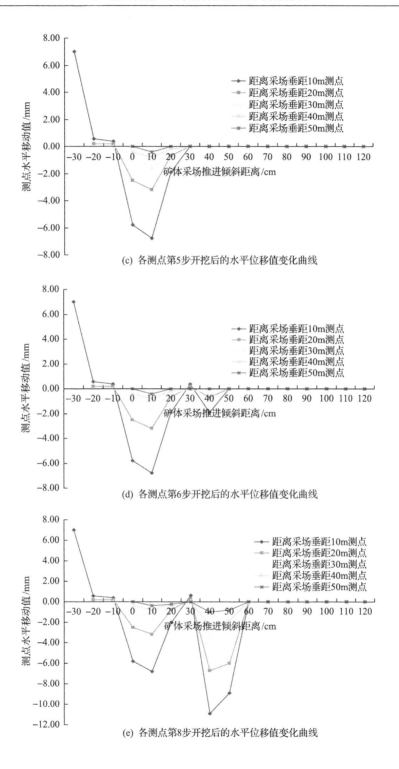

(c) 各测点第5步开挖后的水平位移值变化曲线

(d) 各测点第6步开挖后的水平位移值变化曲线

(e) 各测点第8步开挖后的水平位移值变化曲线

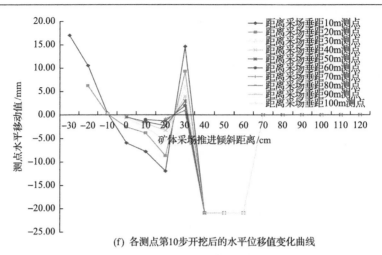

(f) 各测点第10步开挖后的水平位移值变化曲线

图 4.6　50°矿体倾角模型岩层各步开挖后的水平位移值变化曲线

测点水平移动值采空场前方为正，采空场后方为负

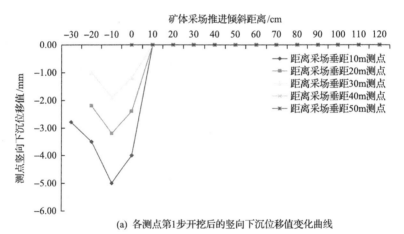

(a) 各测点第1步开挖后的竖向下沉位移值变化曲线

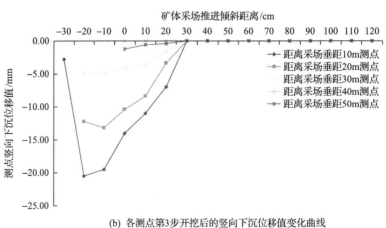

(b) 各测点第3步开挖后的竖向下沉位移值变化曲线

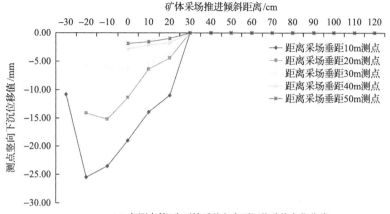

(c) 各测点第5步开挖后的竖向下沉位移值变化曲线

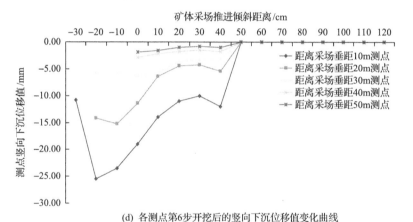

(d) 各测点第6步开挖后的竖向下沉位移值变化曲线

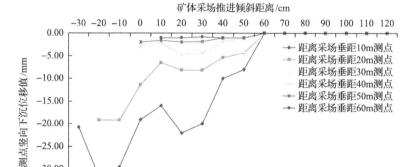

(e) 各测点第8步开挖后的竖向下沉位移值变化曲线

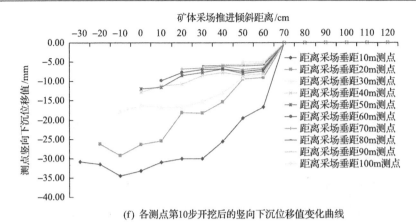

(f) 各测点第10步开挖后的竖向下沉位移值变化曲线

图 4.7　50°矿体倾角模型岩层各步开挖后的竖向下沉位移值变化曲线

由图 4.6 与图 4.7 可以得出以下结论：

(1)磷矿山露天转地下开采后，沿矿体延伸方向，采空区空间范围逐步变大，采动影响下采场覆岩变形大体上可划分为小范围冒顶阶段(第 1～3 步开挖)、持续稳定的变形增大阶段(第 4～8 步开挖)以及大范围的整体垮塌剧烈变形阶段(第 9～10 步开挖)三个阶段。

模型进行第 1～3 步开挖(实际工程开挖 2220～2250m 分段矿体)，由于矿体开挖后采空区空间范围较小，采场覆岩受开采扰动的程度和范围都较小，只在采空区顶板上方及附近的岩体产生小范围的离层、垮落，采场覆岩整体性完好，处于稳定状态。第 1 步开挖完毕后(实际工程开挖 2220～2230m 分段矿体)，仅采空区附近区域测线 1～测线 4 上的 6 个测点发生变形。最大水平位移值仅 0.80mm(实际工程 8.00cm)，最大竖向下沉位移值仅 5.00mm(实际工程 50.00cm)，最大水平移动点与下沉点分别为距离采空区顶板左上侧区域的测点 1-10 与位于采空区顶板中央区域右侧的测点 3-10。3 步开挖完毕后(实际工程开挖 2240～2250m 分段矿体)，随着开挖空间的增大，采动影响的范围延展至采场右侧区域的测线 6，矿体受开采扰动的程度也加重，最大水平位移值增大到 2.80mm(实际工程 28.00cm)，最大竖向下沉位移值增大到 20.50mm(实际工程 2.05m)，采场覆岩变形剧烈区域位于采空区中央区域的测线 2～测线 3。

模型进行第 4～8 步开挖(实际工程开挖 2250～2270m 及 2170～2200m 分段矿体)，随着开挖采空区空间范围的进一步增大，采动影响范围和程度持续稳定地增大，采动影响下采场覆岩离层、裂隙和破碎带大幅度向上发展，上覆岩体产生大量新的宏观采动裂纹，原有的宏观采动裂纹贯通并形成离层，采空区上侧覆岩逐步向采空区滑落。模型第 5 步开挖后(实际工程开挖 2260～2270m 分段矿体)，采场覆岩最大水平位移值与最大竖向下沉位移值分别增大到 6.80mm(实际工程

68.00cm)与 25.50mm(实际工程 2.55m),采场覆岩剧烈变形区域主要分布在采空区上侧区域的测线 2~测线 4。模型 6 步开挖后(实际工程开挖 2170~2180m 分段矿体),采场覆岩最大水平位移值与最大竖向下沉位移值均增加,由于新增的 2170~2180m 分段矿体开挖,采场覆岩受采动影响的范围由测线 6 增大到测线 8,采场覆岩剧烈变形区域主要分布在采空区左上侧区域的测线 2~测线 4 以及采空区右上侧区域的测线 6~测线 8。模型第 8 步开挖后(实际工程开挖 2190~2200m 分段矿体),采场覆岩最大水平位移值与最大竖向下沉位移值分别增大到 10.90mm(实际工程 1.90cm)与 31.50mm(实际工程 3.15m),采场覆岩受采动影响的范围由测线 6 增大到测线 9,采场覆岩剧烈变形区域主要分布在采空区左上侧区域的测线 2~测线 4 以及采空区右上侧区域的测线 7~测线 9。

模型进行第 10 步开挖(实际工程开挖 2210~2220m 分段矿体),两个中段采空区贯通,老采空区被活化,采空区空间范围增至极值,采场顶板出现大范围的垮落、离层、破裂,破碎带遍布采场覆岩关键层区域,出现大量的宏观贯通裂纹和大范围内的拉裂微裂隙贯通带,采动影响下采场覆岩出现整体垮塌至采空区的失稳破坏现象。模型第 10 步开挖后(实际工程开挖 2210~2220m 分段矿体),矿体采动影响剧烈区域由第 8 步开挖的 60cm(实际工程 60m)骤增至 130cm(实际工程 130m),最大水平位移值增大到 20.90mm(实际工程 2.09m),最大竖向下沉位移值增大到 33.20mm(实际工程 3.32m),地表局部区域出现塌陷。

(2)磷矿体露天转地下开采后,受采动影响,模型采场覆岩各测点均出现不同幅度的下沉,最大下沉区域位于采空区中下部位置,且随着采场的开挖推进,最大下沉区域位置动态前移。对磷矿体进行第 1~10 步开挖后(实际工程开挖 2220~2270m 以及 2170~2220m 分段矿体),采场覆岩最大下沉区域位置分别位于测线 2~测线 3 之间(距离矿体开切眼位置–20.00m~–10.00m)、测线 3~测线 4 之间(距离矿体开切眼位置–10.00~0.00m)、测线 4~测线 5 之间(距离矿体开切眼位置 0.00~10.00m)、测线 5~测线 6 之间(距离矿体开切眼位置 10.00~20.00m)、测线 6~测线 7 之间(距离矿体开切眼位置 20.00~30.00m)、测线 7~测线 8 之间(距离矿体开切眼位置 30.00~40.00m)、测线 8~测线 9 之间(距离矿体开切眼位置 40.00~50.00m),最大下沉区域位于采空区中心偏矿体下盘的位置 8.0~20.00m,开采区域范围越大,偏离距离也越大。

(3)磷矿体露天转地下开采后,受开采扰动影响,采场覆岩出现大小不同的水平移动,采场覆岩水平位移值最小点与采场覆岩竖向下沉位移值最大点位置相同。以采场覆岩最大下沉点为中心,在采动影响一定区域范围内(模型为 10.00~30.00cm,实际工程为 10.00~30.00m),随着与中心点水平间距增加,采场覆岩的水平位移值增量单调递增;当与中心点水平间距增大到一定程度后(模型为 25.00~40.00cm,实际工程为 25.0~40.0m),采场覆岩的水平位移值增量单调递减至 0,

且采场覆岩水平位移值最大点随采场推进而动态前移。

(4)磷矿体露天转地下开采后,采场覆岩出现不同幅度的水平变形和下沉,覆岩水平变形与下沉的方向均指向采空区中央区域,采场覆岩竖向下沉位移值最大和水平位移值最大点均位于离采空区区域垂距最小的 10.00cm(实际工程为10.00m)测点上。随着与采空区垂距的增大,采场覆岩相对下沉增量和水平相对位移增量单调递减。

(5)磷矿体露天转地下开采后,随着采场的推进,采场覆岩由稳定状态(模型开挖的第1~3 步)逐步发展到稳定的线性破坏状态(模型开挖的第 4~9 步),最后达到大范围整体非线性垮塌状态(模型开挖的第 10 步),采场覆岩相应的整体下沉曲线最终为非对称的半碗形。

3) 两种倾角磷矿体露天转地下开采后变形规律的异同

由上述对 20°和 50°磷矿体露天转地下开采后变形规律的研究结果可知,不同倾角磷矿露天转地下开采后,其岩体变形规律具有普遍的规律性:磷矿露天转地下开采后,受采动影响,模型岩层各测点均出现不同幅度的下沉,最大下沉区域位于采空区中下部位置,且随着采场开挖的不断推进最大下沉区域位置动态前移。受开采扰动影响,采场覆岩出现大小不同的水平移动,采场覆岩水平位移值最小点与采场覆岩竖向下沉位移值最大点位置相同。以采场覆岩竖向下沉位移值最大点为中心,在采动影响一定区域范围内,随着与中心点水平间距增加,采场覆岩的水平位移值增量单调递增;当与中心点水平间距增大到一定程度后,采场覆岩的水平位移值增量单调递减至 0,且采场覆岩水平位移值最大点随采场推进而动态前移。覆岩水平变形与下沉的方向均指向采空区中央区域,采场覆岩竖向下沉位移值最大点和水平位移值最大均位于离采空区区域垂距最小的测点上。随着与采空区垂距的增大,采场覆岩相对下沉增量和水平相对位移增量单调递减。随着采场的推进,采场覆岩由稳定状态逐步发展到非线性破坏状态,最后出现大范围垮塌状态,采场覆岩相应的整体下沉曲线最终为非对称的曲线。

同时由上述结果可知,不同倾角磷矿露天转地下开采后,其岩层移动规律具有一定的差异:随着磷矿体倾角的增大,岩体受开采扰动的范围逐步减小,磷矿体倾角由 20°增加到 50°,采动影响范围由 15.00~35.00m 减小到 10.00~30.00m,岩层相应的整体下沉曲线由非对称的槽形变为碗形。随着磷矿体倾角的增大,矿体的埋藏深度相对增加,同样空间范围矿体开采后,岩层受采动损害程度随倾角的增大而减小。随着矿体倾角的增加,上覆岩层平行于矿层方向的作用力增大,垂直于矿层方向的作用力减小,同样空间范围矿体开采后,顶板下沉量将逐渐变小。总的来讲,同样空间范围矿体开采后,随着磷矿体倾角由 20°增加到 50°,磷矿层岩层变形整体上趋于缓和。

4.3.3.2 不同倾角磷矿露天转地下开采变形破坏特征研究

1) 20°矿体倾角模型

按照表 4.3 所述的矿体开挖步骤对模型进行开挖,通过数字照相系统对模型第 1~6 步开挖后的变形破坏形态进行摄影,图 4.8~图 4.14 揭示了晋宁磷矿 2 号坑口北采区深部矿体露天转地下开采后岩体的变形破坏特征。由图 4.8~图 4.14 可得出以下结论:对模型矿体进行第 1~6 步开挖后,由于开挖的采空区空间相对独立,相互之间尚未贯通,加之各矿房之间留设矿柱的支撑作用,岩体所受采动影响的程度相对较小,各步开挖后仅在采空区的顶板覆岩和两角出现局部的冒落与离层现象,冒落高度范围 12.00~35.00cm(实际工程 12.00~35.00m),采动离层宽度 14.00~25.00cm(实际工程 14.00~25.00m),冒落高度与离层宽度均随着矿体开挖推进而增大。采空区上端垮落角 60°~65°,下端垮落角 50°~55°。矿体进行第 4~6 步开挖后(实际工程 124.40~186.60m),随着开采空间范围增大,采场覆岩出现整体均匀下沉的现象,整体来讲依旧稳定。

为了更好地了解 20°矿体露天转地下开采下岩体变形破坏演化特征,模型试验正常开挖结束后,对模型 1~5 号矿柱分阶段进行回采,回采结束后模型采场覆岩均突然发生局部至整体性的垮塌失稳破坏现象,呈现出明显的"多米诺骨牌效

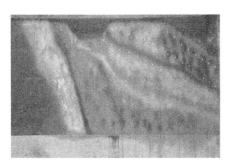 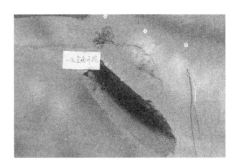

图 4.8　20°矿体试验前的模型图　　图 4.9　20°矿体第 1 步开挖后采场覆岩破坏情况

 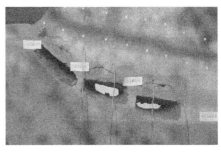

图 4.10　20°矿体第 2 步开挖后采场覆岩　　图 4.11　20°矿体第 3 步开挖后采场覆岩破坏情况
破坏情况

图 4.12　20°矿体第 4 步开挖后采场覆岩　　图 4.13　20°矿体第 5 步开挖后采场覆岩破坏情况
破坏情况

图 4.14　20°矿体第 6 步开挖后采场覆岩破坏情况

应", 如图 4.15~图 4.19 所示。分析其原因为, 模型矿体第 6 步开挖后, 岩体受采动影响程度达到最大, 系统整体处于临界破坏状态, 此时外界的开挖扰动对其稳定性的影响十分明显, 任意一个较小的开挖扰动都可能会使其局部区域迅速发生塑性破坏进而诱发整个边坡与地下采场覆岩失稳的"多米诺骨牌效应"。

2) 50°矿体倾角模型

按表 4.3 所述的矿体开挖步骤对模型进行开挖, 通过数字照相系统对模型第 1~10 步开挖后的变形破坏形态进行摄影, 图 4.20~图 4.26 揭示了晋宁磷矿 2 号坑口北采区深部矿体露天转地下开采后岩体的变形破坏特征。由图 4.20~图 4.26

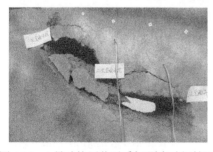 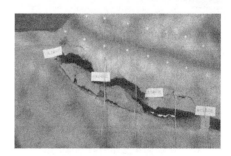

图 4.15　1 号矿柱回收后采场覆岩破坏情况　　图 4.16　2 号矿柱回收后采场覆岩破坏情况

 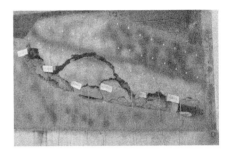

图 4.17　3 号矿柱回收后采场覆岩破坏情况　图 4.18　4 号矿柱回收后采场覆岩破坏情况

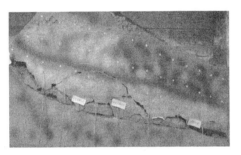

图 4.19　5 号矿柱回收后采场覆岩破坏情况

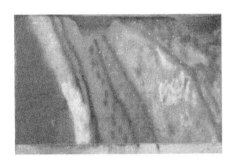 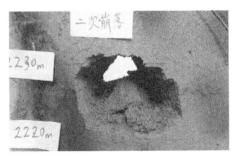

图 4.20　50°矿体试验前的模型图　图 4.21　50°矿体第 1 步开挖后采场覆岩破坏情况

图 4.22　50°矿体第 3 步开挖后采场覆岩　　4.23　50°矿体第 5 步开挖后采场覆岩破坏情况
　　　　破坏情况

可得出以下结论：对模型矿体进行第 1～10 步开挖后，靠近采空区区域内的上覆

图 4.24　50°矿体第 6 步开挖后采场覆岩　图 4.25　50°矿体第 8 步开挖后采场覆岩破坏情况
　　　　　破坏情况

图 4.26　50°矿体第 10 步开挖后采场覆岩破坏情况

岩层开始发生变形，采场覆岩在自重及采动应力作用下发生弯曲下沉，当内部应力超过极限强度时形成垮落带。下位岩层破坏后，上位岩层以同样的方式发生下沉、弯曲和破坏，采场覆岩破坏就是以这种方式由下向上逐步演化。采场覆岩冒落形状不规则，随采随冒，冒落高度范围 10.00～30.00cm(实际工程 10.00～30.00m)，采动影响剧烈区域宽度 10.00～20.00cm(实际工程 10.00～20.00m)，冒落高度与采动影响剧烈区域宽度均随着矿体开挖空间范围的增大而增大。采空区上端垮落角为 48°～55°，下端垮落角为 45°～50°。矿体进行第 10 步开挖后(实际工程开挖 2210.00～2220.00m 分段矿体)，随着矿体开采空间范围增大，上中下段采空区逐步贯通，上部中段老采空区在强烈的开挖扰动下被"活化"，采动影响下采场覆岩的变形破坏范围大面积增加，新增了大量的微裂隙，同时出现了少量贯通至地表的宏观裂隙带，采场覆岩出现整体失稳现象。

　　3)两种倾角磷矿体露天转地下开采后岩层变形破坏特征异同

　　由上述对 20°和 50°两种倾角磷矿体露天转地下开采后岩层变形破坏特征结果可知，不同倾角磷矿露天转地下开采后，其岩层变形破坏特征具有普遍的规律性：露天转地下开挖形成采空区后，受采动影响，在采场覆岩自重和采动应力共同作用下，采场覆岩有向采空区移动的趋势，出现岩层向采空区弯曲、离层、冒落的现象。随着磷矿采空区推进一定阶段后，采场覆岩受采动影响的程度越来越大，采场覆岩局部区域向采空区弯曲、离层、冒落的现象更为明显，采场覆岩内部逐渐产生宏观裂纹并逐步贯通发展，最终导致采场覆岩大范围整体垮塌破坏。

同时由上述结果可知，不同倾角磷矿露天转地下开采后，其岩层变形破坏特征具有一定的差异：随着磷矿体倾角的增大，相同空间范围采空区形成后，采场覆岩受开采扰动的范围逐步减小，磷矿体倾角由20°增加到50°，采动覆岩冒落的范围与离层的宽度分别由 12.00~35.00cm(实际工程 12.00~35.00m)与 14.00~25.00cm(实际工程14.00~25.00m)减小到10.00~30.00cm(实际工程10.00~30.00m)与 10.00~20.00cm(实际工程 10.00~20.00m)。矿体上盘与下盘垮塌角度分别由60°~65°与 50°~55°减小到48°~55°与 45°~50°。

4.4　本章小结

以云南磷化集团有限公司晋宁磷矿 2 号坑口北采区露天转地下开采为研究对象，依据相似模拟原理，利用江西理工大学矿山压力实验室内采矿平面应力相似模拟实验台，进行了晋宁磷矿 2 号坑口北采区深部磷矿地下开采的相似模拟试验，对 20°、50°两种倾角条件下岩体的变形破坏演化特征进行了系统研究，主要结论如下：

(1)磷矿床露天转地下开采后，采场顶板主要承受其上覆岩层的垂直重力作用，被挖走的矿体原来所承受的应力转移到周围岩体中去，导致采场覆岩体内应力场建立新的平衡。矿体开挖后，在采空区顶板附近区域形成应力卸压区，随着开挖空间范围的逐步扩大，顶板卸压区的范围和卸压程度逐步增大，且距离采空区中心越近，采场顶板应力卸荷越剧烈。同时采场顶板覆岩应力向前转移，在采场前方一定区域形成顶板应力增压区，随着矿体的开挖推进，顶板应力增压区位置动态前移，且增压区范围和增压程度也随着开挖空间范围的变大而逐步增加。而采场后方区域老采空区顶板变形破坏裂隙带和离层带被逐步压密，并在采空区空间范围达到一定规模后趋于稳定，恢复部分应力，重新起到支撑其上部覆岩重力的作用。

(2)磷矿床露天转地下开采后，各岩层出现不同幅度的下沉，最大下沉区域位于采空区中下部位置，且随着采场的开挖推进最大下沉区域位置动态前移。同时受开采扰动影响，采场覆岩出现大小不同的水平移动，采场覆岩水平位移值最小点与采场覆岩竖向下沉位移值最大点位置相同。以采场覆岩最大下沉点为中心，在采动影响一定区域范围内，随着与中心点间距增加，采场覆岩的水平位移值增量单调递增；当与中心点间距增大到一定程度后，采场覆岩的水平位移值增量单调递减至 0，且采场覆岩水平位移值最大点随采场推进而动态前移。采场覆岩水平变形与下沉的方向均指向采空区中央区域，采场覆岩竖向下沉位移值最大点和水平位移值最大点均位于离采空区垂距最小的测点上。随着与采空区垂距的增大，采场覆岩相对下沉增量和水平相对位移增量单调递减。随着开挖的推进，采场覆岩由稳定状态逐步发展到非线性破坏状态，最后出现大范围垮塌现象，采场覆岩相应的整体下沉曲线最终为非对称的曲线。

(3)随着磷矿体倾角的增大，各岩层受开采扰动的范围逐步减小，磷矿体倾角由 20°增加到 50°，采动影响范围由 15.00～35.00 减小到 10.00～30.00m，最大水平位移值由 0.89m 减小到 0.78m(其中地表由 0.22m 减小到 0.18m)，最大竖向下沉位移值由 3.98m 减小到 3.32m(其中地表由 0.54m 减小到 0.50m)。采场覆岩相应的整体下沉曲线由非对称的槽形变为碗形。随着磷矿体倾角的增大，矿体埋藏的深度相对增加，相同空间范围矿体开采后，地表受采动损害程度随倾角的增大而减小。随着矿体倾角的增加，上覆岩层平行于矿层方向的作用力增大，垂直于矿层方向的作用力减小，相同空间范围矿体开采后，顶板下沉量将逐渐变小。总的来讲，相同空间范围矿体开采后，随着磷矿体倾角由 20°增加到 50°，磷矿露天转地下开采各岩层变形整体上趋于缓和。

(4)磷矿露天转地下开采后，在岩层自重和采动应力的共同作用下，随着磷矿体倾角的增大，相同空间范围采空区形成后，采场覆岩受开采扰动的范围逐步减小，磷矿体倾角由 20°增加到 50°，采动覆岩冒落高度范围与离层宽度分别由 12.00～35.00cm(实际工程 12.00～35.00m)与 14.00～25.00cm(实际工程 14.00～25.00m)减小到 10.00～30.00cm(实际工程 10.00～30.00m)与 10.00～20.00cm(实际工程 10.00～20.00m)。矿体上盘与下盘垮塌角度分别由 60°～65°与 50°～55°减小到 48°～55°与 45°～50°。

5　露天转地下开采边坡稳定性研究

5.1　依托项目背景

5.1.1　工程概况

　　本章以晋宁磷矿 6 号坑为工程背景，对晋宁磷矿地下开采影响下边坡稳定性变化规律进行研究，为晋宁磷矿大规模的露天转地下开采提供技术支持。晋宁磷矿位于昆明市南 55km，晋宁县城东部 20km 处，隶属晋宁区六街镇、上蒜镇所辖，矿区范围地理坐标为东经 102°42′16″～102°44′32″，北纬 24°31′40″～24°37′07″。区内有县级公路通宝兴(15km)及余家海(24km)，宝兴有准轨铁路通中谊村(18km)接昆(明)玉(溪)铁路，可与成昆线、滇黔线接轨。宝兴往北 5km 接昆玉高速公路，可与省内主干线相连，矿区交通极为方便，矿区位置见图 5.1。矿区属高原低中山地貌区，总体山势西高东低，海拔介于 2440～2160m，平均海拔 2290m，最大相对高差 280m，地形总体较平缓，沟谷不发育，矿坑内无地表河流水体。东侧有大河水系，西北侧有柴河水系，据气象资料，矿区冬季寒冷，夏无酷暑，且常年多雾。旱季多为西南风，最大风力七级。

图 5.1　晋宁磷矿地理位置图

晋宁磷矿将矿区 34～130 号勘探线由北至南划分为十个露天采坑。6 号坑位于 112～130 号勘探线间,位置处于矿区南部。本次的开采范围为 6 号坑南部 130～138 号勘探线之间的采矿权范围内矿体,如图 5.2 所示。130～138 号勘探线范围面积约 1.01km^2,资源储量估算总面积为 0.55km^2。

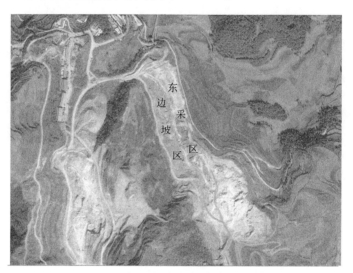

图 5.2　开采范围及位置分布示意图

5.1.2　采矿方法

经过多年开采 6 号坑西翼矿量已消耗完,西采坑已作为内部排土场使用。根据矿山企业提供的 2019 年采区第三季度验收平面图及最终开采设计文件,目前东翼 130 号勘探线以北已开采至 2210m 标高左右,该区域露天开采最终设计标高为2170m。东采坑南部 130～138 号勘探线之间浅部矿体露天开采已结束(最低开采标高约 2190m),现已作为内部排土场使用,已排土至 2320m 标高左右。开采范围为晋宁磷矿 130～138 号勘探线之间采矿权范围内的矿体,开采对象为磷矿层,含Ⅰ、Ⅱ、Ⅲ品级。设计开采范围内深部矿体宜采用地下开采方式。

根据开采对象及矿体开采技术条件,矿层顶板部分区域受风化影响,稳定性较差。因为地表不允许塌陷,为提高矿石回采率,减小开采安全风险,设计采用充填采矿法。由于前期露天开采地表堆存了大量剥离废石,占用了大量宝贵空间,采用废石作为主要充填用料可以获得比较大的经济效益和社会效益。因此可采用的充填采矿方法有废石胶结充填采矿法和废石干式充填采矿法。采用废石胶结充填采矿法,充填体比较密实、强度较高,但需要建设充填站以及输送装置,需消耗较多的胶结材料,成本较高;采用废石干式充填采矿法,废石经压实后可以达到所需要的强度,但由于顶板围岩部分区域不稳固,且采空区靠近顶板的三角区域难以实现干式充填，这些区域需采用废石胶结充填，此外为降低矿石贫化损失，每一分层废石充填体表面均需采用胶结充填形成一个混凝土胶结面层。通过计算设计比对，采用以废石干式充填为主的上向分层充填采矿法。

矿块参数为：中段高度 80m，每个中段划分为 6 个分段，分段高度 13m，最上面一个分段高度为 15m，每个分层高 4.3m，沿矿体走向划分矿块，走向长度100m，矿块间柱 5～6m，底柱厚约 5m。首先回采底部两个分层的矿石，分层高度 4.3m，随后充填一个分层，形成 4.3m 高的底部作业空间，之后回采一个分层，充填一个分层高度。

5.2　数值模拟试验

以云南磷化集团有限公司晋宁 6 号坑东采区露天深凹磷矿为研究对象，对 134号剖面进行适当简化，建立分析模型，如图 5.3 所示。本章主要对地下开采影响下边坡安全系数及临界滑裂面变化规律进行研究，依据地质勘查报告及现场勘查，134 号剖面主要岩体质量级别为Ⅳ品级，为突出研究重点，本次分析岩体均采用Ⅳ品级岩体进行分析，密度为 2100kg/m³，弹性模量为 4GPa，泊松比为 0.35，内摩擦角为 30°，黏聚力为 400kPa。

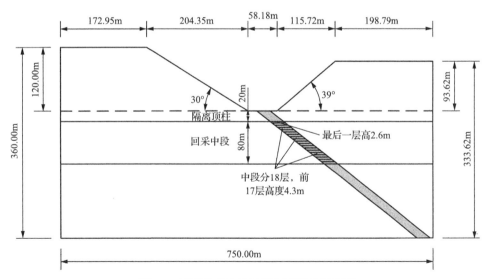

图 5.3　晋宁磷矿边坡计算剖面的几何模型

分析模型的几何尺寸为 750.00m×360.00m，左右边坡的相对高度分别为120.00m 和 93.62m，模型左右两侧施加水平方向约束，模型底部施加竖向约束。回采过程的模拟采用由下至上每次回采一个高 4.3m 的分层，直至回采完整个 80m

的分段，最后一个分层高度为 2.6m。分层回采结束后对每一分层进行充填，模拟过程包括回采 18 次和充填 18 次共 36 个施工步。晋宁磷矿边坡的计算网格见图 5.4。

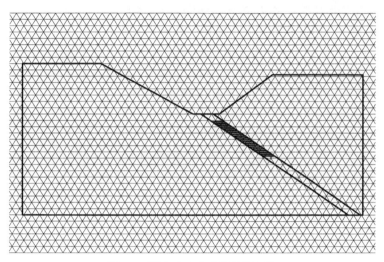

图 5.4　晋宁磷矿边坡的计算网格

5.3　自然状态下边坡安全系数计算

为了得到自然状态下的边坡安全系数及临界滑裂面，分别采用了极限平衡法、强度折减法以及独立覆盖数值流形方法对边坡进行分析计算。三种方法得到的安全系数见表 5.1，临界滑裂面见图 5.5。

表 5.1　自然状态下边坡的安全系数

方法	极限平衡法	强度折减法	ICMM/VSM 方法
左侧边坡	2.638	2.630	2.7288
右侧边坡	2.621	2.500	2.7955

地下开采会改变边坡的初始应力状态，对边坡应力场产生扰动，其安全系数和临界滑裂面形状都会随之发生改变。传统的边坡稳定性分析方法在地下开采工况下都有着一定的局限性，本书提出的国际采矿与金属委员会/下沉式竖井掘进设备(ICMM/VSM)方法采用 ICMM 计算开挖边坡的应力场，实施简便且精确度高。结合矢量和方法计算安全系数，物理意义清晰，且不需要强度折减法中耗时的迭代计算。这些优点使得 ICMM/VSM 方法更能适用于复杂的工程问题。采用增量法计算开采及回填过程中的边坡应力场，ICMM/VSM 方法计算得到回采过程中左右边坡的安全系数及其变化曲线见表 5.2 和图 5.6，临界滑裂面见图 5.7。

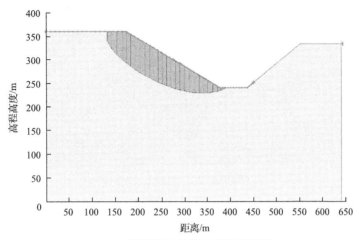

(a) 极限平衡法得到的左侧边坡滑裂面

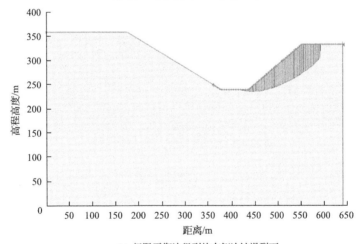

(b) 极限平衡法得到的右侧边坡滑裂面

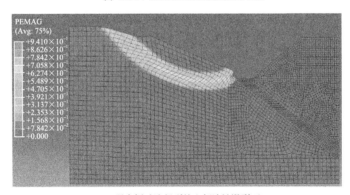

(c) 强度折减法得到的左侧边坡滑裂面

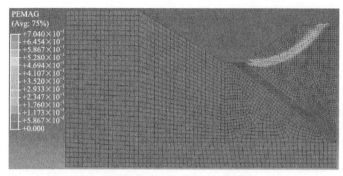

(d) 强度折减法得到的右侧边坡滑裂面

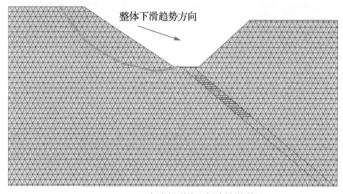

(e) ICMM/VSM方法得到的左侧边坡滑裂面

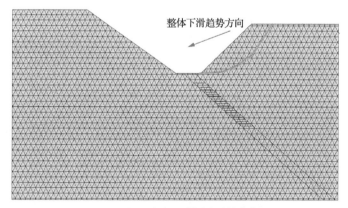

(f) ICMM/VSM方法得到的右侧边坡滑裂面

图 5.5　不同方法得到的自然状态下边坡滑裂面

由于篇幅限制，仅列出了回采过程中第 1、2、9、10、17、18 次开采及回采完成后的边坡临界滑裂面(图 5.7)。

表 5.2 回采过程中左右边坡的安全系数

开采步	0(自然状态)	1	2	3	4	5	6	7	8	9
左侧边坡	2.7288	2.7251	2.7203	2.731	2.7228	2.7199	2.7321	2.7219	2.7254	2.7357
右侧边坡	2.7955	2.7915	2.8028	2.8026	2.7911	2.8119	2.7750	2.7732	2.7309	2.7478

开采步	10	11	12	13	14	15	16	17	18
左侧边坡	2.7279	2.7298	2.7202	2.7105	2.7229	2.7311	2.7329	2.7383	2.7344
右侧边坡	2.6752	2.6244	2.5139	2.4965	2.4141	2.3991	2.3769	2.3664	2.3514

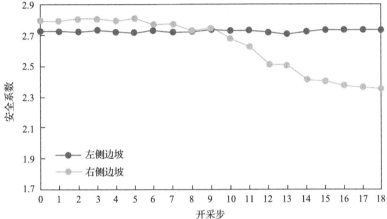

图 5.6 回采过程中左右边坡安全系数变化曲线

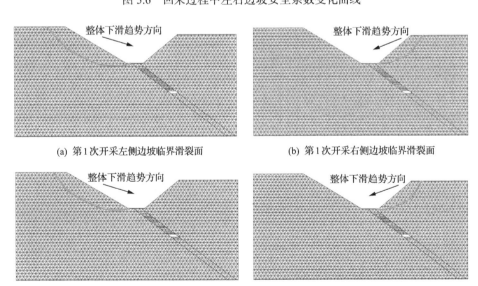

(a) 第1次开采左侧边坡临界滑裂面   (b) 第1次开采右侧边坡临界滑裂面

(c) 第2次开采左侧边坡临界滑裂面   (d) 第2次开采右侧边坡临界滑裂面

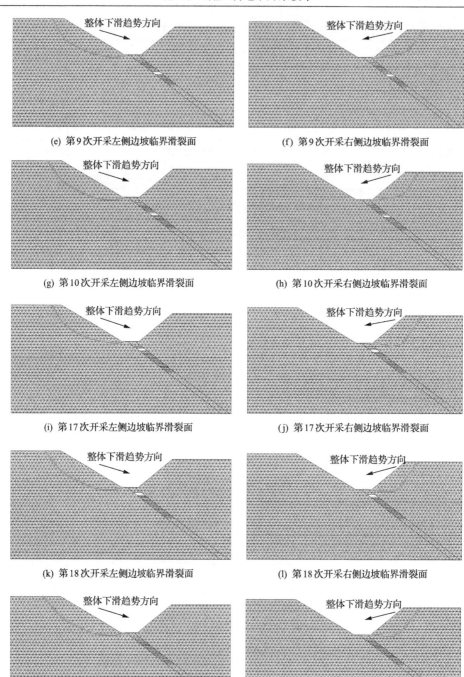

(e) 第9次开采左侧边坡临界滑裂面　　　(f) 第9次开采右侧边坡临界滑裂面

(g) 第10次开采左侧边坡临界滑裂面　　　(h) 第10次开采右侧边坡临界滑裂面

(i) 第17次开采左侧边坡临界滑裂面　　　(j) 第17次开采右侧边坡临界滑裂面

(k) 第18次开采左侧边坡临界滑裂面　　　(l) 第18次开采右侧边坡临界滑裂面

(m) 回采完成后左侧边坡临界滑裂面　　　(n) 回采完成后右侧边坡临界滑裂面

图 5.7　ICMM/VSM 方法得到的回采过程中两侧边坡的临界滑裂面

采用 Geoslope 边坡分析软件，通过基于滑裂面应力分析方法得到的回采过程中两侧边坡的临界滑裂面如图 5.8 所示。

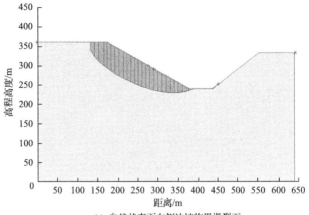

(a) 自然状态下左侧边坡临界滑裂面

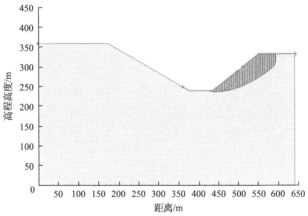

(b) 自然状态下右侧边坡临界滑裂面

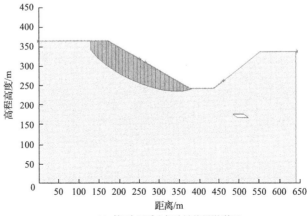

(c) 第9次开采左侧边坡临界滑裂面

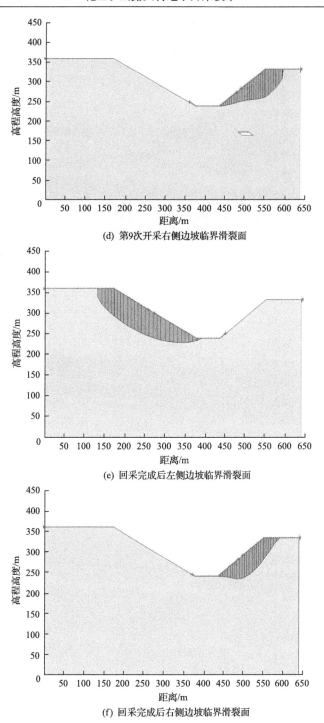

(d) 第9次开采右侧边坡临界滑裂面

(e) 回采完成后左侧边坡临界滑裂面

(f) 回采完成后右侧边坡临界滑裂面

图 5.8 基于滑裂面应力分析方法得到的回采过程中两侧边坡的临界滑裂面

由于 Geoslope 软件中的滑体是采用类似垂直条分极限平衡法划分成垂直的土条，其滑裂面在坡顶附近是由垂线贯穿至坡顶。但 ICMM/VSM 方法与 Geoslope 软件得到的结果中临界滑裂面形状和变化规律基本保持一致。下面对地下开采影响下边坡的安全系数及临界滑裂面变化规律分别进行分析。

1) 回采过程中边坡安全系数变化规律

由表 5.2 和图 5.7 可知，地下开采对右侧边坡的安全系数有显著影响。当回采区域位于边坡中上部的下方时，开采引起边坡整体向采空区移动，从坡脚至坡顶采空区引起的下沉量呈递增规律，其变形结果导致坡脚变小。所以单从这方面考虑，当开采区域位于边坡中上部的下方时，对边坡稳定性是有利的。而当开采区域进行到边坡中下方，地下开采引起的边坡位移与露天开采引起的位移方向呈锐角，这就增加了位移量。同时从坡脚至坡顶采空区引起的下沉量呈递减规律，因而导致坡角增大，对边坡的稳定性产生不利影响。

同时，采空区与边坡的垂直距离对安全系数的影响更为明显，当采空区位置较深、距离边坡较远时，边坡潜在滑裂面附近岩土体受到的影响较小，滑动范围内正应力和切应力都未发生较大变化，因此边坡安全系数变化较小。而当采空区靠近坡体时，边坡应力场发生扰动，采空区上方应力释放，正应力减小导致抗滑力矢量减小，致使安全系数降低。由于这两方面因素的综合影响，晋宁磷矿 6 号坑露天转地下开采后，地下采矿对露天边坡的影响是一个复杂且动态变化的过程，边坡安全系数增大或者减小都是有可能的。若单单只考虑某一方面的影响，即使是定性分析得到的结果都可能会出现偏差。ICMM/VSM 方法基于 ICMM 采用增量法计算开采和回填过程中的应力场，充分考虑到了地下开采空间效应对边坡安全系数及临界滑裂面的影响，得到的结果比较能够反映工程实际情况。

对于右侧边坡，边坡的安全系数随着回采的进行总体呈下降趋势。在前 9 步回采时，虽然采空区处于边坡中上部下方，对边坡稳定性有利，但由于回采区域距离坡体较远时，边坡应力场受到的影响较小，潜在滑裂面上各点的下滑力矢量和抗滑力矢量均未发生太大变化，因此边坡安全系数变化较小。从第 9 步回采开始，一方面，地下开采引起的边坡位移与露天开采引起的位移方向呈锐角，从坡脚至坡顶采空区引起的下沉量呈递减规律，因而导致坡角增大，对边坡的稳定性产生不利影响；另一方面，由于采空区靠近坡体，采空区上方岩土体应力释放，潜在滑裂面上抗滑力矢量减小，安全系数逐渐降低，由第 9 步开采的 2.7478 逐步降低，直至最后降为第 18 步开采的 2.3514。对于左侧边坡，由于采空区距离坡体较远，整个回采过程中安全系数变化不大。

2) 回采过程中边坡滑裂面的变化规律

由图 5.8 可知，两侧边坡的滑裂面形状随着回采的进行也发生了相应的变化。

　　对于右侧边坡，前9步虽然安全系数发生了较小的波动，但由于采空区距离边坡较远，边坡临界滑裂面形状没有发生明显的改变。而从第9步开始，临界滑裂面向采空区方向发生了移动。开采引起应力释放，随着回采的进行，采空区的空间方位由边坡中上部下方逐渐过渡到坡脚下方，边坡临界滑裂面凸向采空区的位置也发生变化，凸起的位置大致位于回填区域的上方。图5.9显示了回采前后边坡临界滑裂面的变化，可以看出，地下开采边坡的临界滑裂面向深部发生了移动，同时凸向采空区引起的应力释放区域。

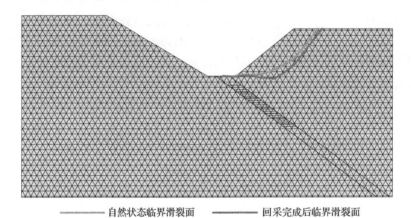

—————— 自然状态临界滑裂面　　　　—————— 回采完成后临界滑裂面

图5.9　回采前后边坡临界滑裂面的变化

　　对于左侧边坡，由于开采区域距离边坡较远，边坡的临界滑裂面都没有发生明显的变化。计算结果表明，虽然地下开采区域位于左侧边坡坡脚位置，不利于边坡稳定，但是其安全系数及临界滑裂面形状在开采过程中均未发生较大变化，这个计算结果对于工程实际也具有一定的参考意义。

5.4　本 章 小 结

　　本章将ICMM/VSM方法应用于晋宁磷矿6号坑露天转地下开采影响下边坡稳定性分析。磷矿露天转地下开采后，地下采矿工程对边坡稳定性影响的空间效应体现在两个方面：一方面是采空区距离边坡的垂直距离；另一方面是采空区相对边坡的水平位置。由于这两方面因素的综合影响，晋宁磷矿6号坑露天转地下开采后，地下采矿工程对边坡的影响是一个复杂且动态变化的过程，若单单只考虑某一方面的影响，即使是定性分析得到的结果都可能会出现偏差。ICMM/VSM方法基于ICMM采用增量法计算开采和回填过程中的应力场，充分考虑到了地下开采空间效应对边坡安全系数及临界滑裂面的影响，得到的结果比较能够反映工程实际情况。结果表明：

(1)对于右侧边坡，边坡的安全系数随着回采的进行总体呈下降趋势。在前9步，虽然采空区处于边坡中上部下方，对边坡稳定性有利，但由于回采区域距离坡体较远时，边坡应力场受到的影响较小，潜在滑裂面上各点的下滑力矢量和抗滑力矢量均未发生太大变化，因此边坡安全系数变化及临界滑裂面变化较小。从第9步回采开始，采空区处于边坡中下部的下方，地下开采引起沉降导致坡角增大，对边坡的稳定性产生不利影响；同时，由于采空区靠近坡体，采空区上方岩土体应力释放，潜在滑裂面上抗滑力矢量减小，安全系数逐渐降低。边坡临界滑裂面凸向采空区，凸起的位置大致位于回填区域的上方。

(2)对于左侧边坡，由于开采区域距离较远，边坡的安全系数及临界滑裂面都没有发生明显的变化。

(3)需要指出的是，实际工程中地下开采还会导致边坡岩体的结构受到一定程度的破坏，并且改变边坡中的水文地质条件，致使边坡岩土体强度降低。同时，不同岩体材料参数的选取对边坡安全系数的计算值都有着较大的影响，在应用于实际工程时，须结合进一步的现场勘测资料和分析选取合理的岩体计算参数。本章中采用Ⅳ级岩体材料参数对晋宁磷矿6号坑边坡稳定性进行分析计算，其分析方法以及计算得到的地下开采影响下边坡安全系数及临界滑裂面相对变化规律对开采方案优化有良好的参考意义和价值。

6 露天转地下开采岩体响应灾变机制

6.1 概　　述

　　露天转地下开采的矿山一般可分为露天开采、地下开采、露天和地下同时(或联合)开采、露天开采结束后(转为)地下开采四种工程状态。查阅国内外相关文献,目前人们对单一露天开采与单一地下开采已有深刻认识,而对露天和地下同时(或联合)开采(矿山实际工程案例较少),特别是露天矿山企业普遍存在的露天开采结束后(转为)地下开采的相关研究相对较少。矿山由露天转地下开采后,人们所关注的受到严重扰动的露天边坡与地下采场围岩及其上覆岩体的变形破坏与力学失稳问题,是一个影响因素众多、物理过程十分复杂的非线性力学问题。矿山岩体现场实测存在周期很长、耗费的人力和物力巨大,受现场条件限制严重、局限性大,加之矿山岩体内部应力与位移变化测试困难,现有的适用矿山的测试仪器仪表粗糙落后,而其他领域较先进的仪器仪表又无法适应矿山恶劣的工作环境,对非测量地区缺乏延展意义等问题,时至今日,仍没能很好地解决。

　　"十一五""十二五""十三五"期间我国科研工作者在露天转地下开采方面做了大量的研究工作,取得了一定的研究成果。但由于露天转地下开采是一项复杂而庞大的系统工程,矿山由露天开采转入地下开采会遇到许多采矿安全和技术问题。同时由于各类矿山地质采矿赋存条件、采矿工艺、采矿方法和开采技术差异较大,加之露天边坡与地下开采环境的复杂性和不确定性,目前矿山由露天开采转入地下开采后,边坡与地下采场围岩及其上覆岩体的非线性变形机制与动态失稳机理仍然缺乏统一认识与定量化的分析和表达。本章以云南磷化集团有限公司晋宁磷矿6号坑口东采区露天转地下开采为工程背景,在参考云南磷化集团有限公司、重庆大学、中蓝长化工程科技有限公司(原化学工业部长沙化学矿山设计研究院)、同济大学、中钢集团马鞍山矿山研究院有限公司共同承担的《云南磷化集团深部矿体开采方法》与《难采选胶磷矿高效开发利用关键技术及工程示范》两个"十二五"国家科技支撑计划课题研究成果的基础上,对其露天转地下房柱采矿法开采后露天边坡与地下采场顶板、矿柱等围岩体采动响应灾变机制进行研究分析。相关结果可为云南磷化集团有限公司所属矿山及我国类似条件的磷矿山露天转地下安全平稳过渡提供理论依据。

6.2 露天转地下开采边坡灾害机制分析

6.2.1 边坡灾害机制分析

边坡工程灾害的发生机制问题一直是边坡工程领域的一个重要研究课题，国内外大量科研工作者和工程技术人员都曾在这方面作过系统而深入的研究。然而，一方面，由于边坡赋存的工程地质条件和边坡岩体结构条件的复杂多变性，影响边坡稳定性的各种因素相当复杂且各因素之间具有密切的相关性。要全面分析边坡灾害的发生机制，系统阐述边坡变形破坏的演化规律是十分困难的。另一方面，由于缺乏系统化、专门化、科学化的理论指导，目前边坡工程问题的处理和解决很大程度上依赖于工程技术人员的工程实践经验。由于对边坡工程灾害演化规律和发生机制方面缺乏系统、全面性的科学认识，在处理现场边坡工程实际问题时，人们往往采用比较保守的处理措施，造成工程投资的损失和浪费。很多时候，由于采用了不当的处理方法，常常引起治理工程的失败，造成边坡灾害频繁发生。

矿山露天转地下开采后边坡灾害的发生机制分析是一个复杂的工程力学问题，其影响因素复杂多变，且不同的矿山都有其自身的地质环境和不同的赋存条件，再加上露天矿山边坡工程自身的时效性、可变形性和动态性特点以及地下开采工程的大规模扰动影响，使其有别于其他边坡地质工程边坡。矿山露天转地下开采后边坡的灾害发生机制分析需要针对矿山所在区域的实际地质情况，在生产过程始终对边坡受露天和地下双重开挖的扰动影响变化给予密切关注，研究边坡岩体的变形和破坏情况，才能较为准确地判断引起边坡失稳的破坏和变形，给出边坡灾害破坏模式以及预见其演化发展趋势。因此，本节在加深对露天矿边坡的工程地质条件的认识和总结露天矿边坡破坏特征的基础上，研究了边坡工程灾害的发生机制与变形破坏的力学机理，分析了边坡工程灾害的各种影响因素的变化规律，建立了典型边坡灾害的地质模型并进行合理分类，寻求对露天矿边坡破坏失稳动态演变过程进行定性、科学预测预报的方法，给露天转地下开采后矿山边坡灾害的预报防治提供理论依据。对于保证露天矿边坡的稳定，提高边坡工程灾害的防治水平，指导治理工程的设计和施工，保证露天转地下开采后矿山安全开采、可持续发展具有重要的工程价值和理论意义。

6.2.1.1 边坡的成因与物质组成

边坡按照成因可分为自然边坡和人工边坡两类。自然的山坡和谷坡都是自然边坡，此类边坡是在地壳隆起或者下陷过程中逐渐形成的。在人类生产活动和工程建设中，形成了大量的人工边坡，如露天矿开挖形成的采矿区边坡，铁路、公路建筑施工形成的路堤边坡，开挖路堑所形成的路堑边坡，水利水电建设中形成的高陡边坡等。

边坡按照组成物质可以分为土质边坡(如人工堆设的露天矿排土场)和岩质边坡(如山区露天矿开挖后边坡)。土和岩石在物质组成上并无本质区别，但两者在结构上完全不同，使得岩质边坡和土质边坡的力学性质与开挖扰动后的变形破坏响应特征完全不同，边坡破坏模式的差异也十分显著。

6.2.1.2　边坡工程稳定性的主要影响因素

影响边坡稳定性的主要因素有很多，主要有三大类：第一类是岩体自然因素，包括岩性、岩体结构、地应力、地形与地貌、地下水等；第二类是扰动因素，包括降雨、风化作用及地震等；第三类是人为因素，主要指工程开挖与爆破等。在影响边坡稳定性的各种因素中，第一类因素属于内因，是地质因素，是边坡失稳发生的地质基础和物质基础条件因素；后两类因素是外因，是非地质因素，是发生边坡失稳的触发因素。

1)岩体自然因素

A. 岩性的影响

边坡岩土类型是决定边坡稳定性的基础。一般岩石越坚硬，又不存在产生块体滑移的几何边界条件，边坡稳定性就越高，如坚硬完整的岩石如花岗岩、致密的磷块岩、细晶石英砂岩、石灰岩等，能够形成很陡的高边坡而不失其稳定性；反之则边坡稳定性就越差，软弱岩石或土只能形成低缓的边坡，如黏土类和黄土类边坡、滑坡、崩塌很发育，特别是由裂隙黏土和胀缩土组成的边坡，在边坡很平缓时仍能破坏。

B. 岩体结构条件的影响

岩体结构和结构面的发育程度是边坡稳定性的控制因素，岩体中的不连续结构面往往是控制边坡岩体稳定和变形破坏的重要边界条件，决定着边坡破坏的地质力学模式。岩体的主要物理力学性质是随这些结构面的状态、形状和空间分布而变化的。结构面往往是边坡的滑移面，而结构面的发育程度和组合关系是边坡滑移的几何边界条件，结构面越发育，边坡稳定性越差。

磷矿属于沉积型矿床，沉积岩的最大特点是具有层理，它们对边坡稳定性具有控制性作用。沉积岩还常夹有软弱岩层，如厚层灰岩中夹薄层泥灰岩，白云岩、砾岩中夹薄层泥岩和黏土岩等，这些软弱岩层易构成滑动面。

C. 地应力的影响

地壳表层岩体地应力场的分布特征是影响边坡稳定和变形破坏的一个重要因素。地应力场对边坡稳定性的影响规律研究是一个非常复杂的课题。由于受岩体所在地区地质条件和岩体的地质历史、岩体内自由临空面及不连续面附近的应力重分布和应力集中作用,以及岩体切割面附近的残余应力效应等诸多因素的影响,地壳表层岩体内的应力状态是极为复杂的。一般来讲,地应力特别是水平应力直接决定着边坡拉应力和剪应力分布范围与大小。在水平应力大的地区进行边坡开挖时,拉应力和剪应力常常会促使边坡发生变形破坏。

D. 地形与地貌的影响

边坡的地形与地貌主要包括边坡的坡形、坡高和坡度,它们直接影响着边坡内的应力分布,进而影响边坡的破坏类型和边坡稳定性。一般而言,对于高度不大、尺寸规模较小的边坡,通常只发生小规模的、表层破坏。河谷深切,边坡坡度越陡,边坡的稳定性就越低,发生大型深层滑坡的可能性就越大。边坡灾害的发生和边坡的坡度有很大的相关性。深入分析边坡区的地形与地貌特征,可以了解边坡岩体曾经发生的失稳破坏的机制,在此基础上可以预测边坡未来发展演化的趋势。

E. 地下水的影响

地下水对边坡的影响很早就被人们所认识。地下水是边坡岩土体的重要赋存环境条件,也构成了岩土体组成成分。它影响着边坡岩土体的变形和破坏,也影响着边坡的整体稳定性,是边坡成灾的重要因素之一。地下水对边坡的影响主要有两方面,一方面是改变岩体的物理力学性质,另一方面是改变岩体的环境应力条件,如产生静水压力和动水压力等。

2)扰动因素

A. 降雨的影响

降雨对滑坡的诱发作用很早就被人们所认识。大量滑坡都是由地面大量降雨下渗引起地下水状态的变化而直接触发引起的。特别是对于土质滑坡和破碎岩质边坡,其稳定性与降雨及水文地质条件变化密切相关。下雨使得水渗入岩体,岩体的重量增加,进而促使边坡的下滑力也随之增大,而被水软化的岩体的抗剪强度,特别是结构面的抗剪强度将大幅度降低,这些因素都将导致边坡失稳。

B. 风化作用的影响

风化作用改变岩石性质,风化作用可对岩石的变形性质产生不利的影响并降低其他强度性质。通常情况下,风化作用会促使岩体内裂隙增多,突水性增强,抗剪强度降低。

C. 地震的影响

地震是诱发滑坡的另外一个重要的自然因素,大地震往往会引起大规模的边坡灾害发生,造成巨大的灾难。地震对边坡的作用主要包括两方面:一是地震加速度在边坡内部引起附加应力作用。这种附加应力作用时间一般很短,但是由于地震及其余震引起的附加应力具有累积破坏效应,加速边坡变形的发展,导致滑坡发生。二是引起边坡岩体结构和强度的变化。这种变化既可以是可逆的(如抗剪强度的暂时下降），也可以是不可逆的（如疏松岩石由于振动变得密实、黏性土中形成裂隙并变得松散）。

3) 人为因素的影响

人类地下、露天开挖与爆破的等工程活动是也是产生边坡工程灾害的重要原因。大规模露天和地下采矿以及高强度的爆破在一定条件下往往是诱发边坡失稳破坏或加剧边坡变形破坏的主要因素，这在矿山边坡中尤为突出。

6.2.1.3 边坡工程灾害发生机理

边坡灾害的主要表现形式为滑坡、泥石流、崩塌、滚石等，其发育、发展和发生的演化过程实质上是边坡岩土体在经过复杂的应力与变形调整分布，最终趋于平衡的物质和能量重新分配的过程。边坡灾害的发生机理是边坡工程灾害发育、发展过程中，边坡岩体的变形、应力、强度以及地质环境因素连续交替变化的综合规律，导致边坡失稳灾害发生，并在一定的条件下达到新的平衡状态。由于影响边坡稳定性的因素具有复杂性，加上边坡本身所处的地质环境条件的多变性，各类边坡工程破坏的发生机理有很大不同，一般从边坡变形破坏形式、边坡破坏的力学机制以及边坡破坏的时间效应加以区别。依据边坡失稳发生过程中，不同类型边坡不稳定岩体的变形破坏形式不同，可以将边坡的破坏形式分为滑移、倾倒、崩落、滚落、弯曲、扭转、揉皱；依据边坡破坏时的力学机制，可以将边坡划分为拉断破坏边坡、压屈破坏边坡和剪切破坏边坡；依据边坡破坏的时间效应，可以将边坡划分为脆性破坏边坡、塑性破坏边坡和蠕变破坏边坡。边坡变形与破坏是边坡发展演化过程中两个不同的阶段，变形属于量变阶段，而破坏则是质变阶段，它们形成一个累进变形破坏过程。对于天然边坡，这个过程往往是一个相当长的自然历史演变过程；对于人工边坡，则有可能较为短暂。

1) 边坡的变形

边坡的变形依据其形成机理可分为卸荷回弹和蠕变两种类型。成坡前边坡岩体在初始应力作用下早已固结，在边坡形成过程中，由于坡面卸载，坡体内积存的弹性应变能释放，坡面向临空方向产生位移，即卸荷回弹。卸荷回弹是由岩体中积存的内能做功所造成的，所以一旦失去约束的那一部分内能释放完毕，这种变形即结束，大多在成坡以后于较短时期内完成。边坡岩体在以自重应力为主的应力的长期作用下，向临空方向发生的一种缓慢而持续的变形即为边坡蠕变。边坡蠕变是岩体在应力长期作用下，坡体内部产生的一种缓慢的调整性形变，是岩体趋于破坏的演变过程。

2) 边坡的破坏

边坡的变形发展到一定程度，将导致边坡失稳破坏。岩质边坡失稳按其破坏方式，主要有崩塌、滑坡、岩块流动和岩层曲折四种，其中前两种是最主要和最常见的。

(1)崩塌：这种破坏是边坡的表层岩体丧失稳定的结果，表现为坡面表层岩体突然脱离母体，迅速下落并堆积于坡脚，有时还伴随着岩体的翻滚和破碎。

(2)滑坡：这种破坏是在较大范围内边坡沿某一特定的滑面发生的滑移。滑坡的形态，一般是四周被裂隙所圈定，滑面为平面或曲面，滑体上往往有滑坡台阶，滑坡后壁上可能有擦痕，滑动轴向在滑体运动速度最大的方向上。滑坡是边坡失稳破坏的主要形式，并且其破坏性最大。滑坡按滑坡面的形态可划分为三类：①平面滑坡，边坡沿某一主要结构面发生滑动。②楔形滑坡，当边坡岩体中存在两组以上结构面相互交切成楔形体，且结构面的组合交线小于坡角大于其摩擦角时容易发生破坏。③圆弧性滑坡。在土体、散体结构的岩体和均质岩体中常发生这种破坏。

(3)岩块流动：这种破坏是因为边坡内部存在一组倾角很陡的结构面，将边坡岩体切割成许多平行的块体，而临近坡面的陡立块体缓慢地向坡外弯曲和倒塌。

(4)岩层曲折：当岩层呈层状沿坡面分布时，由于岩层本身的自重作用或者由于裂隙水的冰胀作用，增加了岩层之间的张拉应力，坡面岩层曲折，导致岩层破坏，岩块沿坡向下崩落。

6.2.1.4 露天转地下开采后矿山边坡灾害机制分析

1)矿山露天转地下开采边坡采动响应特点

通过对晋宁磷矿 6 号坑口东采区地质赋存与现有露天开采情况的分析可知，6 号坑口东采区矿体延伸较深，沿倾斜方向延伸长度超过 1000m，矿体厚度多为 8～12m，倾角为 16°～20°，属于典型中厚缓倾斜难采矿体，与目前国内外露天转地下的厚大急倾斜矿体的金属铜矿和铁矿山有较大区别。缓倾斜中厚难采磷矿山露天转地下利用房柱采矿法进行开采后，露天矿边坡主要坡体均处于地下开采的影响区域内，形成了露天边坡、境界矿柱和露天坑底人工埋填表土层(或者废石层)、主矿体地下开采采场围岩十分复杂的露天和地下采动系统。

A. 岩体强度的降低对边坡稳定性的影响

露天转地下开采后，在采空区上覆岩体中形成冒落带、断裂带及弯曲带。冒落带及断裂带的出现改变了边坡岩土体中原有节理裂隙面的闭合状态、产状、充填情况，并使边坡岩体产生一定程度的破碎，弱化边坡岩土体强度，降低边坡稳定性，见图 6.1。尤其是控制性软弱结构面的产状和强度的改变，可能完全破坏原有结构面组合具有的稳定状态，从而产生滑移、倾倒或崩塌等类型的破坏。

B. 地表形态对边坡稳定性的影响

地下大面积采空后，地表相继产生大面积的移动、变形和破坏，改变地表边

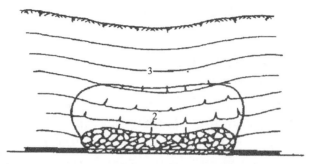

图 6.1　上覆岩层"三带"示意图

1-冒落带；2-断裂带；3-弯曲带

坡形态，采空区中心线与上山方向采空沉陷边界之间的坡角增大，这不利于边坡的稳定性；而采空区走向中心线与下山方向采空沉陷边界之间的坡角减小，这对边坡稳定性是有利的。

C. 水文地质条件的改变对边坡稳定性的影响

地下开采形成的移动盆地影响范围内岩层的离层裂缝与边坡岩体的结构面、优势节理组相贯通，会恶化影响范围内露天边坡的工程地质条件。地下开采时，造成影响范围内岩体的原生裂隙进一步张开，还会产生新的导水裂隙。水对露天边坡岩土体的物理力学性质有很大影响，不仅降低岩土体的强度指标，而且可以使断层介质或软弱结构面的强度大幅度降低；水的作用还可以使边坡岩土体介质的弹性模量降低，使得断层及软弱结构面存储弹性势能的能力降低。另外，水在边坡滑动面中流动、储存还会产生浮托力，使滑面的有效正应力减小，从而导致边坡抗滑力减小。大量的事实证明，水的力学、物理、化学作用是导致边坡失稳的一个极为重要的因素。

D. 应力场变化对边坡稳定性的影响

地下开采导致采动影响范围内的岩土体内部应力重新分布，露天边坡岩土体内部应力调整后产生新的拉张应力区、压应力区和剪应力区，在边坡不同区域将产生等效静力作用。根据地下开采采空区与露天边坡空间位置的不同，等效静力对不同部位边坡岩土体稳定性的影响是有区别的，有的影响会改变边坡局部坡度，有的影响增加边坡的抗滑力，有的影响会增加边坡的下滑力。当边坡抗滑力小于下滑力时，边坡发生失稳破坏。

2) 露天转地下开采边坡灾害机制分析

A. 露天转地下开采边坡变形破坏机理分析

露天转地下开采后，露天矿边坡、境界矿柱和露天坑底人工埋填表土层(或者废石层)以及地下采场围岩属于一个整体平衡系统，此种情况下边坡的稳定性不同于单一露天开采边坡岩体的稳定性。露天转地下开采后，露天边坡先后受到露天开采和地下开采两次严重的开采扰动,其应力与变形是一个复杂的动态变化过程。进行露天开采时,原露天矿体的开采活动已经对露天矿边坡特别是露天坑两帮边坡的地质结构产生了较大的扰动影响,边坡应力与变形已不断发生重复调整,弱面裂隙得到进一步发育和扩张,局部甚至发生不明显破坏。露天边坡已在早期的露天开采中受到一定程度的破坏,边坡岩体完整性和稳定性已有所削弱,这些情况势必对现今正在进行的地下开采活动造成严重的干扰。露天转地下开采后,大规模地下矿体的开采对露天边坡形成了第二次更大强度的开采扰动。边坡岩体前期露天开采完毕后的平衡被打破,边坡应力分布受二次采动影响发生了极大的改变。随着地下开采的进行,边坡体内的应力进行大幅度重新分布调整,其位移与变形也发生动态变化。同时露天矿边坡的变形与破坏对现在进行的地下开采活动造成严重的反干扰作用,进一步促使边坡变形和应力发生变化,在露天和地下两种开采的"复合采动效应"共同作用下,边坡岩体发生局部和大范围的破坏失稳。

B. 露天转地下开采边坡变形特征分析

从变形特征来看,进行露天开采时,露天边坡岩体因受露天采动与爆破工程、风化作用、降雨、地下水及岩体流变性等因素的影响,其岩体内部已经产生一定的变形量,其位移矢量为 u_i。由露天转入地下开采,边坡岩体内部的应力平衡关系又一次受到破坏,应力场将产生变化,导致岩体再次产生移动与变形,露天、地下两次开采影响后的合成位移矢量为 v_i,其中由地下采动引起的矢量为 w_i,具体情况如图 6.2 所示。

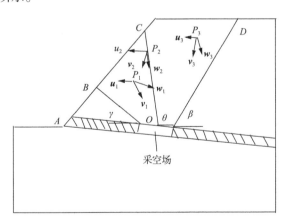

图 6.2　露天转地下开采边坡变形机制示意图
γ、θ、β边坡变形区域的不同角度值

露天转地下开采后,随着地下开采规模的增大,边坡岩体受破坏程度递增,边坡岩体的变形也愈加剧烈。地下采动效应的变形与边坡岩体本身变形所产生的叠加结果在边坡岩体的不同空间位置是有很大不同的,具体要视各自受露天和地

下采动影响程度而定。一般情况下，当地下采场开挖量达到一定规模时，在边坡倾向主断面内 P_1、P_2 和 P_3 点的位移合成矢量方向是不一致的，这主要是由两种采动影响大小和方向在空间位置上不同而引起的，其中从地下采场下山边界至上山边界，两种采动影响方向之间的夹角逐渐增大，经过走向主断面之后，在某一位置上两种采动影响方向之间的夹角将大于 90°，此时两矢量合成后开始相互抵消一部分，且随着其夹角的增大，相互抵消增多，合成矢量逐渐变小。一般情况下，边坡最终位移合成矢量更多地表现出影响较大那一方采动效应的属性。

由图 6.2 可以看出，位于边坡下部的 P_1 点的位移合成矢量方向将指向地下采区，也就是该区域岩体将向地下采区方向移动，这与单一地下开采结论基本一致。但与纯粹地下开采相比其最终变形还是有一定的差别，主要表现在合成后的矢量方向一般将不再指向采区几何中心或最大下沉点位置向上的一侧（在充分采动或者超充分采动情况下）。从上山方向移动边界线至走向主断面 OC 之间下沉值呈递增规律，其变形结果使坡角减小。单从这方面来考虑，这对边坡稳定性是有利的。但对于地下采区下山边界与走向主断面之间的边坡岩体而言，两种采动影响方向在同一象限内，两矢量合成后增大，同时由地下采区走向主断面 OC 至下山移动边界线区域下沉值呈递减规律，因而移动与变形结果使得该区域坡角增大，P_2 点所处区域就是如此，这对边坡稳定是不利的。主断面上 O 点下沉值最大，又由于位于地下采场移动边界区域的受拉伸变形区（上山方向边界除外），尤其是地下采场的下山方向的最大拉裂缝，很容易构成滑坡体的后缘。同时沿地下采区倾向边界附近的拉裂缝，构成滑体的侧边缘，使滑体与滑床分离、减少侧阻力。特别是当地下采场沿走向长度不大时，如再有大气降雨等因素的诱发作用，将有可能导致坡体破坏，这是很危险的。如果地下采场沿走向长度很大时，要形成整体滑坡相对难度大一些。一般位于地下采场不同空间位置上，边坡岩体任意一点最终变形矢量具有三维特性，上山方向一侧边坡体的变形合成矢量方向要视地下开采规模的大小及该测点的空间位置而定，并不一定指向地下采区，也有可能指向坑内，这种变形机制是对边坡表层一定深度以上而言，但对于边坡体一定深度以下来说，由于露天采动影响逐渐减弱，并在某一深度以下露天采动没有影响，因此在这些区域的岩体变形将表现为地下采动特性。

C. 露天转地下开采边坡应力特征分析

露天转地下开采后，边坡岩体受到露天和地下二者复合采动影响，先进行的露天开采完毕后，形成了边坡轮廓，边坡岩体基本上处于稳定状态，并形成了不同于矿体开挖前的新应力场。假定原岩应力状态为 $\{\sigma_0\}$，由露天开采引起的应力变化为 $\{\Delta\sigma_{lt}\}$，露天开采完毕，边坡岩体达到稳定后的应力场变为 $\{\sigma_1\}=\{\sigma_0\}+\{\Delta\sigma_{lt}\}$。露天转入地下开采后，由地下开采所引起的应力变化为 $\{\Delta\sigma_{dx}\}$。两种采动影响复合叠加后，边坡岩体内的应力场变为 $\{\sigma_2\}=\{\sigma_1\}+\{\Delta\sigma_{dx}\}$。由于地下开采持续进行，由地下采动引起的应力场变化依次为 $\{\Delta\sigma_{\mathrm{dx}2}\}$、$\{\Delta\sigma_{\mathrm{dx}3}\}$、$\{\Delta\sigma_{\mathrm{dx}4}\}$、…，相应边坡岩体内的应力场变化依次为 $\{\sigma_3\}=\{\sigma_2\}+\{\Delta\sigma_{\mathrm{dx}2}\}$、$\{\sigma_4\}=\{\sigma_3\}+\{\Delta\sigma_{\mathrm{dx}3}\}$、$\{\sigma_5\}=\{\sigma_4\}+\{\Delta\sigma_{\mathrm{dx}4}\}$、…，从而构成了一个复合动态叠加体系。

6.2.2 露天转地下开采边坡岩体响应力学机制

晋宁磷矿 6 号坑口东采区矿体的埋藏深度 100～240m，矿体厚度 10～12m，倾角 12°～18°，属于典型的近浅埋缓倾斜中厚磷矿床。边坡倾向与矿体和岩质倾向相反，露天开采结束后的高度约为 65m，坡度为 45°，坡体内无大的构造结构和软弱面，组成边坡的岩层均属于中硬—坚硬岩体，属于典型的中矮稳定性反倾向岩质边坡。露天转地下开采后，形成地下采空区，采动影响下边坡岩体变形破坏主要与边坡岩体自身应力和变形、地下采空区周围的岩体应力变形以及采场覆岩的应力和变形相关，结合相似模拟试验和前人相关的理论研究成果可知，其破坏形式主要表现为弯曲下沉破坏和滑动破坏。

6.2.2.1 弯曲下沉破坏

在层状缓倾斜结构的边坡岩体下部开采矿体，可能会发生边坡岩层弯向采空区的现象，边坡岩层从弯曲到折断破坏服从岩层弯曲的三铰拱力学机制。当弯曲的挠度大于岩层的厚度时，岩层弯曲成三铰拱的力学平衡条件受到破坏，岩层开始冒落，而在其上岩层处于进一步弯曲和离层状态，近坡面的岩层若处于离层带或弯曲带之内，则坡面将发生下沉，其受力状态如图 6.3 所示。

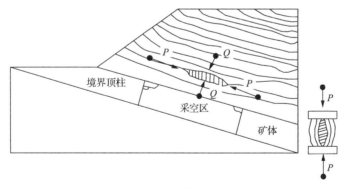

图 6.3 采动边坡弯曲下沉力学机制

由图 6.3 可知，反倾斜层状结构岩层边坡变形破坏的力学机制主要由边坡岩层上的横向力 Q 和平行于边坡岩层的轴向力 P 共同决定，二者合力作用下使边坡岩层发生拱曲—弯曲的联合变形破坏机制，其力学失稳机制可用边坡岩体轴向力的极限荷载 P_{cr} 和横向力的极限荷载 P_{ci} 联合判定，具体的判别标准如式（6.1）～

式(6.4)所示：

$$P_{允} < P_{cr} \; ; \quad Q_{允} < Q_{cr} \tag{6.1}$$

$$P_{允} = \overline{F} + \overline{f}_{轴} + \overline{G}_{轴} \; ; \quad Q_{允} = \overline{N} + \overline{f}_{横} + \overline{G}_{横} \tag{6.2}$$

$$P_{cr} = \pi^2 I_t / l^2 - 4Q h_t / R_{允}\pi \tag{6.3}$$

$$Q_{cr} = \pi^2 I_t R_{允} / (4l^2 h_t - \pi P R_{允} / 4 h_t E_t) \tag{6.4}$$

式中，$P_{允}$、$Q_{允}$ 分别为边坡岩体轴向和横向允许的最大值；$\overline{F}$ 为边坡岩体的下滑力；$\overline{f}_{轴}$、$\overline{f}_{横}$ 分别为边坡各岩层之间摩擦力沿轴向和横向方向分量；$\overline{G}_{轴}$、$\overline{G}_{横}$ 分别为边坡各岩层自重力沿轴向和横向方向分量；$\overline{N}$ 为边坡岩层之间相互作用的压应力；$R_{允}$ 为边坡岩层的容许最大抗拉强度；h_t 为边坡岩体弯曲时岩层横截面中拉应力区高度，$h_t = h / (1 + \sqrt{E_t / E_c})$；$I_t$ 为边坡岩层的抗拉惯量，$I_t = b h_t^3 (1 + \sqrt{E_t / E_c}) / 3$；$l$ 为边坡岩层的支承跨距；h、b 分别为边坡岩体弯曲时岩层横截面的高度和岩层厚度；E_t、E_c 分别为边坡岩层的抗拉和抗压弹性模量。

从式(6.1)~式(6.4)可知：①由于横向力 Q 参与作用，边坡岩层所发生的拱曲—弯曲变形破坏比单纯的拱曲破坏早；②由于轴向力 P 参与作用，边坡岩层所发生的拱曲—弯曲变形破坏比单纯的弯曲破坏早；③反倾向层状边坡的岩层受到岩层轴向力 P 和横向力 Q 共同作用，二者合力导致边坡岩层发生拱曲—弯曲变形，当达到破坏时，其本质属于压杆失稳和弯曲破裂的混合破坏的力学效应；④当边坡岩层的横向力 Q 为零时，边坡岩体轴向力的极限荷载 P_{cr} 只与岩体弹性模量的大小有关，而与岩体的强度无关。此时，如果两种岩体的弹性模量相同，而在强度相差悬殊的情况下，其轴向力的极限荷载 P_{cr} 基本相等。

6.2.2.2　滑动破坏

在层状缓倾斜结构的反倾向边坡体下部开采矿体，除了发生坡体岩层向采空区弯曲下沉破坏外，更多情况下会出现采动边坡的滑动破坏，主要表现为边坡体向地下矿体开挖形成的采空区下滑，同时也有少量的局部采动边坡沿坡面下滑情况。

1) 采动边坡岩体向采空区下滑

露天转地下开采后，地下矿体开挖在边坡岩体下形成采空区，造成了坡面之下的临空面，随着地下矿体开挖的推进，边坡受采动影响逐渐变大，最终导致边坡岩体向采空运动下滑从而发生失稳破坏。当边坡岩体内存在通向采空区的节理、断层或层面等软弱结构面时，采动影响下边坡岩体优先沿这些软弱结构面滑向采空区。层状缓倾斜结构的反倾向稳定边坡岩体向采空区滑移的一般采动破坏模式见图 6.4。

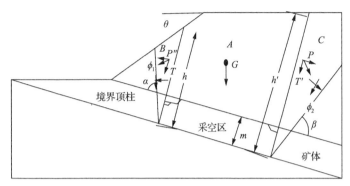

图 6.4　采动边坡滑移破坏力学机制

m-采空区高度，m；G-自重力；h'-采空区底部距边坡顶部垂直距离，m；B、P''、T-沿开采方向的正矢量水平力、斜面力和垂直力；P、T'-沿开采方向的反矢量水平力和垂直力

采动边坡岩体的滑移破坏机制是，首先位于开挖采空区上方 A 岩块因采空区给予下部临空面，竖直下落于采空区中。位于采空区侧上方 B、C 两岩块相继受到影响，A 岩块的两侧竖直面为 B、C 两岩块的边界，因而 B、C 两岩块可以分别沿上山移动角 α 和下山移动角 β 的滑面向地下采空区滑移。露天边坡岩体同时出现同向和反向贯通裂缝，其中 C 岩块的滑移面与坡同向，B 岩块的滑移面则与坡向相反，根据朗金理论，上山移动角 α 和下山移动角 β 取值分别为 $\alpha=45°+\phi_1/2$ 和 $\beta=45°+\phi_2/2$，其中 ϕ_1、ϕ_2 分别为 B、C 两岩块平均内摩擦角。

基于朗金理论，从图 6.4 还可得知，位于采空区正上方 A 岩块运动主导反倾向采动边坡岩体的运动和变形，因而 A 岩块称为斜坡岩体运动的关键块。由于采空区位于边坡的坡胸之下，采空场上覆岩层厚度不一，其对采空区两边的压力是不相等的，形成偏压。当采空区上方 A 岩块两侧摩擦力不足以支持 A 岩块的重量时，采空区上方 A 岩块发生滑移破坏。A 岩块是否下落的判别式具体如式(6.5)~式(6.10)所示：

$$K < K_允 \tag{6.5}$$

$$K = (P_1 + P')\tan\phi / G \tag{6.6}$$

$$P' = 0.5\gamma h'^2 \lambda \tag{6.7}$$

$$P_1 = 0.5\gamma h^2 \lambda_0 \tag{6.8}$$

$$\lambda = \frac{1}{\tan\beta - \tan\theta_1} \cdot \frac{\tan\beta - \tan\phi}{1 + \tan\beta(\tan\phi_2 - \tan\phi) + \tan\phi\tan\phi_2} \qquad (6.9)$$

$$\lambda_0 = \frac{1}{\tan\alpha - \tan\theta_1} \cdot \frac{\tan\alpha - \tan\phi}{1 + \tan\alpha(\tan\phi_1 - \tan\phi) + \tan\phi\tan\phi_1} \qquad (6.10)$$

式中，P_1、P' 分别为 B、C 两岩块对 A 岩块两侧竖直面的法向作用力；ϕ 为 A 岩块两侧竖直面的内摩擦角；G 为 A 岩块自重；α、β 分别为 B、C 两岩块分别沿上山和下山向地下采空区滑移的移动角；θ_1 为坡角；ϕ_1、ϕ_2 分别为 B、C 两岩块的平均内摩擦角；K 为矿柱应力增大系数；$K_允$ 为边坡发生采动滑移破坏临界值；λ_0、λ 分别为初始系数和一般系数；γ 为上覆岩层平均容重。

由式(6.5)~式(6.10)可知，当 $K_允 \leqslant 1$ 时，采空区上方 A 岩块发生指向采空区方向的采动滑移破坏，B 和 C 岩块则相继沿滑面滑向采空区内。

2) 采动边坡岩体沿坡面下滑

露天开采完毕后，反倾斜层状边坡岩体是稳定的，转入地下开采后，受采动影响，边坡岩体内部应力重新分布，采空区周围覆岩发生剧烈变形移动，层状边坡岩体内潜在的滑面带岩体松动，抗滑力降低，原来边坡稳定的岩体出现不稳定，岩体向边坡临空面滑移。此外，受采动影响，边坡出现下沉或塌陷坑，使边坡的陡度加大，进一步改变了原来边坡岩体的边界条件，促使滑坡发生。

岩体向坡下滑移的力学机制即采动影响下的边坡岩体塑性区贯通破坏机制。露天转地下开采前，受露天采动影响，边坡岩体局部已存在潜在滑带内和孤立的塑性区。露天转地下开采后，地下矿层被开采过程中，采动影响范围逐步增大，边坡岩体受采动影响幅度不断增强，采动边坡岩体的移动越来越剧烈，从而不断使潜在滑带岩体松动、边坡岩体强度降低和形成局部应力集中，进而导致滑带内的塑性区范围增大且最后连贯，最终促使采动边坡岩体沿坡面失稳下滑。

6.3 露天转地下开采采场顶板冒落机理及其防治措施

6.3.1 采场顶板冒落的基本形式

大量的工程实践表明，矿山采用房柱采矿法开采时，常常在矿体开采过程中或者开采完毕后发生大范围顶板岩体突然冒落的剧烈动力灾害现象，即采场顶板冒落灾害。矿山出现这种灾害时，一次冒落的顶板面积少则几十至几百平方米，多则几万甚至几十万平方米，这样大面积的空区顶板在极短时间内冒落下来，地下采场系统不仅由于重力作用产生严重的冲击破坏，而且更严重的是垮落的顶板把已采空间的空气瞬时排出，形成巨大的暴风，将地下采场、巷道摧毁，严重威胁地下工作人员的生命安全。采用房柱采矿法开采时,顶板大面积冒落方式有整体一次性冒落和分层分次冒落两种,相应的冒落类型分别为切冒型和拱冒型两种,如图 6.5 所示。

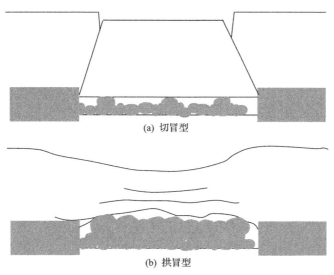

(a) 切冒型

(b) 拱冒型

图 6.5　大面积采空区顶板冒落类型

　　图 6.5(a)即切冒型顶板冒落,当地下采空区开采范围达到一定面积时,采空区顶板沿采空区壁面切落直达地表,其特征为一次冒落面积大、时间短,冒落一般发生在浅部(一般埋深100~150m 以内浅埋或者近浅埋区域)或上部已开采形成空区的深部区域。冒落形状一般呈反漏斗状,冒落角一般为 65°~85°,地表呈圆形、椭圆形的沉陷,沉陷面积小于采空区面积。冒落后地表出现纵横交错的张开裂缝,裂缝宽度一般为 0.1~0.5m,深不见底,裂缝位置均在采空区平面范围内侧。图 6.5(b)即拱冒型顶板冒落,当地下采空场开采范围达到一定面积时,直接顶首先冒落,而后逐渐扩展到地表,顶板冒落后形成拱形空间。其特征一般为分层分次冒落,冒落延续时间较长,可达几天至数月,甚至更长;冒落拱的四周悬臂,冒落高度小,中部冒落高度大,但空顶面积小。拱形顶板冒落多发生在开采深度大的区域,冒落拱形成以后,采空场上方顶板围岩随着采场的开挖推移而逐渐沉降,最后充满采空区。地表冒落形状一般呈槽形、碗状或者盆地状,地表呈圆形、椭圆形的沉陷,沉陷面积大于采空区面积;冒落后地表出现纵横交错的张开裂缝,裂缝位置在采空区平面范围内侧或外侧盆地边缘处。相关研究表明,大面积采空区失稳冒顶与矿柱分布面积以及矿柱的宽高比有关,对于采用房柱采矿法(或类似房柱采矿法)开采的矿山,当矿柱面积比率大于 50%或者矿柱宽高比大于 4 时很少发生大面积采空区顶板失稳冒落。

6.3.2　采场顶板冒落机理

1）切冒型空区顶板冒落机理

图 6.6 为切冒型顶板冒落发展过程，其中图 6.6(a)表示顶板来压引起矿柱应力集中，支撑顶板的矿柱进入极限平衡状态，顶板变形后将采空区的大部分矿柱压酥，使之失去支撑顶板的能力。图 6.6(b)为矿柱破坏失去支撑能力，悬空顶板在四周岩体(或矿体)支撑下被拉断，顶板系统由于四边固支板(或岩梁)拉裂破断变为简支板(或岩梁)。图 6.6(c)是简支岩梁由于受剪截面积减小，突然发生剪切冒落，即所谓切冒型冒落。

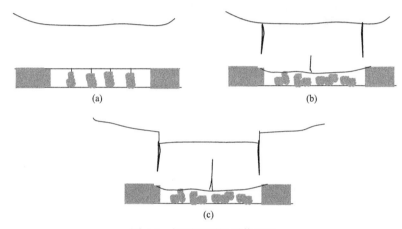

图 6.6　切冒型顶板冒落机理

由图 6.6 可知，切冒型顶板冒落的发生、发展主要受采场矿柱的稳定性控制。采矿矿柱是否失稳破坏是切冒型顶板冒落发生的关键因素，也是其发生的直接原因。

关于矿柱失稳破坏的判据可用逐步破坏理论或极限强度理论。其中，矿柱逐步破坏理论的判别式为

$$B \leqslant 2X_0 \tag{6.11}$$

式中，B 为矿柱宽度，m；X_0 为矿柱屈服带宽度，m。

矿柱极限强度理论的判别式为

$$\eta\sigma \leqslant \sigma_{\mathrm{s}} \tag{6.12}$$

式中，η 为安全系数，一般为 1.3～3.0；σ 为矿柱平均应力，$\sigma = \lambda'\gamma H$（$\lambda'$ 为矿柱面积比，H 为矿体开采深度），MPa；σ_{s} 为矿柱的极限强度，MPa。

2)拱冒型空区顶板冒落机理

拱冒型大面积采空区失稳的主要原因有两个：其一是矿体的开采深度较大，矿柱破坏的岩层厚度仅是覆岩的一部分；其二是组成覆岩的刚度多为交替刚度和递增刚度。交替刚度的顶板一般是分组分次冒落，最下一组冒落后，其上一组变形冒落，两者形成一定的时间差。递增刚度顶板是分层分次冒落，各层冒落的跨度由下而上逐渐增大，造成层间冒落的时间差。拱冒型顶板冒落过程与切冒型顶板冒落过程相似，只是层间组间不同步而已，即首先因部分覆岩的变形使矿柱破坏，然后在固支岩梁条件下，四周逐层逐组拉断，最后在简支岩梁条件下切冒。

6.3.3 基于托板理论的采场顶板冒落力学机理分析

晋宁磷矿 6 号坑口东采区缓倾斜中厚磷矿床地层属于典型的有序沉积地层，结合现场工程、相似模拟和数值模拟试验结果可知，矿体开采过程中在采空场覆岩中有某些厚硬岩层(中晶—粗晶白云岩)或岩层组合(中晶—粗晶白云岩与含砾石英砂岩)具有相对较强的抵抗采动影响和抵抗拉抻变形的能力。在矿体开采面积或开采空间范围不是足够大，即尚未达到某一临界尺寸时，即使其下伏岩层由于冒落、断裂或弯曲下沉已与它产生离层，但该厚硬岩层或岩层组合仍能保持悬空稳定状态。它一方面阻遏其下覆岩层的冒落与断裂趋势向上发展，另一方面又托住其上覆直至地表的岩土层，使其上覆岩层与其下方冒落、裂隙破坏区相隔离，即使采空区面积较大但并非充分大，采空区上方冒裂破坏很严重，但其上覆岩层和地表的变形量却较小，这种"遏下托上"的厚硬岩层(中晶—粗晶白云岩)或岩层组(中晶—粗晶白云岩与含砾石英砂岩)即称为托板。因此，依据托板理论对房柱采矿法开采下采场顶板应力变化规律进行分析，可在采动过程中准确把握采场托板岩体每次垮断的时机，及时主动地对顶板变形情况进行预处理，准确地预测预报采场顶板来压等，以减少顶板冒落事件发生。

6.3.3.1 矿体房柱采矿法采动过程中托板的控制形式

地下矿体采用房柱采矿法开挖后，在采场覆岩内可能有一个托板，也可能有两个或者两个以上托板，它们在采动过程中(不同的开挖时段，不同开挖阶段)起着不同的控制作用。如图 6.7 所示，随着采场的开挖推进，上覆岩层发生变形破坏，沿矿体走向推进长度为 L_1 时(开挖矿房数目 M)，在第一层托板下的岩层冒落、断裂，同时伴随离层现象出现，此开挖阶段内，第一层托板没有断裂，其上覆岩层移动变形较小。随着采场继续推进，第一层托板断裂，这时被其托控的岩层突然发生剧烈变形破断，并逐渐向上发展，沿矿体走向推进长度为 L_2 时(开挖矿房数目 N)，在二层托板下出现最大离层，此时第二层托板还未断裂，它一方面遏制下伏岩层移动向上发展，另一方面又对上覆岩层移动起到一定的控制作用。如果还有第二层以上托板，这种控制作用将重复进行。此外，如果在第一层托板与第二层托板之间存在一硬岩层或组合结构，但随着第一层托板的断裂，它也会断裂，在岩层移动变形过程中未起到"遏下托上"的作用，这样的硬岩层或岩层组合没有起到托板式控制作用，不构成托板。

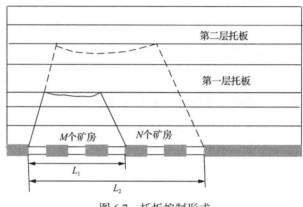

图 6.7　托板控制形式

6.3.3.2　顶板力学模型

地下矿体采用房柱采矿法开挖时，矿房矿体被挖出，留设规则的矿柱支撑采空场的顶板围岩。一般来讲，采空场空间以矩形居多，且沿矿体走向开采缓倾斜矿层时，矩形采空场岩板所承受的自重荷载 q 是相等的，且可以将其近似看作是均布荷载。依据薄及中厚岩板弯曲最小势能原理、弹塑性力学薄及中厚岩板理论可得出房柱采矿法开采下采场顶板系统简化力学模型，如图 6.8 所示。

根据图 6.8 所示顶板力学模型，要求出顶板岩体内的力，必须要求出顶板的挠度，所要求解顶板挠度基本方程为

$$D\nabla^4\omega = q' \tag{6.13}$$

$$D = \frac{Eh'^3}{12(1-\mu^2)} \tag{6.14}$$

式中，D 为顶板的弯曲刚度，N/m；ω 为顶板挠度，m；E 为顶板的弹性模量，GPa；μ 为顶板的泊松比；h' 为顶板的厚度，m；q' 为顶板的竖向荷载。

对于薄及中厚顶板岩体的弯曲问题，弯应力和扭应力在数值上较大，是主要应力；而横向剪应力及挤压应力在数值上较小，是次要应力，在计算中常常忽略掉。由此可以得出 x、y 方向上的力矩 M_x、M_y 和 x、y 方向上的混合力矩 M_{xy}、M_{yx} 及 σ_x、σ_y、τ_{xy}、τ_{yx} 的表达式：

$$M_x = -D\left(\frac{\partial^2 \omega}{\partial x^2} + \mu \frac{\partial^2 \omega}{\partial y^2}\right) \tag{6.15}$$

$$M_x = -D\left(\frac{\partial^2 \omega}{\partial y^2} + \mu \frac{\partial^2 \omega}{\partial x^2}\right) \tag{6.16}$$

$$M_{xy} = M_{yx} = -D(1-\mu)\frac{\partial^2 \omega}{\partial x \partial y} \tag{6.17}$$

$$\sigma_x = \frac{12M_x}{h'^3} \cdot z \tag{6.18}$$

$$\sigma_y = \frac{12M_y}{h'^3} \cdot z \tag{6.19}$$

$$\tau_{xy} = \tau_{yx} = \frac{12M_{xy}}{h'^3} \cdot z \tag{6.20}$$

式中，z 为 z 方向的作用力。

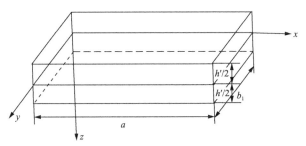

(a) 顶板结构图

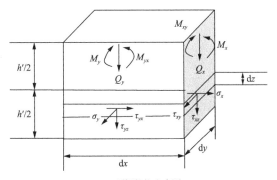

(b) 顶板结构内力图

图 6.8 顶板力学计算模型

a-顶板长度；b_1-顶板宽度；$h'/2$-$\frac{1}{2}$ 顶板厚度；dx、dy、dz-x、y、z 方向的长度；M_x、M_y-x、y 方向上的力矩；M_{xy}、M_{yx}-x 和 y 方向的混合力矩；Q_x、Q_y-x、y 方向上施加的 (轴向) 荷载；σ_x、σ_y-x、y 方向上的应力；τ_{yz}、τ_{yx}、τ_{xy}、τ_{xz}-y 和 z 方向、y 和 x 方向、x 和 y 方向、x 和 z 方向上的剪应力

　　理论分析和模型试验研究均表明，矿体开挖过程中可将留设矿柱和未开挖的矿体边界分别简化为简支、固支处理，在矿体开挖过程中，采空场周围的支撑条件是多样的，一般来讲采空场形成后顶板支撑条件可分为如图 6.9 所示的 6 种类型，其中前两种情况在现场实际工程中较为常见。

　　露天转地下房柱采矿法开采缓倾斜中厚磷矿体时，矿体开挖后顶板四周支撑类型以图 6.9 中(a)、(b)两种情况为主，下面主要针对这两种情况对顶板应力进行求解分析。相关研究表明，矿体开挖后采场上方薄及中厚层状顶板挠度函数可表示为

$$\omega = A\left(1 - \cos\frac{2\pi x}{a}\right)\left(1 - \cos\frac{2\pi y}{b_1}\right) \quad (\text{四边固支}) \tag{6.21}$$

$$\omega = A\left(1 - \cos\frac{\pi x}{2a}\right)\left(1 - \cos\frac{2\pi y}{b_1}\right) \quad (\text{三边固支，一边简支}) \tag{6.22}$$

$$A = q'a^4 / 4D\pi^4\left[3 + 3\left(\frac{a}{b_1}\right)^4 + 2\left(\frac{a}{b_1}\right)^2\right] \tag{6.23}$$

式中，A 为平面面积。

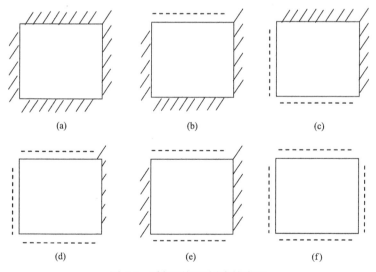

图 6.9　采场顶板四周支撑类型

(a)四周固支条件结构，用于矿体开挖初期或者相邻虽有采空区但有大矿柱相隔；(b)三边固支、一边简支条件结构，用于相邻一侧有采空区且仅留小矿柱相隔，其余边界均为实体矿体；(c)邻边固支、邻边简支条件结构，用于相邻两侧有采空区且仅留小矿柱相隔，其余边界均为实体矿体；(d)一边固支、三边简支条件结构，用于相邻三侧有采空区且仅留小矿柱相隔，其余边界均为实体矿体；(e)对边固支、对边简支条件结构，用于两相对边界有采空区且仅留小矿柱相隔，其余边界均为实体矿体；(f)四简支条件结构，用于四周边界都有采空区且仅留小矿柱相隔，常常出现在老顶岩层周边断裂后形成的平衡关系结构体系中

将式(6.14)、式(6.21)、式(6.22)、式(6.23)分别代入式(6.15)、式(6.16)、式(6.17)可以求得顶板弯矩 M_x、M_y 和扭矩 M_{xy}、M_{yx}，再将所求的结果分别代入式(6.18)、式(6.19)、式(6.20)求出顶板 σ_x、σ_y、τ_{xy}、τ_{yx}。

1)四周固支条件下，顶板相应应力为

$$\sigma_x = -\frac{8\pi^2 EAz}{a^2(1-\mu^2)}\left[\sin^2\frac{\pi y}{b_1}\cos\frac{2\pi x}{a} + \mu\left(\frac{a}{b_1}\right)^2\sin^2\frac{\pi x}{a}\cos\frac{2\pi y}{b_1}\right] \tag{6.24}$$

$$\sigma_y = -\frac{8\pi^2 EAz}{b_1^2(1-\mu^2)}\left[\sin^2\frac{\pi x}{a}\cos\frac{2\pi y}{b_1} + \mu\left(\frac{b_1}{a}\right)^2\sin^2\frac{\pi y}{b_1}\cos\frac{2\pi x}{a}\right] \tag{6.25}$$

$$\tau_{xy} = \tau_{yx} = -\frac{4\pi^2 AEz}{ab_1(1+\mu)}\sin^2\frac{2\pi x}{a}\sin^2\frac{2\pi y}{b_1} \tag{6.26}$$

2)三边固支、一边简支条件下顶板相应应力为

$$\sigma_x = -\frac{\pi^2 EAz}{2a^2(1-\mu^2)}\left[\cos\frac{\pi x}{2a}\left(1-\cos\frac{2\pi y}{b_1}\right) + \mu\left(\frac{4a}{b_1}\right)^2\cos\frac{2\pi y}{b_1}\left(1-\cos\frac{\pi x}{2a}\right)\right] \tag{6.27}$$

$$\sigma_y = -\frac{4\pi^2 EAz}{b_1^2(1-\mu^2)}\left[\cos\frac{2\pi y}{b_1}\left(1-\cos\frac{\pi x}{2a}\right) + \mu\left(\frac{4a}{b_1}\right)^2\cos\frac{\pi x}{2a}\left(1-\cos\frac{2\pi y}{b_1}\right)\right] \tag{6.28}$$

$$\tau_{xy} = \tau_{yx} = -\frac{\pi^2 AEz}{ab_1(1+u)}\sin^2\frac{\pi x}{2a}\sin^2\frac{2\pi y}{b_1} \tag{6.29}$$

矿体顶板冒落与否取决于顶板岩体自身的物理力学性质、赋存条件、厚度、荷载等因素。其破坏准则是 $\sigma_拉 > [\sigma_允]$（$\sigma_拉$ 表示总法向拉应力；$\sigma_允$ 表示总法向允许的应力），将 $\max\{\max\sigma_x, \max\sigma_y\}$（$\max\sigma_x$、$\max\sigma_y$ 分别为 x 方向和 y 方向上最大拉应力）与 $[\sigma_允]$ 进行比较，当满足 $\max\{\max\sigma_x, \max\sigma_y\} > [\sigma_允]$ 时，顶板发生断裂。

6.4 地下采场矿柱力学特征与失稳破坏模式及机理分析

6.4.1 地下采场矿柱受力特征分析

6.4.1.1 矿柱强度、荷载理论和计算公式

房柱采矿法开采体系中矿柱稳定与否是房柱采矿法开采成败的关键。一个世

纪以来，世界各主要采矿国家许多专家学者进行了大量的实验室和原位试验。在实验研究和实例调查的基础上，结合理论分析，对房柱采矿法开采下矿柱的稳定性进行了大量深入的系统研究，建立了多种矿柱强度、荷载理论和经验公式。

1）有效区域理论和经验公式

该理论假定各矿柱支撑着上部及与所邻矿柱平分上部覆岩的重量，因此其只能在开采面积较大、矿柱尺寸和间隔相同、分布均匀的情况下使用。如果开采面积较小，有效区域理论公式得出的矿柱应力值会偏低。具有代表性的矿柱强度经验计算公式是

$$S_p = S_1[0.7+0.3(a''/M_1)] \tag{6.30}$$

$$S_p = S_1\left(7.2a''^{0.46}/M_1^{0.66}\right) \tag{6.31}$$

$$S_p = S_1[0.64+0.36(a''/M_1)]^\alpha \tag{6.32}$$

式中，S_p 为矿柱强度，MPa；S_1 为矿柱抗压强度，MPa；a'' 为矿柱宽度，m；M_1 为矿柱高度，m；α 为常数。

其中式(6.32)是目前国内外工程中应用较为广泛的一种经验计算公式。

2）压力拱理论和经验公式

该理论最初由北英格兰开采支护委员会提出，主要用于地表沉陷控制。由该理论设计屈服矿柱或者隔离矿柱时，矿柱的尺寸根据上覆岩层的厚度来确定。该理论认为由于采空区上方压力拱的形成，上覆岩层负荷只有少部分(开采层面与拱周边之间包含的岩层重量)作用到直接顶板上，其他覆岩重量会向采区两侧实体岩体(拱脚)转移。认为最大压力拱形状是椭圆形，其高度在采面上、下方均为采面宽度的 2 倍。压力拱的内宽主要受上覆岩层厚度的影响，压力拱的外宽受覆岩内部组合结构的影响。如果采面宽度大于压力拱的内宽，则负荷分布会变得很复杂，其中一个拱脚在边侧矿柱上，另一个拱脚在采空区上，此时压力拱不稳定，可能发生大规模的崩塌沉陷。具有代表性的矿柱强度经验计算公式是

$$P'' = \gamma H(L+b'')(a''+b'')/La'' \tag{6.33}$$

式中，P'' 为矿柱所承受的平均荷载，MPa；γ 为上覆岩层的平均容重，N/m³；H 为矿体开采深度，m；L 为矿柱长度，m；a'' 为矿柱宽度，m；b'' 为开采宽度，m。

式(6.33)因其简便而得到了广泛应用，但由于其未考虑岩体的内部力学特性和矿柱分布位置的影响，也未考虑岩体水平应力的作用，其计算荷载比实际高。

3）核区强度不等理论和经验公式

格罗贝拉尔(Grobbelaar)于 1970 年把矿柱核区强度与实际应力联系在一起，

从而确定核区内不同位置的强度。该理论以矿柱尺寸和形状为主要研究点，认为矿柱核区各处强度不相等，核区平均应力即使超过极限值，由于破裂颗粒之间的内摩擦，也不会导致矿柱彻底破坏，但可能导致核区与顶、底板的连接性能降低，也可能引起矿柱突出或顶、底板在矿柱边缘附近出现超限移动。具有代表性的矿柱强度经验计算公式是

$$\sigma_f = \sigma_b(K_1K_2 + \ln K_1K_2 - l) / \ln K_1K_2 \tag{6.34}$$

式中，σ_f 为矿柱内各点的理论强度，MPa；σ_b 为矿样的单轴抗压强度，MPa；l 为矿柱内任意一点距离柱壁的距离，以无量纲的形式表示为 $0 < l < a''/M_1$，a''、M_1 分别为矿柱的宽度和高度，m；$K_1 = \tan\beta = (1 + \sin\phi) / (1 + \sin\phi)$，$\phi$ 表示岩体的内摩擦角，(°)；K_2 为矿柱内部的水平应力与原岩垂直应力比值，弹塑性变形范围内其与岩体的泊松比大小相等。

由于式(6.34)比较复杂，设计参数较多，且多数参数难以获取，故其在现场工程应用很少。

4) A.H.威尔逊强度理论和经验公式

A.H.威尔逊(Wilson)于 1972 年在"核区强度不等理论"的基础上，提出了"两区约束理论"。该理论基于如下四个假设：①矿柱由核区和屈服区组成，已破坏的屈服区包围核区并对其形成约束，使其处于三轴应力状态，基本符合弹性理论法则；②矿柱屈服应力为屈服区水平约束力 σ_3 的 $\tan\beta$ 倍，$\tan\beta$ 与矿柱内摩擦角有关，$\tan\beta = (1 + \sin\phi) / (1 + \sin\phi)$，$\phi$ 是岩体的内摩擦角；③矿柱边缘无约束垂直应力 $\sigma = 0.007\text{MPa}$，屈服区水平约束力 σ_3 由外向内渐增，到核区交接面时最大，等于原岩自重应力 γH，屈服区宽度为 $r_p = M_1 \ln(4\gamma H / \sigma_0) / 6 = 0.00492 M_1 H$（$M_1$ 表示矿柱高度，σ_0 表示矿柱极限强度）；④一旦核区内部达到峰值应力时，核区弹性状态将逐渐消失，矿柱将失稳，故矿柱稳定性极限为核区平均应力 $\bar{\sigma} = 4\gamma H$。根据上述假设，导出了方矿柱、长方矿柱和长矿柱在有核区和无核区承载能力与分担荷载的计算公式以及矿柱屈服带宽度的计算公式，如式(6.35)~式(6.40)所示。

A. 有核区宽矿柱（$a'' > 0.00984 M_1 H$）

方矿柱：

$$L_c = 4\gamma H(a''^2 - 9.84 a'' M_1 H \times 10^{-3} + 48.44 M_1^2 H^2 \times 10^{-6}) \tag{6.35}$$

长方矿柱：

$$L_c = 4\gamma H[a''L - 4.92(a'' + L)M_1 H \times 10^{-3} + 48.44 M_1^2 H^2 \times 10^{-6}] \tag{6.36}$$

长矿柱：

$$L_c = 4\gamma H(a'' - 4.92 M_1 H)L \tag{6.37}$$

B. 无核区宽矿柱($a < 0.00984MH$)

方矿柱：

$$L_c = 135\gamma a''^3 / M_1 \tag{6.38}$$

长方矿柱：

$$L_c = 406\gamma a''^3 [L - (a'' + L) / 2 + a'' / 3] / M_1 \tag{6.39}$$

长矿柱：

$$L_c = 203\gamma a''^3 L / M_1 \tag{6.40}$$

式中，L_c 为矿柱承载能力，kg；γ 为上覆岩层的平均容重，MN/m^3；a'' 为矿柱宽度，一般取 $a''=0.12H$ 或 $0.10H+(9.1 \sim 13.7)$，m；M_1 为矿柱高度，m；L 为矿柱长度，m。

A.H.威尔逊强度理论建立在矿柱三向强度的基础上，克服了其他理论的缺陷，更加科学和可靠，在国内外现场工程中得到了最为广泛的应用。

5) 大板裂隙强度理论和经验公式

白矛和刘天泉将采空区沿走向剖面视为边界作用均布荷载的无限大板中一个很扁的椭圆口，利用弹性断裂力学理论的复变函数法推导出孔口端部矿柱距离矿壁任一距离点的应力计算公式，如式(6.41)~式(6.43)所示：

$$\sigma_x = Kq''\left\{ 1 - (a'' + r) / [r(r + 2a'')]^{0.5} \right\} \tag{6.41}$$

$$\sigma_z = -Kq''(a'' + r) / [r(r + 2a'')]^{0.5} \tag{6.42}$$

$$r'_p = a'' / \left\{ 1 - \left[Kq'' / (\sigma_{ss} + q'')^2 \right]^{0.5} \right\} - a'' \tag{6.43}$$

式中，σ_x 为矿柱水平应力，MPa；σ_z 为矿柱垂直应力，MPa；σ_{ss} 为矿柱极限荷载，MPa；q'' 为矿柱原始垂直荷载，MPa；r 为矿柱边缘至附近任一点的距离，m；a'' 为矿柱宽度的二分之一，m；K 为矿柱应力增大系数；r'_p 为矿柱塑性区宽度，m。

由于式(6.41)~式(6.43)仅适用于条带开采，计算很烦琐，矿柱塑性区宽度与实际出入较大且当矿柱极限荷载高于原始垂直荷载时才有意义，其应用范围很小。

6) 极限平衡强度理论和经验公式

K.A.阿尔拉麦夫、候朝炯与马念杰对承载矿柱与顶底板的接触面上有整体内聚力条件下的任意三边尺寸比值的矿柱应力状态和应力极限平衡区进行了研究，得到了规则矿柱的顶面和中性面所受铅直应力的分布状态，提出了矿柱极限平衡理论。其他学者也做了大量工作，主要差别在于黏聚力 C，有的取零，有的取常数，代表性的三种经验计算公式如式（6.44）～式（6.47）所示：

$$\sigma_{x2} = N_2 \mathrm{EXP}[2fx / \lambda_2 M_2] \tag{6.44}$$

$$\sigma_s = (\sigma_0' + C\cot\phi) / [\mathrm{EXP}(2fx\tan\beta / M_2) - 1] + \sigma_0' \tag{6.45}$$

$$\sigma_s = \mathrm{tg}\beta(P_i + C\cot\phi)\mathrm{EXP}(2fx\tan\beta / M_2) - C\cot\phi \tag{6.46}$$

$$r_{p2} = M_2 \ln\left\{(Kq'' + C\cot\phi) / \left[\mathrm{tg}\beta(P_i + C\cot\phi)\right]\right\} / 2f\tan\beta \tag{6.47}$$

式中，x 为两矿柱间的距离；σ_0' 为岩体的单轴抗压强度，MPa；σ_{x2} 为应力极限平衡区的水平应力，MPa；σ_s 为应力极限平衡区的垂直应力，MPa；N_2 为巷道边缘处的垂直应力，MPa；C 为矿体与顶底板之间的（或矿体）黏聚力，MPa；M 为矿柱开采厚度，m；ϕ 为矿体与顶底板之间的（或矿体）内摩擦角，(°)；f 为摩擦系数，$f = \tan\phi$；λ_2 为侧压系数即水平方向应力与铅垂方向应力比值；$\tan\beta = (1 + \sin\phi) / (1 + \sin\phi)$；$K$ 为矿柱应力增大系数；P_i 为支护阻力，MPa；q'' 为原始垂直荷载，MPa；r_{p2} 为应力极限平衡区塑性区宽度，m。

式（6.44）～式（6.47）中认为矿体极限平衡区中 σ_x、σ_s 是矿体的主应力，而实际中由于剪应力存在，σ_x、σ_s 不能直接代表主应力；同时公式对 C、ϕ 的指代不明，造成实际计算时十分困难，因此极限平衡强度理论应用范围也较小。

6.4.1.2 矿柱应力分布动态演化过程

房柱采矿法开采中矿柱受力是十分复杂的，矿体本身是一种既不同于各向同性的金属，又有别于近似水平各向同性的沉积岩石或金属矿体的特殊材料，矿柱既具有弹性变形的性质，也具有塑性变形的特点，组成矿样的矿物颗粒受压呈脆性破坏的特征，而矿柱整体长时间受压又呈现塑性流变效应。房柱采矿法开采中矿柱受力是个动态过程，在地下采场矿体回采时，受采动应力影响而不断变化，在矿体停采之后，又因时间因素的作用而发展变化。

矿柱自矿房回采直至屈服是一个渐进破坏的过程。从矿柱中垂直应力的分布形态分析可知，"马鞍形"是稳定的矿柱应力分布的重要特征，"平台形"应力分布是矿柱由稳定向失稳过渡的标志，而"拱形"则是矿柱失稳的重要特征。据此，以量变积累到发生质变为标志可将矿柱沿主剖面上的应力分布形态演化的过程划分为如图 6.10 所示的 7 个阶段：

（1）矿体开挖之前，矿体受上覆岩层均布荷载作用，如图 6.10（a）所示。

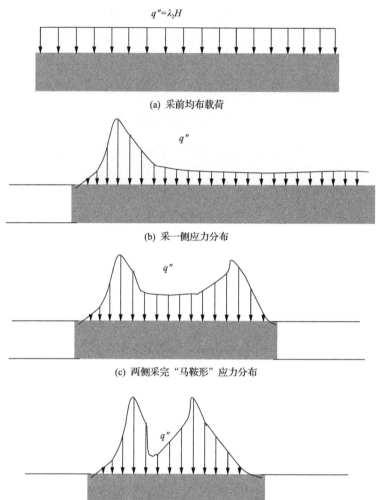

$q''=\lambda_2 H$

(a) 采前均布载荷

q''

(b) 采一侧应力分布

q''

(c) 两侧采完"马鞍形"应力分布

q''

(d) 周围采动影响"极限马鞍形"应力分布

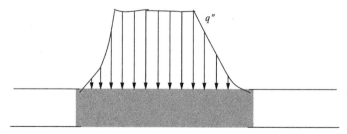

q''

(e) "平台形"应力分布

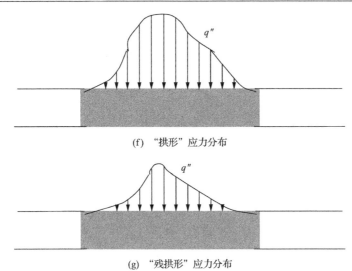

(f) "拱形" 应力分布

(g) "残拱形" 应力分布

图 6.10　矿柱应力分布形态的演化过程

(2)矿柱一侧采完,在矿柱内一定深度形成支承压力带和一定的塑性破坏区,此时支撑压力的峰值小于矿柱的极限强度,如图 6.10(b)所示。

(3)矿柱两侧采完形成条带矿柱,若矿柱有足够的支承能力,即矿柱处于稳定状态,则矿柱上垂直应力呈"马鞍形"分布,矿柱两侧均有一定宽度的塑性破坏区,边界支承能力为零,峰值应力不大于矿柱极限强度,核区应力分布近似为抛物线形,如图 6.10(c)所示。

(4)受周围其他采场的采动影响,矿柱应力继续变化,两侧塑性破坏区范围扩展,峰值应力达到矿柱极限强度,核区中心应力上升但仍旧小于峰值应力,其应力分布形态仍为"马鞍形",如图 6.10(d)所示。

(5)随着地下采场的持续开挖推进,采场覆岩充分采动程度增加,同时由于周围采动继续影响、覆岩自身运动的时间滞缓效应以及矿体材料相等,两侧塑性区继续扩展,核区中心应力达到矿柱极限强度,核区应力形成平台,此时矿柱处于失稳的临界状态,核区中心应力稍有上升矿柱将迅速失稳,"平台形"应力分布可作为矿柱由稳定向失稳过渡的标志,如图 6.10(e)所示。

(6)矿柱两侧塑性区破坏区连通,失去核区,矿柱中心应力超过矿柱极限强度,应力分布形态为"拱形",此时矿柱发生失稳破坏,故"拱形"应力分布为矿柱失稳的重要特征,如图 6.10(f)所示。

(7)对于未进行回收的残留矿柱,在数年至数十年的漫长时间内,以蠕变状态继续溃屈,支撑能力不断降低,"拱形"应力分布曲线呈"残拱形",如图 6.10(g)所示。房柱采矿法开采矿柱由于开采条件、矿层自身强度以及留设时间(回采与否)不同,可分为长期稳定性矿柱、短期稳定性矿柱与不稳定性矿柱。对于长期稳定性矿柱,只有前 4 个阶段的应力分布演变过程;对于不稳定性矿柱则具有前 6 个阶段的应力分布演变过程;而短期稳定性矿柱则具有上述 7 个阶段的应力分布演变全过程。在实际现场工程中,应根据矿层自身的物理力学参数、开采地质采矿条件和赋存特性而定,第 3、4 阶段可不同时存在,即两侧采空后峰值应力迅速达到极限强度;第 7 阶段只有在留设的残留稳定矿柱经过漫长时间失稳破坏的情况下才发生。

6.4.1.3　矿柱的极限承载能力计算分析

1)矿柱核区的定义

由 A.H.威尔逊强度理论可知,矿柱的一侧回采后,上覆岩层的应力重新分布,在连续矿柱边缘的一定区域内,由于边界上没有侧向约束力的作用,必然出现塑性变形和破坏区即矿柱的屈服区,此时位于矿柱屈服带之内的三向弹性应力增高区即称作矿柱的核区,如图 6.11 所示。当矿柱核区内的应力全部达到极限值时,则称为极限核区。

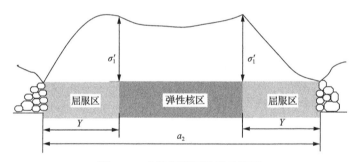

图 6.11　矿柱屈服区及弹性核区

a_2-长度值,m;Y-屈服长度,m;σ_1'-法向应力

2)矿柱核区的极限强度

相关研究表明,矿柱强度不仅与矿柱试块的单轴抗压强度、矿柱长度、宽度和高度等有关,而且还与矿柱弱面、采场顶底板岩性和矿柱侧应力等“采场围岩—矿柱体系”因素密切相关。一般来讲,岩石的三向受力状态的强度可按下列步骤获得:首先,我们通过实验室的三轴压缩试验来获得在不同侧向压力条件下岩石产生破坏的一系列强度曲线;其次,用作莫尔应力圆包络线的方法来确定岩石的剪切强度线,即可求得岩石的三向受力状态的强度,如图 6.12 所示。

由图 6.12 所示的矿柱极限平衡条件可知,在三向受力条件下有以下关系:

$$\frac{\sigma_1 - \sigma_3}{2} = \left(\frac{\sigma_1 - \sigma_3}{2} + C\cot\phi \right)\sin\phi \tag{6.48}$$

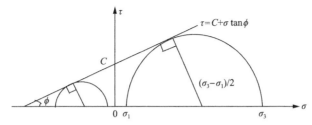

图 6.12 三向应力状态下矿柱核区的极限强度

τ-剪应力

由此可以得出矿柱核区极限应力 σ_1 表达式为

$$\sigma_1 = \frac{2C\cos\phi}{1-\sin\phi} + \frac{1+\sin\phi}{1-\sin\phi}\sigma_3' \qquad (6.49)$$

式中，C 为矿体的黏聚力，MPa；ϕ 为矿体的内摩擦角，(°)；σ_3' 为侧向应力，MPa。

由 A.H.威尔逊强度理论可知，屈服区侧向应力 σ_3 由外边缘向矿柱核区内部逐渐增大，至与核区交界面处达到最大即等于原岩自重应力 γH，而核区内部应力达到峰值应力时，核区弹性状态立即消失，矿柱失稳破坏，因此可以得出：

$$\sigma_1 = \frac{2C\cos\phi}{1-\sin\phi} + \frac{1+\sin\phi}{1-\sin\phi}\gamma H \qquad (6.50)$$

式中，γ 为上覆岩层的平均容重，N/m³；H 为矿体开采深度，m。

由 A.H.威尔逊强度理论可知，达到极限状态时，屈服区内矿体的黏聚力 C 值很小，趋近于零，可忽略不计。同时根据现场资料可知，磷矿体的内摩擦角一般为 39°～43°，根据试验测试结果取 ϕ=41.30°，最终计算得出三向应力状态下磷矿柱核区的极限峰值强度为 $\sigma_{max} = 4.88\gamma H$。

3）矿柱屈服带宽度的计算

假定矿柱核区已经处于极限平衡状态，根据上述矿柱的应力分布状态演化分析可知核区极限状态时矿柱的应力状态，如图 6.13 所示。

在矿柱极限平衡区内取宽度为 dx 的单元体，采动影响下水平方向的挤压力促使单元体向采空区方向压出，而阻止单元体向采空区压出的是矿体的黏聚力 C 和矿柱与顶、底板岩层接触面之间的摩擦阻力 $f\sigma_z$。由此可以得出单元体极限平衡状态的平衡方程为

$$2(C + f_1\mathrm{d}z)\mathrm{d}x - T_2\left(\sigma_x + \frac{\mathrm{d}\sigma_x}{\mathrm{d}x}\mathrm{d}x\right) = 0 \qquad (6.51)$$

整理得出单元体极限平衡状态的平衡方程为

$$2C + 2f_1 \mathrm{d}z - T_2 \frac{\mathrm{d}\sigma_x}{\mathrm{d}x} = 0 \tag{6.52}$$

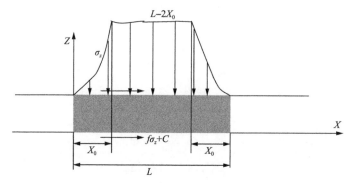

图 6.13　矿柱核区的极限状态应力分布图
σ_z-z 方向的正应力

推算得出矿柱处于极限平衡状态的平衡条件为

$$\frac{\sigma_z + C\cot\phi}{\sigma_x + C\cot\phi} = \frac{1 + \sin\phi}{1 - \sin\phi} \tag{6.53}$$

令

$$\omega = \frac{1 + \sin\phi}{1 - \sin\phi} \tag{6.54}$$

将式(6.53)和式(6.54)代入非齐次线性微分方程式(6.52)中，令 $x = 0$ 时，$\sigma_z = 0$，解方程可以得出：

$$\sigma_z = \frac{C}{f_1}\left(\mathrm{e}^{\frac{2f_1\omega}{T_2}} - 1\right) \tag{6.55}$$

由矿柱核区的极限状态应力分布图 6.13 可知，当 $x = 0$ 时 $\sigma_z = 4.88H\rho = 0$，由此可以推算出矿柱的屈服带宽度 X_0 为

$$X_0 = \frac{T_2}{2f_1\omega}\ln\left(\frac{4.88H\rho f_1}{C} - 1\right) \tag{6.56}$$

式中，f_1 为矿柱与顶底板岩层接触面的摩擦系数；C 为矿柱与顶底板岩层接触面之间的黏聚力，MPa；T_2 为矿体平均采高，m。

考虑到矿柱屈服带与核区接触面处的侧压系数 λ，引入开采扰动因子 K，依据极限平衡理论，结合 A.H.威尔逊强度理论和莫尔-库仑屈服准则，矿柱的屈服带宽度 X_0 为

$$X_0 = \frac{T_2 \lambda}{2\tan\phi} \ln\left(1 + \frac{\sigma_{\max} \tan\phi}{C}\right)^K \tag{6.57}$$

式中，λ 为矿柱屈服带与核区接触面处的侧压系数，一般 $\lambda = \frac{\mu}{1-\mu}$（$\mu$ 为矿柱的泊松比）；C 为矿柱黏聚力，MPa；M 为矿体的平均采高，m；ϕ 为矿柱的内摩擦角；K 为开采扰动因子，一般 K=1.10～3.00；$\sigma_{\max}$ 为矿柱核区的极限抗压强度，MPa；现场实际工程中其计算公式为

$$\sigma_{\max} = \delta\eta_1\sigma_c \tag{6.58}$$

式中，δ 为矿柱塑性约束系数，一般 $1 < \delta < 2$；η_1 为流变系数，一般 η_1 =0.50～0.85；σ_c 为矿体的单轴抗压强度，MPa。

根据晋宁磷矿 6 号坑口东采区岩体物理力学参数结果，取 σ_c=50.27MPa，矿石的黏聚力 C=12.78MPa，矿石的内摩擦角 ϕ=41.30°。依据极限平衡理论，结合 A.H.威尔逊强度理论和莫尔-库仑屈服准则，参照前人相关研究成果，取 δ =1.50、K=1.50、η_1 =0.65、λ =0.32。同时模型试验中矿体开采水平为 +2150m，因此得出其开采深度 H=133.0m，矿体平均采高 T_2=6.5m。将上述参数代入式(6.57)中可以得出矿柱的屈服带宽度为

$$X_0 = \frac{6.5 \times 0.32}{2\tan 41.30} \ln\left(1 + \frac{1.50 \times 0.65 \times 50.27 \times \tan 41.30}{12.78}\right)^{1.50} = 2.62\text{m} \tag{6.59}$$

在矿山现场实际工程中，普遍应用 A.H.威尔逊经验计算公式来计算矿柱的屈服带宽度，即可得出：

$$X_0 = 0.0049 T_2 H = 4.22\text{m} \tag{6.60}$$

而应用极限平衡法，利用经验计算公式来计算矿柱的屈服宽度，可以计算得出：

$$X_0 = \frac{6.5}{2 \times 0.44 \times 4.88} \ln\left(\frac{4.88 \times 133 \times 0.0275 \times 0.88}{1.278} - 1\right) = 5.07\text{m} \tag{6.61}$$

由式(6.59)～式(6.61)可以看出由三种方法计算得出的矿柱的屈服带宽度 X_0 的值差别较大。式(6.59)充分考虑到矿体开采深度 H、矿体平均采高 T_2、矿柱的内摩擦角 ϕ、矿柱与顶底板之间的摩擦系数 f 以及矿柱与顶底板岩层接触面之间的黏聚力 C，而实际现场中后两个参数很难确定。式(6.60)在式(6.59)的基础上考虑了屈服区与核区界面处的侧压系数 λ 和开采扰动因子 K，更接近于现场实际。而

A.H.威尔逊经验公式主要考虑了生产经验，一般所得核区宽度偏大，综合比较接近实际工程中岩体三向受力状态和考虑屈服区与核区界面处的侧压系数 λ 和开采扰动因子 K 的式(6.59)与实际结果更为接近，故矿柱的屈服带宽度 X_0 为 2.62m 左右。

4) 矿柱极限承能力计算

晋宁磷矿 6 号坑口东采区露天转地下开采后，所采用的房柱采矿法留设的矿柱为连续的矿壁，在实际现场工程中连续矿壁的长度远远大于其宽度，分析单个矿壁的承载能力时暂不考虑矿壁两端以外受力情况，仅仅分析单个矿壁截面的极限承载能力。当矿柱处于极限平衡状态时，矿壁极限应力状态图 6.13 所示。由此，可以推导得出单个矿壁截面的承载能力为

$$P''' = \frac{1}{2}\sigma_{\max}\left[a'' + (a'' - 2X_0)\right] = \sigma_{\max 2}(a'' - X_0) \tag{6.62}$$

式中，$\sigma_{\max 2}$ 为矿柱三向应力状态下的轴向破坏应力，$\sigma_{\max 2} = \dfrac{1+\sin\phi}{1-\sin\phi}\gamma H$，MPa；

X_0 为矿柱的屈服带宽度，$X_0 = \dfrac{T_2\lambda}{2\tan\phi}\ln\left(1 + \dfrac{\sigma_{\max}\tan\phi}{C}\right)^K$，m；$a''$ 为矿柱宽度，m。

实际的矿山开采中，采场所留设的连续矿壁除直接承受其正上方的覆岩的荷载外，同时还要承担由于采空场形成悬伸部分覆岩的荷载。矿柱实际承载的荷载主要与开采深度和矿柱宽度及采场跨度有关。目前应用最为普遍的是 A.H.威尔逊的"两区约束理论"，该理论认为采空区承载的荷载量与采空区内各点顶底板闭合量有关，采空区垂直应力与距离矿壁的距离成正比，在采空区一侧距离矿壁 0.3H 处，采空区承受的荷载恢复到原始荷载 γH，且在该处其与矿壁之间应力按线性分布计算。相关研究表明，在冒落条带开采中，当开采宽度的中点到矿体的距离达到 0.3H 时，大于 0.3H 部分的采场覆岩荷载一般全部由采空区冒落充填体承担，而在 0.3H 范围内的荷载，则由矿柱及采空区共同承担。因此，矿体开采宽度 $b>0.6H$ 和 $b<0.6H$ 两种情况下矿柱受力特征有较大差异。缓倾斜中厚磷矿山地下矿体房柱采矿法开采中一般留设窄连续矿壁，矿体开采宽度都远远小于 0.6H，而且在矿柱两侧的开采宽度基本是一致的，顶板稳定条件下在开采宽度内采空场覆岩悬伸部分覆岩的荷载必须由两侧矿柱来分担，其矿柱力学模型特征如图 6.14 所示。

依据 A.H.威尔逊的"两区约束理论"，由图 6.14 可以得出矿柱截面所承受的实际荷载为

$$P''' = \gamma H\left[a'' + \frac{b_3}{2}\left(2 - \frac{b_3}{0.6H}\right)\right] \tag{6.63}$$

式中，γ 为上覆岩层的平均容重，N/m^3；H 为矿体开采深度，m；a'' 为矿柱宽度，m；b_3 为矿房的跨度，m。

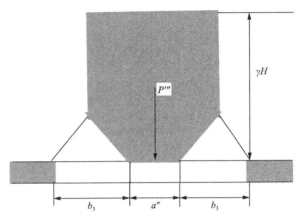

图 6.14 矿柱实际荷载力学模型示意图

5) 矿柱稳定性计算

对于房柱采矿法，矿柱是反映及决定采场稳定性状态的重要结构单元，其中关键矿柱是主要的承载矿体，保持该矿柱良好的稳定性状态是避免相邻矿柱连锁式破坏造成采场垮塌的重要保证。实际现场工程中，矿柱的稳定性常用安全系数 y 来评估，其计算公式为

$$y = \frac{P_{极限}}{P_{实际}} \tag{6.64}$$

式中，$P_{极限}$ 为矿柱的极限承载能力，其计算公式见式(6.62)，MPa；$P_{实际}$ 为矿柱的实际承载能力，其计算公式见式(6.63)，MPa。

将式(6.62)和式(6.63)代入式(6.64)中可得

$$y = \frac{1+\sin\phi}{1-\sin\phi} \frac{(a''-X_0)}{\left[a'' + \dfrac{b_3}{2}\left(2 - \dfrac{b_3}{0.6H}\right)\right]} \tag{6.65}$$

由改进的极限平衡法式(6.59)和 A.H.威尔逊经验公式(6.60)计算得出晋宁磷矿 6 号坑口东采区房柱采矿法(浅孔凿岩放炮，采高 6.5m；采深 133.0m；矿体内摩擦角为 41.30°)开采条件下屈服带宽度 X_0 的值分别为 2.62m 和 4.22m。将其代入式(6.65)可计算得出矿房高度 10m、矿柱高度 3m，矿房 10m、矿柱 5m 和矿房 10m、矿柱 8m 三种采场结构参数条件下矿柱的安全系数 y，具体结果见表 6.1。

表 6.1　三种采场结构下矿柱的安全系数

序号	采场结构	屈服带计算方法	屈服带宽度/m	矿柱安全系数
1	矿房 10 m，矿柱 3 m	改进的极限平衡法	2.62	0.15
	矿房 10 m，矿柱 3 m	A.H.威尔逊经验公式	4.22	<0
2	矿房 10 m，矿柱 5 m	改进的极限平衡法	2.62	0.81
	矿房 10 m，矿柱 5 m	A.H.威尔逊经验公式	4.22	0.27
3	矿房 10 m，矿柱 8 m	改进的极限平衡法	2.62	1.51
	矿房 10 m，矿柱 8 m	A.H.威尔逊经验公式	4.22	1.06

由表 6.1 的计算结果可知，对于晋宁磷矿 6 号坑口东采区房柱采矿法开采时，矿房 10m、矿柱 3m 采场结构参数不可取，采用此种结构参数进行开采时，采场矿柱稳定性极差，非常容易发生失稳破坏。当采用矿房 10m、矿柱 5m 采场结构参数进行开采时，由改进的极限平衡法和 A.H.威尔逊经验公式计算得出矿柱的安全系数分别为 0.81 和 0.27，安全系数均小于 1.00，因此采用此种结构参数进行开采时采场矿柱稳定性也较差，矿体开采过程中矿柱会发生失稳破坏。而采用矿房 10m、矿柱 8m 采场结构参数进行开采时，由改进的极限平衡法和 A.H.威尔逊经验公式计算得出矿柱的安全系数分别为 1.51 和 1.06，安全系数均大于 1.00，且由改进的极限平衡法计算得出的矿柱安全系数大于 1.50（长期稳定的安全系数临界值），因此采用此种结构参数进行开采时采场矿柱稳定性较好，矿体开采过程中矿柱会发生失稳破坏的可能性较小，但是要保证长时间内（几十年）矿柱的稳定性，尚需采取加固措施。

6.4.2　地下采场矿柱失稳破坏模式

6.4.2.1　影响矿柱破坏模式的主要因素

矿柱是房柱采矿法开采系统中的核心，矿柱塑性破坏是矿柱失稳、丧失支撑能力、采场围岩失稳、垮塌的根本原因。矿柱不仅用于维持矿房的稳定，也用于保护大面积采空区、地下井巷、地表及建筑物的安全。矿柱形状及尺寸的选择既关系到采场的稳定性，又关系到矿石回收率的高低。如果设计矿柱尺寸过小，一旦被压垮，势必造成采场实际跨度过大而导致冒顶，与此同时，覆岩压力转移到其他相邻矿柱上，也可能引起矿柱破坏，并产生连锁反应。大量的研究和工程实践表明，影响矿柱破坏模式的因素主要有地质因素和工程因素两个方面。

1）地质因素

主要包括矿体的结构和构造类型、矿体自身的强度（单轴抗压强度、单轴抗拉强度和抗剪强度）、矿体的节理、裂隙发育程度。

2) 工程因素

主要包括矿体的开采深度、采场结构尺寸(矿房跨度、矿柱宽度)、采场平面布置与空间布局、矿柱的形式(圆形、矩形、点式、连续矿壁)。

6.4.2.2 矿柱破坏模式及机理

矿柱破坏模式是指矿房矿石回采后,将引起应力重新分布和矿柱荷载的增加。形成的连续或间断矿柱在顶板岩体的来压作用下可能发生的失稳破坏方式。工程实践表明,矿柱破坏模式主要有以下三种,如图 6.15 所示。

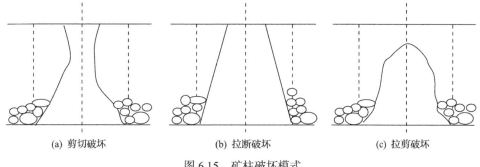

(a) 剪切破坏   (b) 拉断破坏   (c) 拉剪破坏

图 6.15 矿柱破坏模式

1) 剪切破坏

这种破坏模式相当于将岩石试件在压力机上加载后,产生的对顶锤破坏,它是由于矿柱受压超过其极限强度时,顶底板与矿柱的受压面上存在较大摩擦力而出现的一种特殊剪切破坏形式,如图 6.15(a)所示。

2) 拉断破坏

这种破坏模式是由于矿层厚、采高大而矿柱宽高比小,矿体开挖矿柱受载后产生横向变形,片帮严重而破坏的形式,如图 6.15(b)所示。

3) 拉剪破坏

此种破坏模式是由于矿体开挖形成采空场后,采场上覆岩体应力大幅度向支撑矿柱转移,造成矿柱塑性变形大,塑性区宽度增加,最终导致矿柱两侧塑性区沟通而破坏的形式,如图 6.15(c)所示。

6.5 本 章 小 结

矿物开采(露天或者地下空间开挖)后,造成岩体应力重新分布,引起周边与上覆岩层的移动与变形破坏,岩体移动与变形破坏的演化是一贯穿开采始末的动态过程,岩体移动与变形破坏的演化势必影响到岩体应力的形成、发展、演化和失稳过程，而岩体应力演化又影响岩体移动与变形破坏的演化过程，二者在露天转地下开采过程中是一个动态过程。复杂地质采矿赋存条件的矿山由露天转地下开采后，露天边坡及周围岩体与地下开采组成一个复合的采动体系，加之露天边坡岩体与地下开采环境的复杂性和不确定性，其变形和力学行为变得极为复杂，呈现出典型的非线性、动态性特征。本章以晋宁磷矿 6 号坑东采区深凹露天磷矿床转地下房采矿柱法开采为工程背景，对露天转地下开采过程中涉及的露天边坡、地下采场顶板与矿柱等岩体的采动响应灾变机制进行分析研究，为复杂地质赋存条件矿山露天转地下开采后边坡、地压管理与安全生产提供科学依据。

7 露天转地下开采灾害防治措施 与安全管控信息化技术

7.1 概　　述

相关资料统计显示，我国金属与非金属矿床地下采矿方法中空场法所占的开采比例为 60%左右，国外矿山开采中空场法所占开采比例约为 50%。我国缓倾斜中厚磷矿床主要是外生沉积相磷矿，主要分布在云南、贵州、湖北、湖南、四川五省，该类矿床开采以中小型国有企业和乡镇民营企业为主，大多数采用的是房柱采矿法，即使是大型或者特大型国有磷矿山也大量使用空场法特别是房柱采矿法(如开阳磷矿、金河磷矿、襄宜磷矿等)进行地下开采，且大部分矿山未对采空区进行处理。云南磷化集团有限公司晋宁磷矿 6 号坑口东采区属于典型的缓倾斜中厚磷矿，其东采区深部矿体即将由露天转入地下开采，参考目前国内类似大型磷矿矿山的地下采矿方法，结合磷矿市场经济因素(品位不高、价值偏低)，房柱采矿法将是其首选地下采矿方法。露天开采平稳过渡到地下开采最为关键的岩石力学难题是：同一岩体(区段)经历数个应力场的作用，使其应力与变形机制十分复杂，局部呈现典型的非线性、突发特点，给露天边坡的安全维护与地下采场地压的安全管理和控制带来严重挑战，因此磷矿山露天转地下开采工程实践中，露天矿边坡失稳、地下采空场顶板冒落、垮塌是企业需要预防的重要安全事故灾害。

同时，矿山由露天转入地下开采后，由于地下矿体上部为残存的露天深凹盆地，汇水面积往往达数万平方米，甚至数十万平方米。大气降雨导致坡面水的径流汇集，显著影响到地下采矿生产过程中的排水问题。对于处于丰雨山区的矿山，当露天坑与地下采场有良好的水力通道时，深凹露天坑所汇集的大气降水会直接侵入地下采矿生产系统，对地下安全生产造成严重的威胁。因此，防洪排水成为露天转地下开采矿山安全生产的另一个重大课题。此外，露天转地下开采后，有时会出现露天陡峭斜坡上的个别岩石块体在重力和其他外力作用下突然向下滚落的现象，即边坡滚石，严重影响工作人员和行人的安全。因此，边坡滚石灾害成为露天转地下开采矿山安全生产的又一个重大课题。基于上述思路，本章对缓倾斜中厚磷矿露天转地下房柱采矿法开采下露天边坡的失稳、采空场顶板冒落、大气降雨水害及边坡滚石灾害机制及其相应的防治措施进行研究，为矿山露天转地下开采后的生产安全提供理论上的指导和建议。

7.2　晋宁磷矿 6 号坑露天高边坡灾害防治

7.2.1　边坡概况

晋宁磷矿 6 号坑东采区 112～123 勘探线曾在 2017 年雨季发生过一次塌方，影响面积较大，南北向 600m，垂直高度达 155m，估算需要治理的工程量为 919771m³。该区域为 Ⅰ 品级层位采空区，剩余的绝大部分是 Ⅱ 品级浮选矿，Ⅱ 品级浮选矿主要为含砂白云质磷块岩，层理较发育，矿层底板岩性为薄至中厚层状白云岩或泥质白云岩夹燧石层，层纹构造为其显著特征。目前东采区地板处于不稳定状态，开裂、局部滑塌时常发生，东采区 112～123 勘探线、2150m 水平以上底板均需要安全治理，见图 7.1。

图 7.1　晋宁磷矿 6 号坑露天边坡全貌

目前治理滑坡的方案主要是削坡减载，即边坡从上往下分层治理，边治理边采出 Ⅱ 品级浮选矿，预留的台阶高度为 10m（局部地段平台宽度不够时可把台阶高度提高到 20m），安全平台宽度 3m，台阶坡角 23°，最终坡角 21°，安全平台内侧砌筑排水沟，排水方向从南向北，排水沟内铺设土工膜，流水汇入东二采区的排水系统。边坡开采、开挖爆破开采现状分别见图 7.2 和图 7.3，滑坡边界出露断层及滑坡体，见图 7.4 和图 7.5。由于磷矿资源在"十四五"期间进入露天转地下开采，后续边坡开挖高度进一步增大，坡率随开采磷矿的埋藏情况而变化，加之雨季强降雨作用或因开挖引起渗流路径条件改变，坡脚处应力集中位置在渗水下软化，强度降低，在一定条件下会出现局部滑塌或多级顺层滑坡，而后可能逐渐扩大成坡体的整体滑坡，给磷矿安全生产带来严重影响。因此，通过地质调查、分析目前边坡稳定的控制因素和安全现状，制定合理、经济、有效的加固方案，确保磷矿开采正常进行显得非常必要和迫切。

图 7.2 磷矿边坡 6 号坑开采现状　　　　图 7.3 磷矿边坡 6 号坑开挖爆破开采

图 7.4 磷矿 6 号坑滑坡区域边界断层　　　图 7.5 磷矿边坡 6 号坑滑坡

7.2.2 晋宁磷矿 6 号坑露天矿高边坡稳定性分析

7.2.2.1 滑坡防治工程分级及设计安全系数

一般情况下顺层边坡失稳大多由于开挖切断了切脚，使得边坡出现临空面，在连续强降雨等外荷载的影响下，容易诱发边坡沿层面或者是软弱夹层发生顺层滑动。顺层岩质高边坡按照岩层倾角主要分为缓倾角、中等倾角、陡倾角、急陡倾角顺层岩质边坡(表 7.1)。缓倾角顺层岩质边坡基本能自稳；陡倾角顺层岩质边坡在设计中往往会沿着层理面进行放坡，开挖坡面未将岩层层面切断，边坡岩体没有沿岩层层面向下滑动的空间，一般较稳定；中等倾角顺层岩质边坡在采矿过程中不可避免会将岩层切断，发生顺层稳定性的可能性最大，这是自然界中岩质边坡失稳最广泛的一种形式，也是出现问题最多的一类边坡。晋宁磷矿中等倾角顺层岩质边坡的倾角在 15°～30°，发生滑坡问题较多。以下将通过对该工程滑坡进行防治等级和设计安全系数划分，同时确定边坡滑动破坏模式，分析边坡在不同工况下的稳定性,为后续加固治理设计提供依据。在边坡稳定计算前,首先要确定滑坡的防治工程等级,其次根据不同的等级,确定相应的设计安全系数,参考中华人民共和国地质矿产行业标准《滑坡防治工程设计与施工技术规范》(DZ/T 0219—2006),根据危害对象、受灾程度、施工难度和工程投资等因素,对滑坡防治工程进行综合划分,具体分级标准见表7.2。

表 7.1　顺层岩质边坡类型划分

一级划分 (按岩层倾角)	二级划分 (结构面形态)	三级划分 (按岩性组合)
缓倾角顺层岩质边坡(倾角为 5°~15°) 中等倾角顺层岩质边坡(倾角为 15°~30°) 陡倾角顺层岩质边坡(倾角为 30°~65°) 急陡倾角顺层岩质边坡(倾角为 65°~90°)	硬性结构面	硬质岩顺层岩质边坡 中等硬质岩顺层岩质边坡

表 7.2　一般滑坡防治工程分级表

	级别	Ⅰ	Ⅱ	Ⅲ
	危害对象	县级和县级以上城市	主要集镇或大型工矿企业、重要桥梁、国道专项设施	一般集镇、县级或中型工矿企业、省道及一般专项设施
受灾程度	危害人数/人	>1000	>1000	1000~500
	直接经济损失/万元	>1000	>1000	1000~500
	潜在经济损失/万元	>10000	>10000	10000~5000
	施工难度	复杂	一般	简单
	工程投资/万元	>1000	1000~500	<500

　　从晋宁磷矿的具体情况分析可以看出,危害对象主要是大型工矿企业的人员和机械设备,如果发生滑坡,将掩埋机械设备和造成采矿人员人身伤亡,直接和间接损失较大,同时该采矿工程施工难度一般,工程投资大,综合确定晋宁磷矿边坡的防治等级为Ⅱ级。具体分级标准见表7.3。

表 7.3　滑坡防治工程设计安全系数推荐表

安全系数类型	工程级别与工况											
	Ⅰ级防治工程				Ⅱ级防治工程				Ⅲ级防治工程			
	设计工况		校核工况		设计工况		校核工况		设计工况		校核工况	
	Ⅰ	Ⅱ	Ⅲ	Ⅳ	Ⅰ	Ⅱ	Ⅲ	Ⅳ	Ⅰ	Ⅱ	Ⅲ	Ⅳ
抗滑动	1.3~1.4	1.2~1.3	1.10~1.15	1.10~1.15	1.25~1.30	1.15~1.30	1.05~1.10	1.05~1.10	1.15~1.20	1.10~1.20	1.02~1.05	1.02~1.05

续表

安全系数类型	工程级别与工况											
	I 级防治工程				II 级防治工程				III 级防治工程			
	设计工况		校核工况		设计工况		校核工况		设计工况		校核工况	
	I	II	III	IV	I	II	III	IV	I	II	III	IV
抗倾倒	1.7~2.0	1.5~1.7	1.30~1.50	1.30~1.50	1.6~1.9	1.4~1.6	1.20~1.40	1.20~1.40	1.5~1.8	1.3~1.5	1.10~1.30	1.10~1.30
抗剪断	2.2~2.5	1.9~2.2	1.40~1.50	1.40~1.50	2.1~2.4	1.8~2.1	1.30~1.40	1.30~1.40	2.0~2.3	1.7~2.0	1.20~1.30	1.20~1.30

注：工况 I 表示自重；工况 II 表示自重+地下水；工况 III 表示自重+暴雨+地下水；工况 IV 表示自重+地震+地下水。

从目前边坡的失稳类型判断，边坡的安全系数类型应该为抗滑动型的 II 级防治工程。

7.2.2.2　计算工况及荷载组合

磷矿高边坡岩体诱发变形的条件主要为岩体的工程卸荷、强降雨及爆破效应产生的惯性力对岩体的加载影响，因此工况组合时主要考虑以上因素。根据以上所述，结合本工程的具体实际情况设计的工况组合如下所述。

1）工况 I：边坡自重+天然状态

边坡前期采用削坡治理方案进行处置，计算中考虑削坡卸荷后形成的天然边坡的自稳性，其荷载组合为岩土体初始地应力场+开挖卸荷。

2）工况 II：边坡自重+持续暴雨

目前边坡的滑坡主要发生在雨季，降雨尤其是持续暴雨对边坡的稳定性起决定性作用，因此将暴雨作为一重要工况进行考虑，其荷载组合为岩体初始地应力场+开挖卸荷+水荷载。

3）工况 III：边坡自重+开挖爆破

磷矿边坡为临时边坡，在 3~5 年内发生地震的概率较小，不予考虑，确保工程在未来几年内顺利进行，在工况设计时计入爆破荷载作用，其荷载组合为岩体初始地应力场+开挖卸荷+爆破荷载。

7.2.2.3　典型断面和计算参数选取

1）典型断面

边坡典型断面确定原则：依据云南地质工程勘察设计研究院有限公司提供的现场地质调查资料和勘探资料，选取 I-I′剖面、II-II′剖面、III-III′剖面作为边坡主验算剖面,找出"确定性"结构面(指断层或软弱夹层等贯通性结构面,相对于边坡临空面的位置、形状、尺寸大小等都已确定的潜在剪切破坏面)或特征面(指岩体中断层、节理、层面等未相互连通,但有可能追踪次一级或不同产状的结构面,使其连通或由岩桥延伸连通而构成的潜在可能破坏面)。

2) 计算参数

由于云南地质工程勘察设计研究院有限公司提供的各地层饱和状态下稳定性验算参数建议取值表中滑动面④-1层全风化黏土岩参数较低,不其合理,根据《建筑边坡工程技术规范》(GB 50330—2013)条文说明,对滑带参数进行反演计算。

岩体等效内摩擦角 ϕ_d 可用来判定边坡的整体稳定性:当边坡岩体处于极限平衡状态时,即下滑力等于抗滑力 $G\sin\theta = G\cos\theta\tan\phi + cL = G\cos\theta\tan\phi_d$($G$ 表示岩体的质量;L 表示岩体滑移的距离),则 $\tan\theta = \tan\phi_d$,故当 $\theta < \phi_d$ 时边坡整体稳定,反之则不稳定。

等效内摩擦角的计算公式推导:

$$\tau = \sigma\tan\phi + C$$

$$或 \tau = \sigma\tan\phi_d \tag{7.1}$$

则:

$$\tan\phi_d = \tan\phi + \frac{C}{\sigma} \tag{7.2}$$

式中,τ 为剪应力;σ 为正应力;C 为黏聚力;ϕ 为内摩擦角。

对于云南晋宁磷矿高边坡,经现场踏勘和产状测量发现边坡在边坡自重+天然状态工况下,$\varphi_d = 24°$,即 $\theta < 24°$ 时边坡稳定,反之则稳定性差;在边坡自重+持续暴雨工况下,$\varphi_d = 21°$,即 $\theta < 21°$ 时边坡稳定,反之则稳定性差。

根据《工程地质手册(第四版)》查得一般黏性土内摩擦角范围为 15°～22°,保守考虑,在边坡自重+天然状态工况下,全风化黏土岩内摩擦角取 18°,在边坡自重+持续暴雨工况下,全风化黏土岩内摩擦角取 16°,II-II′剖面根据等效内摩擦角的计算公式进行反演计算,计算出两种工况下全风化黏土岩的黏聚力,晋宁磷矿高边坡中层滑动稳定性计算具体参数见表 7.4。

表 7.4　滑动稳定性计算参数表

地层	岩性名称	天然状态		饱和状态	
		黏聚力/kPa	内摩擦角/(°)	黏聚力/kPa	内摩擦角/(°)
④-1层	全风化黏土岩	22.4	18	18.1	16

一般条件下，滑坡处于整体暂时稳定—变形状态：安全系数 η =1.00～1.05。滑坡处于整体变形—滑动状态：安全系数 η =0.95～1.00。

其他岩层通过工程类比、参数反演、室内试验等手段综合确定，岩层参数见表 7.5。

表 7.5　其他岩层稳定性计算具体参数表

地层	岩性	天然状态		饱和状态	
		黏聚力/kPa	内摩擦角/(°)	黏聚力/kPa	内摩擦角/(°)
②-1 层	碎石土	46	32	44	29.5
④-2 层	全风化砂页岩	35	20	32	18
④-3 层	强风化砂页岩	42	30	38	25

7.2.2.4　边坡稳定性分析

根据地勘资料，结合现场滑坡踏勘，初步确定边坡发生中层滑动和浅层滑动的可能性较大，发生深层滑动(25m 以上)的可能性较小。以下主要针对边坡中层滑动稳定性进行分析，浅层滑动稳定性可采用类似方法进行分析。进行稳定性分析时，需要确定边坡潜在滑动面的具体位置和大致范围，为准确定位边坡潜在滑动面位置，避免人为拟定滑动面的误差，对于中层滑动边坡采用 SLIDE 软件运用简布法自动搜索边坡的临界滑动面。具体搜索结果如图 7.6～图 7.11 所示。

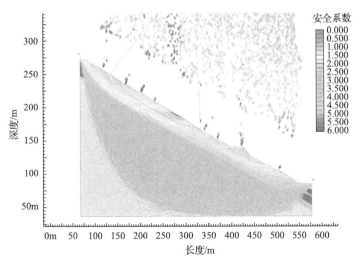

图 7.6　I-I'剖面搜索的滑动面

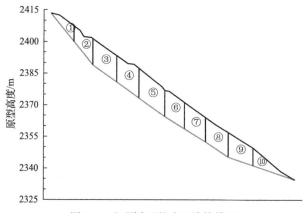

图 7.7　Ⅰ-Ⅰ'剖面滑动面计算模型

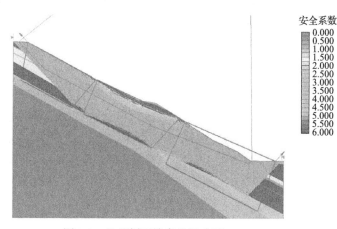

图 7.8　Ⅱ-Ⅱ'剖面搜索的滑动面

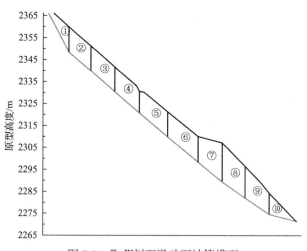

图 7.9　Ⅱ-Ⅱ'剖面滑动面计算模型

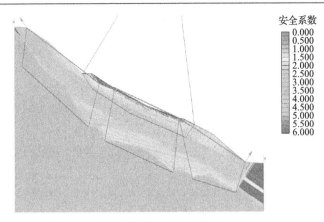

图 7.10　Ⅲ-Ⅲ′剖面搜索的滑动面

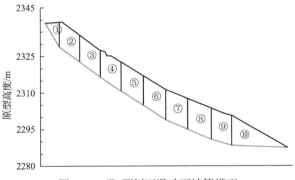

图 7.11　Ⅲ-Ⅲ′剖面滑动面计算模型

对晋宁磷矿东采区边坡Ⅰ-Ⅰ′、Ⅱ-Ⅱ′、Ⅲ-Ⅲ′剖面分别进行条块划分，采用传递系数法分别计算边坡稳定性(在三种不同工况下)及相应的滑坡推力，计算成果汇总表如表 7.6 所示。

表 7.6　晋宁磷矿东采区中层滑动边坡稳定性及剩余下滑力计算结果汇总

剖面编号	计算工况	稳定系数 F_s	稳定状态	安全系数	剩余下滑力 $/(kN/m)$
Ⅰ-Ⅰ′剖面	工况Ⅰ：边坡自重+天然状态	1.67	稳定	1.25~1.30	0
	工况Ⅱ：边坡自重+持续暴雨	1.45	稳定	1.05~1.10	0
	工况Ⅲ：边坡自重+开挖爆破	1.56	稳定	1.05~1.10	0
Ⅱ-Ⅱ′剖面	工况Ⅰ：边坡自重+天然状态	1.13	基本稳定	1.25~1.30	0
	工况Ⅱ：边坡自重+持续暴雨	0.96	不稳定	1.05~1.10	529.46
	工况Ⅲ：边坡自重+开挖爆破	1.06	稳定	1.05~1.10	0
Ⅲ-Ⅲ′剖面	工况Ⅰ：边坡自重+天然状态	1.98	稳定	1.25~1.30	0
	工况Ⅱ：边坡自重+持续暴雨	1.67	稳定	1.05~1.10	0
	工况Ⅲ：边坡自重+开挖爆破	1.82	稳定	1.05~1.10	0

通过计算程序自动搜索出现有边坡潜在危险的滑动面的范围，然后采用《建筑边坡工程技术规范》(GB 50330—2013)推荐的传递系数法对边坡稳定系数和剩余下滑力进行验算，可得出如下结论：

(1)边坡的滑动面形态以折线形滑动为主，深度在 10～20m，属于中层滑动。

(2)总体来看，边坡 Ⅰ-Ⅰ′和Ⅲ-Ⅲ剖面在不同工况下基本处于稳定状态，满足《建筑边坡工程技术规范》(GB 50330—2013)滑坡防治工程安全系数的要求；Ⅱ-Ⅱ剖面在天然状态和爆破工况下也能维持自稳，但在暴雨工况下，安全系数小于 1.0，不能满足边坡的稳定性要求。

(3)由于计算采用二维模型，没有考虑边坡侧摩阻力的影响，同时在暴雨工况下，考虑了强降雨在坡体内全部饱和的极端情况，因此以上计算结果偏保守。

综上所述，在现有边坡状态下，Ⅰ-Ⅰ′和Ⅲ-Ⅲ剖面发生中层失稳(即沿着全风化黏土层滑动)的可能性较小，而对于Ⅱ-Ⅱ′剖面发生中层失稳的可能性较大，需要进行加固设计，防止边坡沿着黏土层发生滑动。

7.2.3　晋宁磷矿 6 号坑露天矿高边坡治理方案

露天矿边坡是个复杂的系统性工程，在查清边坡工程水文条件，分析边坡可能的破坏模式及评价边坡稳定性的基础上，为获得最大经济效益需要采取必要的加固措施，在确保边坡在采矿期限内整体稳定和安全的前提下，遵循露天矿开采特点的治理原则，采取技术上可行、经济上合理的治理方案。

以下通过对比国内外顺层高边坡常用的较成熟的支护结构类型，结合磷矿边坡具体实际，遴选适合本项目的支挡措施，分析在不同加固支挡措施下坡体的稳定性，确定最有效和最经济的加固处置方案，论证坡体的有效加固范围，支挡结构的数量、平面布设的间排距、埋设深度等。

7.2.3.1　顺层高边坡常见治理方案对比分析

一般来讲，滑坡的防治措施有截(排)水、削坡减载和对坡体的支挡，支挡措施主要有下挡、中固、上护，下挡措施有重力式挡土墙、抗滑桩等；中固措施主要有锚杆(锚索)锚固、喷锚支护锚固、土钉墙锚固等；上护措施主要有格构护坡、柔性网护坡及生物护坡等。顺层高边坡常用的加固方法见图 7.12。

在单一层状顺层结构边坡工程设计中，放坡处理只适用于现有斜坡坡角缓于潜在滑面倾角的地形条件。采用放坡处理对现有斜坡坡角陡于或等于潜在滑面倾角的地形条件时不适用，该情况下宜采用支挡治理，晋宁磷矿 6 号坑边坡坡角基本缓于或接近滑动面倾角，可采用放缓边坡，但不建议作为首选方案。

根据地质勘察钻孔软弱层位置、边坡稳定性分析和目前的治理情况来看，可以预测晋宁磷矿边坡以发生浅层(<10m)边坡滑动为主，发生中层(10～25m)和

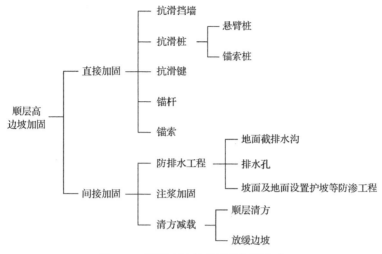

图 7.12 顺层高边坡常用的加固方法

深层(25～50m)边坡滑动的可能性小，考虑到边坡的运动形式以牵引式为主，同时该边坡以顺层滑动为主，磷矿一直在下挖开采，边坡地应力不断调整，在降雨、爆破等工况下，时常发生局部浅层滑塌，且本高边坡分布范围大，又为临时边坡，考虑造价及经济性对本边坡宜采用分区域加固处理。

对于整个边坡范围，进行坡面整平，局部回填；对于已发生滑坡区域，进行清方或者用土工膜袋反压；针对可能发生浅层滑坡区域，可采用地梁锚杆加固措施，地梁采用纵向地梁为主，针对可能发生中深层滑动区域，可采用预应力锚索框架支护措施，地梁间喷射一定厚度的砂浆，岩体破碎区域铺设防渗膜，顺平台及地形修建排水沟，构建排水系统。也可不进行主动加固，考虑从根本上解决浅层滑动问题，即对整个边坡顺层清方或者按角度清方，也可根据边坡现有情况，采用局部清方，以减少造价。

7.2.3.2 现有边坡加固治理方案

晋宁磷矿 6 号坑现有边坡的主要治理思路为：对已发生滑坡区域，进行应力补偿或者彻底剥离，以确保剩余坡体的稳定性，同时对顺坡岩层被切断区段进行适当主动加固，同时对坡面进行防排水合理疏导，防止坡面浅部岩体被雨水软化和崩解，从而达到有效治理边坡滑动的目的。综合考虑边坡目前调查情况、边坡稳定性计算结果、边坡地形、施工场地环境及造价、经济性等，本着保证治理工程在设计年限内的稳定和安全，坡下磷矿开采不受滑坡威胁，将地质灾害的直接及间接损失降低到最低等目标，拟对此高边坡提出以下两种处置方案。

方案一：针对浅层滑动分片综合治理，主要划分七个重点治理区域，拟采用锚杆地梁加固支护，地梁以纵向地梁为主，锚杆长度为 15m，间距为 3m，地梁间喷射 50mm 厚砂浆进行加固防渗，局部发生滑坡和开裂区域进行适当削方整平回填，其他区域铺设防渗膜，根据实际地形及平台修建排水沟及跌水沟，构建排水系统。

方案二：针对浅层滑动分片综合治理，主要划分六个重点治理区域，拟采用锚杆地梁加固支护，地梁以纵向地梁为主，锚杆长度分别为 6m、9m，间距为 3m，局部发生滑坡和开裂区域进行适当削方整平回填，其他区域铺设防渗膜，根据实际地形及平台修建排水沟及跌水沟，构建排水系统。

考虑从根本上解决浅层滑动问题，清除浅层滑动面位置的黏土层，分别从浅层顺层削方、浅层分区域削方及按角度削方三种方法进行削方计算。同时按照地形构建排水沟，增加边坡的稳定性。

考虑到 Ⅱ-Ⅱ′剖面位置坡体发生中层失稳的可能性较大，此处区域采用预应力锚索框架支护，对于浅层局部滑坡主要采用锚杆地梁进行加固，对于已滑地段，用土工膜袋进行反压，边坡整个区域采用分片分区治理，同时构建排水设施系统。此方案具有如下特点：

(1)造价低，经济性好。

(2)施工方便，对场地环境要求较低。

(3)适应性强。锚杆布置形式灵活，对地层适应性强，且便于与其他边坡防护工程配套使用。

(4)局部地段锚杆(索)使用框架结构后，把各根锚杆更加紧密地联系在一起，能够有效控制坡面上加固区域拉裂缝的形成、开展，对于减小拉裂缝中充填水对边坡稳定性的不利影响有积极作用。

7.2.3.3　露天转地下开采后形成新边坡加固治理方案

对于后续开采形成的新边坡，在开采过程中一面坡开采是否可行、边坡是否需要进行加固是目前急需解决的问题。边坡一面坡开采可行性论证如下所述。

由于目前没有充足的地质资料，后续开采 100m 只能根据目前的地质情况进行适度的推演，必要时还需要进行钻孔勘探验证，以下只针对现有的勘察资料进行论证。

一般来讲，为了采矿安全，对于高边坡开挖需要留平台，当平台达到一定宽度时可认为边坡中的上下两级边坡开挖互不影响，从而将一个高边坡分解成两个相对较低的边坡来进行处理，且随着台阶高度的增加，边坡的剥离量减小，从而节约了资金，降低了生产成本。如果台阶高到一定程度，则变成一面坡开采问题，一面坡开采时，对于边坡的坡角，层理面力学参数要求较高。

在该磷矿边坡开采中，由于边坡是顺层边坡，层理较发育，且矿体基本沿着层理的产状延伸(图 7.13)，在采剥矿体后，形成坡面基本沿着层面，如果岩层面

没有出露坡面，则边坡发生失稳的可能性较小，如果一面坡太长，有发生溃屈的可能，其临界长度计算公式为

$$L_{cr} = \left(\frac{8\pi^2 EI}{q \sin \alpha} \right)^{1/3} \tag{7.3}$$

式中，q 为单位长度重量；E 为弹性模量；I 为惯性矩；α 为坡角。

以下假设不同的岩层厚度，对其发生的临界长度进行计算，结果见表 7.7。

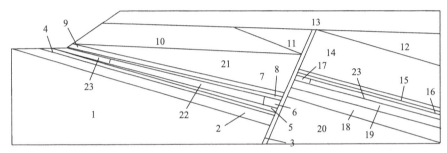

图 7.13 晋宁磷矿 6 号坑口东采区露天转地下开采 118 勘探线工程地质剖面

1-深灰色中厚层状原生白云岩；2-浅灰色原生白云岩；3-F_{1-13} 断层；4-表外矿；5-Ⅲ级磷矿层；6-断层矿柱；7-中晶—粗晶白云岩；8-含砾石英砂岩；9-层状泥质白云岩；10-中晶—粗晶白云岩；11-层状隐晶白云岩；12-中晶—粗晶白云岩；13-砂质黏土层；14-中晶—粗晶白云岩；15-层状泥质白云岩；16-含砾石英砂岩；17-断层矿柱；18-深灰色微风化泥质岩；19-灰白色原生白云岩；20-深灰色中厚层状原生白云岩；21-中晶—粗晶白云岩；22-Ⅰ、Ⅱ级磷矿层；23-Ⅰ、Ⅱ级磷矿层

表 7.7 砂页岩溃屈极限长度计算表

岩性	单位长度重量 q /(kN/m³)	弹性模量 E /MPa	岩层倾角 /(°)	岩层厚度/m	惯性矩/m⁴	溃屈极限长度 /m
强风化砂页岩	21.2	168	30	0.1	0.0000833333	47.07
				0.2	0.000666667	94.14
				0.5	0.010416667	235.35
				1	0.083333333	470.69
				2	0.666666667	941.39

从表 7.7 可见，在边坡岩层倾角、弹性模量等一定的情况下，边坡发生溃屈的极限长度随着岩层厚度的增大而变长。在岩层厚度为 2m 时，其溃屈极限长度达到了 940m 以上，这在该边坡中不可能发生。因此，需要指出，从理论角度讲，该顺层边坡只要层面未被剪断，没有剪出口，则边坡就能维持稳定，但有发生溃屈的可能性。在岩层厚度为 0.1m 时，溃屈极限长度为 47m 左右，结合铁路设计中的经验，取 50m 为边坡溃屈极限长度，故采用一面坡开挖从理论角度是可行

的，但需要进行适当的加固措施。

对于后续边坡加固方案，根据边坡现场情况，层理较发育，同时从现有边坡治理方案二的角度上综合考虑，拟采用预应力锚索，各剖面的加固方案如下。

对于 I - I′剖面，对于边坡继续开挖 100m 深度，其断面示意图如 7.14 所示。在标高 2165m、2168.5m 处进行各用一排预应力锚索进行支护，排距根据经验选取 5m，水平间距为 5m，预测滑动面的倾角为 40°，滑动面内摩擦角为 16°，综合工程经验，最优锚固角取 15°，预应力锚索长度为 45m、50m，锚固段长度 7m，设计荷载 1000kN。锚索型号选择 OVM15-7，采用高强度低松弛钢绞线，直径为 15.24mm，根数为 7，强度为 1860MPa，钻孔孔径为 115mm。

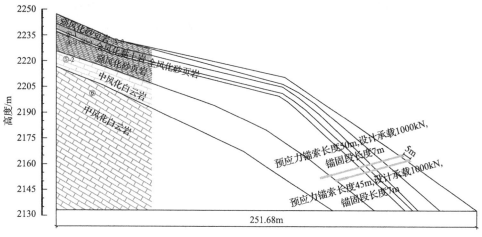

图 7.14　I - I′剖面开挖后断面图

对于 II - II′剖面，当边坡继续开挖 100m 深度时，其断面示意图如图 7.15 所示。对于在标高 2184m、2180m 处各用一排预应力锚索进行支护，排距根据经验选取 5m，水平间距为 5m，最优锚固角根据经验同 I - I′剖面，取 15°。预应力锚索长度为 45m、50m，锚固段长度 7m，设计荷载 1000kN。锚索型号选择 OVM15-7，采用高强度低松弛钢绞线，直径为 15.24mm，根数为 7，强度为 1860MPa，钻孔孔径为 115mm。

对于 III - III′剖面，当边坡继续开挖 100m 深度时，其断面示意图如 7.16 所示。在标高 2165m、2168.5m 处各用一排预应力锚索进行支护，排距根据经验选取 5m，水平间距为 5m，预测滑动面的倾角为 28°，滑动面内摩擦角为 16°，根据工程经验，最优锚固角取 25°，预应力锚索长度为 45m、50m，锚固段长度 7m，设计荷载 1000kN。锚索型号选择 OVM15-7，采用高强度低松弛钢绞线，直径为 15.24mm，根数为 7，强度为 1860MPa，钻孔孔径为 115mm。

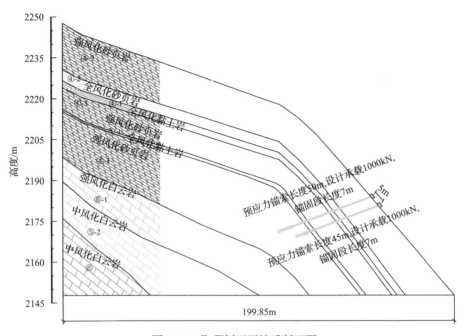

图 7.15 Ⅱ-Ⅱ′剖面开挖后断面图

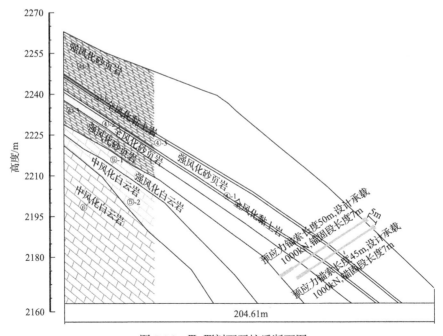

图 7.16 Ⅲ-Ⅲ′剖面开挖后断面图

7.3　地下采场顶板冒落灾害的防治

近年来的矿山灾害事故统计表明，采空区顶板大面积垮塌事故是金属和非金属矿山主要的重特大灾害事故。缓倾斜中厚磷矿床中，普遍采用房柱采矿法，即只采矿房，不采矿柱，采空区不做任何处理，产生了相当规模的地下采空区，严重影响矿产资源的合理开发和矿山的安全生产。根据《金属非金属地下矿山安全规程》(GB 16423—2020)规定，房柱采矿法开采矿山的采空区"必须采用充填或崩落的方法处理"，对采空区的处理势在必行，以防止顶板冒顶灾害事故发生。

目前国内外处理矿山地下开采遗留的采空区的方法主要有封闭(隔离)法、崩落围岩法、加固和充填法四大类。有时采用两类或者多类方法联合处理，如采用加固法与充填法联合，采用崩落法与封闭法联合，崩落法与充填法联合，崩落法、充填法与加固法联合等。有时由一类方法衍生出一系列子类方法，如充填法可分为干式充填法、尾砂充填法、胶结充填法等。崩落法可分为自然崩落法和强制崩落法等。根据采空区所处位置与受力特征，结合各自的特点和条件，分别采用相应的方法进行处理。以下是矿山常用的几种采空区处理方法。

1) 封闭和隔离采空场

封闭和隔离采空场是一种经济、简便的采空场处理方法，该方法适用于孤立小矿体开采后形成的采空场、端部矿体开采后形成的采空场以及需要继续回采的大矿体上部采空场的处理。封闭和隔离采空场处理法是在通往采空区的巷道中，砌筑一定厚度的隔墙，使采空区围岩塌落所产生的冲击波或冲击气浪遇到隔墙得到缓冲。它主要用于密闭与运输巷道相连的矿石溜井、人行天井和通往采空区的联络巷道等。目前，使用该方法处理采空场的矿山比较多，一般采用隔离矿壁、修钢筋混凝土隔离墙、挑顶封堵和胶结充填封堵等。封闭和隔离采空场可起到以下作用：

(1) 采空场顶板一旦冒落，可保证作业人员和设备的安全及地下巷道、硐室完好；

(2) 可以最大限度避免作业人员误入采空场发生冒顶工伤事故；

(3) 可以改善矿井通风条件。

2) 崩落顶板围岩处理采空场

崩落顶板围岩处理采空场的特点是采用爆破崩落采空区上盘顶板围岩，使岩石充满采空区或形成缓冲岩石垫层，改变围岩应力分布状态，以防止采空场内大量顶板岩石突然冒落，达到有效控制地压的目的。崩落顶板围岩处理采空场的方法分为自然崩落围岩和强制崩落围岩两种。前者适用于围岩强度低、结构松散破碎的顶板岩体，后者适用于坚硬顶板岩体。强制崩落围岩有深孔、中深孔切槽房顶、地下深孔爆破、地表深孔爆破以及浅孔削壁爆破等几种常见的方法。近几年，爆破预处理弱化顶板、注水软化和弱化顶板的方法也得到一定范围的应用。崩落顶板围岩处理采空场法适用的先决条件是地表允许陷落，优点是处理费用较低，但须防止崩落对下部采场生产影响。

3) 充填料充填采空场

对于地表不允许崩塌的采空场，可行的手段是充填料充填采空场。充填料充填采空场的实质是用废石或者外来充填料堆填采空场的处理方法。充填体的作用是减小上覆岩层的变形破坏幅度和范围，使充填体与采场围岩共同作用，改变顶板围岩、矿柱应力状态，达到有效控制地压和防止地表塌陷等目的。其优点是对相邻矿体的开采影响小，能保证采场回采过程中矿石损失较少和最低贫化。其不足在于，需要大量的充填料，处理费用高。充填料充填采空场一般从坑内外通过车辆运输或管道输送废石、湿式充填材料到采空区，将采空场充填密实。它分为干式充填和湿式充填。前者建立充填系统投资少，简单易行，但充填效果差，一般用于矿体规模不大的中小矿山、老矿山或者价值不高、品位低的矿山。后者流动性好、充填速度快、充填效果好，但需要一套完整的充填输送系统和设施，投资大。

4) 加固法

加固法是采用锚索、锚杆、喷射混凝土、钢筋网等对采空区顶板进行局部加固，是一种临时措施，通常与其他方法联合使用。

5) 矿柱支撑法

矿柱支撑法是指留永久矿柱或构筑人工石柱支撑采空区顶板。适用于缓倾斜薄至中厚以下矿体，用房柱采矿法、全面法等空场法回采，顶板相对稳固，地表允许陷落的矿山。实践证明，用矿柱支撑采空场顶板，并不能避免顶板最终发生冒落，仅能缓解采空场地压显现。况且修筑人工岩柱代价高、留设矿柱要损失大量的地下资源。

综上所述，任何一种采空场处理方法既有优点，也有缺点。崩落顶板围岩处理采空场较充填料充填采空场经济，但容易引起地表沉陷、开裂。充填法可以限制岩体的变形破坏，但需要巨大投资建立充填系统。矿柱支撑法只能缓解采场矿压显现，暂时维持采空场稳定性；封闭和隔离采空场只适合于小矿体开采。由于各矿山矿体赋存条件各异，生产状况不一，各单一采空场处理方法均有优劣，有些采空场内采取单一方法很难做到经济、合理、简便实用。因此，联合法是一种较有前途的采空场处理方法。联合法处理采空场，可以吸收各单一方法的优点，摒弃其缺点，易于做到经济合理。目前矿柱支撑与充填料充填采空场联合法，封闭隔离与崩落围岩，顶板围岩处理采空场、充填料充填采空场与加固法联合是应用较为成功的联合处理法。对于云南磷化集团有限公司晋宁磷矿 6 号坑口东采区深部缓倾斜中厚磷矿体，露天转地下房柱采矿法开采形成采空场后，可采用矿柱支撑与废石干式充填联合法，封闭隔离与崩落围岩等联合法处理采空场以防止顶板冒顶灾害事故发生。

7.4　露天转地下开采后大气降雨灾害防治

矿山由露天转入地下开采后，岩体在露天采动应力的基础上，再次产生应力场的重新分布，改变了岩体裂隙的渗流状态。露天转入地下开采后的爆破震动、采动扰动使岩体裂隙更为发育，局部地段甚至出现垮塌，而露天转地下开采矿山的上部一般为残存的露天深凹盆地，大气降雨导致坡面水径流汇集，滑动面积往往达数十万平方米，甚至上百万平方米，使得暴雨期大量汇集的降雨通过裂隙涌入井下，显著影响生产过程中的排水问题。尤其是处在丰雨地区的矿山，暴雨期间洪峰迅猛，洪峰量特大，给地下安全开采带来威胁和危害。因此，在确定深凹露天转地下开采的防排水措施时，不仅要考虑井下正常基岩裂隙涌水的防治，更为重要的是要考虑暴雨期雨水径流汇集和渗入的防洪。大量实践表明：历时短、强度大、速度高的暴雨入渗已成为露天转地下开采时井下发生淹井事故极其重要的影响因素。暴雨期的防洪排水问题对于露天转地下开采安全生产是至关重要的。目前露天转地下开采后矿井的防洪和排水措施主要采用地面与井下综合防洪及加强排水措施等。

7.4.1　地面防水措施

地面防水措施主要有如下几种。

(1)完善地面防洪排水系统。在每年雨季到来之前，检查、清理和加固露天坑的截洪沟，以确保遇雨时地表迁流直接灌入露天坑内。随着开采水平的下移，开采引起的错动范围逐渐外移，须随时在错动线以外加筑拦洪坝和排洪沟，减少地表迁流流入错动区，同时重视错动区内地表迁流的导排工作。

(2)建立露天坑内截排水设施。在地下开采初期错动带范围比较小时，在坑内运输公路上修筑简易拦水坝，使其与路上边坡之间形成导流明渠，并在路边边坡上掘进临时水仓，利用露天大排水泵站，将汇集的部分坑内迁流直接排至露天坑外。

(3)利用露天坑底储水。一般露天矿有 2～3 个露天坑底，尽可能利用 1～2 个露天坑底在暴雨时进矿储水，以减少向井下的渗流和调节暴雨时期的洪水储存量。

(4)回填露天坑。回填露天坑不仅对地下矿体安全开采有利，而且在暴雨期间可以延缓和削弱井下洪峰。

7.4.2 井下防水措施

井下防水措施主要有如下几种。

(1)设置井下防洪排水系统。防洪排水系统包括在各开采水平设置防水闸门,大暴雨期间利用现有排水设备关门排水,以确保井筒和主要生产水平不被水淹没;适当增加水仓容积和设置有效的泥沙沉淀与相应的清理设施。同时在与露天坑相通的巷道设置防水墙或者带调节阀的防水闸门。

(2)在暴雨期间充分利用地下水平开拓巷道储水。根据开拓要求准备各水平巷道掘进的超前量,在已具备防排水能力的前提下,适当提前贯通与生产水平之间的某个大井使下暴雨时生产水平的积水下泄,利用下部水平平巷储水,以缩短回采水平因大水停产的时间。井下排水能力与储水体积、储水时间均应按照储排平衡确定。此外,布设一定数量的躲避硐室,在回采分段巷道设防水躲避硐室,遇暴雨停产时,保护主要回采设备。

(3)对雨量进行监测。在矿区设立雨量监测点监测雨量,并探索降雨量与井下涌水量之间的关系,指导井下适时关闭防水闸门。做好雨季的预报,建立防排水专门机构,派专人管理,进行防洪的各项观测及组织工作。

7.5 露天转地下开采后边坡滚石灾害防治

滚石是指个别块石因某种原因从地质体表面失稳后经过下落、回弹、跳跃、滚动或滑动等运动方式中的一种或几种组合沿着坡面向下快速运动,最后在较平缓的地带或障碍物附近静止下来的一个动力演化过程。边坡滚石是指陡峭斜坡上的个别岩石块体在重力和其他外力作用下突然向下滚落的现象,由于多种因素的影响,矿山地带的滚石事件一般都具有多发性、突发性、随机性等难以预测的规律。对交通线路、建筑设施和人身安全都存在较大的危害。边坡滚石灾害的分布十分广泛,一直以来,对于边坡问题的研究是以滑坡、崩塌这类边坡整体的稳定问题为主,而边坡滚石因其单次规模小,发展相对缓慢而未得到应有的重视。然而,随着国内外众多矿山深部开采的持续进行,高陡边坡的数量持续大量增加,边坡滚石问题变得越来越突出。边坡滚石造成的危害也越来越大。

滚石形成或发生时边坡上必须要有潜在滚石体,一般将其称为危岩或危石,在长期的工程实践中,我们常会见到这类边坡的一种特例,即在特定的坡面形态环境中,在坡面上停留有一些历史崩塌落石体,通常称其为浮石,当其大量堆积时,便形成所谓岩堆,它可能是由多次滚石形成,也可能是一次大规模崩塌的结果。这类孤石在无人为外力作用下通常是比较稳定的,但一旦有诸如工程建设、矿山开采等人类活动出现,便可能发生二次崩落。滚石频率高或持续发生滚石的区域应引起特别注意，这可能是较大规模崩塌或滑动的先兆，此时对整个边坡进行跟踪以及监测并以此来识别发生大规模破坏的可能性是非常重要的。

7.5.1　边坡滚石灾害发生机制

一般滚石事件发生的充分条件是当边坡上具有松动的岩块(滚石的来源)时，受到外界因素(危岩或者危石发生滚落的触发因素)触发后，岩块所在的地形坡度大于原来的安息角时，便失去平衡而朝下坡处运动。诱发滚石的因素分为内部因素和外部因素，内部因素主要有岩体结构、物理力学性质、风化程度、地应力环境及地下水环境等，外部因素主要有自然变化(降水、气温、冻融作用、植物的根劈作用、地震活动等)、人类矿体开挖活动以及其他各种原因引起的扰动。

7.5.2　边坡滚石灾害防治措施

目前危岩落石防治技术仍然以半经验半理论设计为主，滚石灾害的防治方法包括主动、被动以及主被动联合防治技术。主动防护旨在采取措施阻止潜在滚石的失稳，而被动防护则指允许滚石发生，但避免滚石造成危害。主动技术包括支撑、锚固、灌浆、排水、清除、封填、喷锚、柔性网格等以及各技术联合使用。被动防护技术包括棚洞、明洞、拦石堤、拦石墙、拦石栅栏、落石槽、柔性被动系统、森林防护等。主被动联合技术通常指以上各项技术结合使用。

7.5.2.1　主动防护方法

1)加固法

利用一种或多种手段将危岩体或个别危石变得稳定，从而避免滚石发生。加固法的具体措施主要包括坡面固网、锚喷、嵌补、危岩栓系等。

2)清除法

清除法是指通过清除滚石源以避免滚石发生的方法，其具体措施主要包括清除个别危岩和削坡。清除个别危岩就是采用钻孔、剥离、小型爆破等方法清除可能产生滚石的危岩体。当岩石风化严重时或者出现破碎松动时，可以在清除危岩后喷射混凝土。当滚石物源区的坡体不够稳定时，可以考虑采用削坡的方式。削坡就是对边坡进行修整和刷帮，改善其几何形状，提高其稳定性，从而避免滚石发生。削坡的治理效果与削坡部位及地质环境密切相关，选用削坡之前最好进行充分的地质论证。

3)绕避法

对于滚石发生频繁的危险地段，采取绕避的方式是必要的。在非常危险的情况下，对工程线路改线，使其移至滚石影响范围之外。

7.5.2.2 被动防护方法

1) 拦截法

当滚石源区范围较大时，潜在滚石数量较多或者斜坡条件复杂甚至无法对其进行拦截时，在中途对滚石进行拦截是一种有效的防护措施。滚石的拦截措施主要包括截石沟、拦石网、挡石墙、拦石栅栏、设明洞或防滚石棚等。

2) 疏导法

对于滚石源区集中且滚石发生频率较高的边坡，可以采用疏导法。疏导法主要采取特定的工程措施（如疏导槽、疏导沟等）来限制滚石的运动范围或运行轨迹，将滚石疏导至安全区域。

3) 警示与监测法

对于边坡岩体比较破碎、地形地貌条件复杂以及气候条件比较恶劣的矿山工程来说，可以利用警示法与监测法防治滚石灾害。所谓警示法，是指当滚石到达线路附近时利用警示或声音信号的方式警告车辆和有关人员，以避免滚石灾害的发生。滚石防护的警示法主要包括巡视、警告牌警示、电栅栏、滚石运动监测计、TV 监视、雷达和激光监测系统等。对于体积较大且难以清除或加固的危岩体，还可以使用一些经济简便的仪器进行位移或应力量测。通常对滚石进行防护时将警示与监测法联合使用。

7.6 基于地理信息系统的磷矿信息化安全管理关键技术研究

7.6.1 概况

矿山安全管理是以确保矿山安全生产为目的进行的有关决策、计划、组织和控制等方面的活动。矿山安全管理的基本任务是发现、分析、预测并消除矿山生产中的各种危险，防止事故发生，预防职业病，避免和减少各种事故损失，保障矿工的人身安全与健康，保证矿山生产的顺利进行。

磷矿是重要的战略资源，在国家粮食生产、新能源、新材料、现代化工和国防工业等诸多领域中都有着广泛的用途。但是，在我国，磷矿被国土资源部（现称为自然资源部）列入 2010 年后不能满足国民经济发展需求的 20 个矿种之一，磷矿需求与生产的矛盾日益严峻。而且随着地表浅部磷资源的逐渐匮乏，磷矿生产面临着从露天开采到地下开采的转变。磷矿露天开采高陡边坡的稳定性、地下开采采场的稳定性以及地下开采对露采边坡稳定性的影响等问题给磷矿生产安全管理工作带来了严峻的挑战。在信息技术高速发展的今天，随着"数字地球"、"数字矿山"(digital mine，DM)、"数字地下空间与工程"(digital underground space and engineering，DUSE)等概念的提出，如何利用信息化手段来保证磷矿开采的安全性，为磷矿安全管理工作提供决策支持，成为采矿及岩土工作者要思考和解决的问题。

所谓数字矿山，是在统一的时间坐标与空间框架下，对真实矿山整体及其相关现象的统一理解、表达与数字化再现。其核心是在统一的时间参照与空间框架下，科学高效地组织、管理、整合具有海量、多维、异质、异构、动态等特点的矿山信息，实现矿山信息的三维可视化表达与共享，最大限度地挖掘并发挥矿山数据的潜能和价值，从而为保障矿山高效安全生产提供决策支持。数字矿山的任务是在矿山信息数据仓库的基础上，充分利用信息技术，为矿山生产的各个环节的仿真模拟和分析提供技术平台与工具。

数字地下空间与工程是以数字地层为依托，以信息化手段对地下工程建设过程中的勘察、设计、施工及监测等数据进行集中高效的管理，为地下工程的建设、管理、运营、维护与防灾提供信息共享和分析平台，最终实现一个地下工程全生命周期的数字化博物馆。

由数字矿山、数字地下空间与工程的相关理念可知，多源矿山信息的高效管理是实现磷矿信息化安全管理的基础；信息的可视化可以为磷矿信息化安全管理的数据分析与展示提供帮助；在此基础上结合矿山专业知识库和模型库，开发各种专业分析软件或程序，可以解决矿山安全管理工作中面临的实际问题，达到辅助决策的目的。地理信息系统(GIS)技术在空间数据管理、分析与可视化方面的优势及其开放性和可扩展性为以上问题提供了完整的解决方案，是实现磷矿信息化安全管理的必由之路。

7.6.2　基于 GeoModeller 与 ArcGIS 的磷矿地下开采三维地层建模

1) 晋宁磷矿 6 号坑矿区地质简介

晋宁磷矿 6 号坑勘探线范围内地层向东倾斜呈单斜状产出。构造较简单，无褶皱发育，地层按地质年代可分为 18 层(表 7.8)，含磷地层为下寒武统梅树村组第二段(E_1m^2)和第三段(E_1m^3)。下二叠统茅口组(P_1m)分布范围极小且缺乏相应的建模数据，建模时可以将该层忽略掉；上震旦统灯影组的三个地层($Zbdn^3 \sim Zbdn^1$)为该区域的基底岩层，勘探钻孔没有穿透，故勘察资料中没有给出详细的数据，建模时可将这三层合并为一层(统一编号为 Zbdn)。由于建模地层较多，而且建模的重点——含磷地层中含有无矿天窗，晋宁磷矿 6 号坑地层三维建模及可视化适合采用专业地质建模软件与 ArcGIS 耦合法来实现。

表 7.8 晋宁磷矿 6 号坑地层分层表

地层	地层编号	地层描述
上震旦统灯影组下段	$Zbdn^1$	灰白至暗灰色中厚至厚层状隐晶—细晶白云岩，偶夹灰黄色泥质白云岩
上震旦统灯影组中段	$Zbdn^2$	灰黄、灰紫、灰绿色薄至中厚层状细—粉砂岩、粉砂质页岩、泥质白云岩、含粉砂白云质页岩，上部夹岩屑石英细砂岩
上震旦统灯影组上段	$Zbdn^3$	灰白色薄至中厚层状隐晶—细晶白云岩，夹泥质白云岩及硅质条带
下寒武统梅树村组第一段	E_1m^1	灰色、灰白色薄至中厚层状白云岩，夹黑色薄层状燧石层，燧石常呈脉状及波状层理，有时呈透镜状层理
下寒武统梅树村组第二段	E_1m^2	底部下为灰黑色硅质磷块岩，致密坚硬，上为黑灰色含磷凝灰质黏土岩，风化后呈白(黄)色，薄层状含磷砂质凝灰质黏土岩；下部为灰色至深灰色薄至中厚层、层纹状含砂白云质磷块岩，夹灰黄色含云母粉砂质白云岩；上部为灰至灰黑色薄至中厚层(有时为层级状)含砂白云质磷块岩，夹灰黄色含云母粉砂质白云岩
下寒武统梅树村组第三段	E_1m^3	深灰、蓝灰、瓦灰色薄至中厚层状致密块状磷块岩，偶夹灰色硅质磷块岩。为主要富矿层
中泥盆统海口组	D_2h	底部为浅灰绿色、灰紫色砾岩、含砾石英砂岩；下部为灰白、灰绿、灰紫色中厚层状细粒石英砂岩；上部为灰绿、灰紫色薄层状细砾岩、含砾石英砂岩及石英砂岩
上泥盆统宰格组下段	D_3z^1	黄色、灰色中厚层状泥质白云岩夹浅绿色泥质岩，灰色、浅紫色隐晶—中晶白云岩夹泥质岩、灰质白云岩
上泥盆统宰格组中段	D_3z^2	浅灰至深灰色隐晶—中晶白云岩，夹泥质白云岩、泥质岩，厚度30~60m
上泥盆统宰格组上段	D_3z^3	浅黄色、灰色薄至中厚层状隐晶—中晶白云岩，与泥质白云岩及泥质岩呈不等厚互层
下石炭统大塘阶下段	C_1d^1	底部为浅黄色厚层同生角砾状白云岩；下部为灰色中厚层状细晶—中晶白云岩夹淡绿色泥质岩、浅紫灰色中厚层状泥质白云岩；中部为浅绿色厚层块状同生角砾状白云岩；上部为浅灰、灰色隐晶—中晶白云岩，夹淡绿色薄层泥质岩，厚度24.65~93.50m
下石炭统大塘阶上段	C_1d^2	浅灰、灰白色中厚至厚层状隐晶—中晶白云岩，中上部夹灰白色中厚层致密状灰质白云岩。厚度42.84~84.67m
中石炭统威宁组下段	C_2w^1	下部为浅红、浅黄色中厚至厚层状中晶—粗晶白云岩夹致密灰质白云岩，上部为浅灰、灰白色厚层中晶—粗晶白云岩，厚度20~43m
中石炭统威宁组上段	C_2w^2	灰色、灰白色中厚至厚层状生物碎屑灰岩、鲕状灰岩，厚度15~18m
下二叠统倒石头组	P_1d	底部为石英砂岩，下部为碳质黏土及页岩，上部为杂色铝土质页岩
下二叠统栖霞组	P_1q	灰色、灰白色厚层状白云岩，上部时有含方解石团块的致密灰质白云岩
下二叠统茅口组	P_1m	下部为灰、灰白色虎斑状灰岩，中夹薄层白云岩，上部为白云岩
第四系	Q	褐色、黄色、土红色黏土、含砂黏土，常夹各类岩块，厚度0~50m

2) 地层建模及可视化整体思路

整理地层建模数据，将建模数据转化为 GeoModeller 可使用的格式；利用专业的地质建模软件 GeoModeller 建立晋宁磷矿 6 号坑的三维地质模型；将模型导出为 dxf 格式的文件，通过 AutoCAD 将 dxf 格式的文件输出为 3ds 格式的文件；利用 ArcGIS 的 Import 3D File 工具将 3ds 格式的文件转换为 ArcGIS 中的多面体要素，并存储到已建立的晋宁磷矿 6 号坑空间数据库中；添加地层模型的属性信息，并建立三维地层模型与属性信息的联系，完成三维地层模型的地理信息空间化；在 ArcScene 中实现三维地层模型的可视化展示及空间查询分析。

3) 晋宁磷矿 6 号坑地下开采工程三维地层建模

利用 GeoModeller 建立三维地质模型所需要的数据有地表高程点信息、地层分层及相互接触关系、钻孔数据、地质剖面图、地质体方向数据等。这些数据均可由已建立的晋宁磷矿 6 号坑空间数据库提供。晋宁磷矿 6 号坑典型地质剖面图如图 7.17 所示。在 GeoModeller 中建立建模地层的地层序列(Series)并定义好地层接触关系(图 7.18)，将地表高程点信息、地质剖面图位置、地层分层及相互接触关系、地层产状数据等输入 GeoModeller 即可得到晋宁磷矿 6 号坑三维地层模型(图 7.19，图 7.20)。

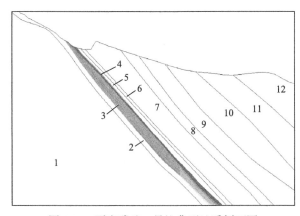

图 7.17　晋宁磷矿 6 号坑典型地质剖面图

1-上震旦统灯影组上段白云岩夹泥质白云岩及燧石条带；2-下寒武统梅树村组第一段白云岩夹粉砂泥质岩、燧石层；3-Ⅱ、Ⅲ品级磷矿层；4-Ⅰ品级磷矿层；5-中泥盆统海口组含砾石英砂岩、砂岩；6-上泥盆统宰格组下段泥质白云岩夹泥质岩、白云岩；7-上震旦统灯影组中段粉—细砂岩夹页岩、中粒石英砂岩、砂泥质白云；8-上泥盆统宰格组上段白云岩夹泥质白云岩、泥质岩；9-下石炭统大塘阶下段同生角砾状白云岩、白云岩；10-下石炭统大塘阶上段白云岩夹灰质白云岩；11-中石炭统威宁组下段含泥质团块的白云岩、白云岩；12-中石炭统威宁组上段灰岩、鲕状灰岩、生物碎屑灰岩

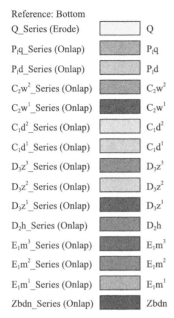

Reference: Bottom

Q_Series (Erode)　　　Q

P_1q_Series (Onlap)　　P_1q

P_1d_Series (Onlap)　　P_1d

C_2w^2_Series (Onlap)　C_2w^2

C_2w^1_Series (Onlap)　C_2w^1

C_1d^2_Series (Onlap)　C_1d^2

C_1d^1_Series (Onlap)　C_1d^1

D_3z^3_Series (Onlap)　D_3z^3

D_3z^2_Series (Onlap)　D_3z^2

D_3z^1_Series (Onlap)　D_3z^1

D_2h_Series (Onlap)　　D_2h

E_1m^3_Series (Onlap)　E_1m^3

E_1m^2_Series (Onlap)　E_1m^2

E_1m^1_Series (Onlap)　E_1m^1

Zbdn_Series (Onlap)　　Zbdn

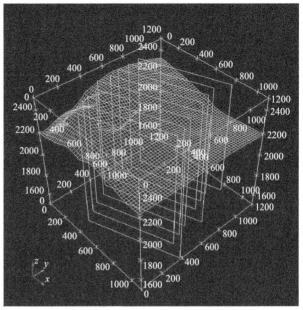

图 7.18　建模地层序列

图 7.19　GeoModeller 地表及剖面数据输入

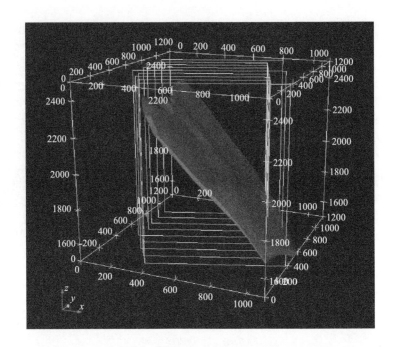

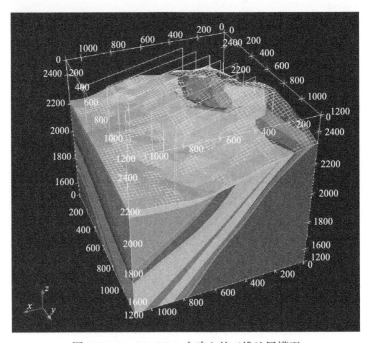

图 7.20　GeoModeller 中建立的三维地层模型

将 GeoModeller 中的三维模型导出为 dxf 格式，然后导入已建立的晋宁磷矿6 号坑空间数据库中，作为多面体要素存储。添加地层的属性信息，并用"地层编号"这一字段建立起地层几何模型和属性信息之间的联系，点击某地层就可以查询该地层的年代、编号及岩土类型等信息，如图 7.21 所示。

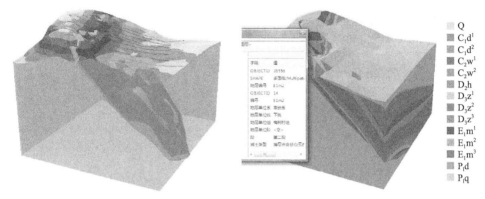

图 7.21 ArcScene 中的三维地层模型

7.6.3 基于 ArcGIS 统计分析的磷矿边坡工程三维地层建模

本节利用晋宁磷矿 6 号坑钻孔柱状图及地质剖面图等数据，基于多层 DEM 建模思想，在对 6 号坑各钻孔中地层厚度进行地统计分析的基础上，建立各地层分界面的不规则三角网(TIN)模型，通过 Extrude Between 命令建立各个地层的三维可视化模型。

7.6.3.1 ArcGIS 地统计分析基本原理

地统计(geostatistics)又称地质统计,是由法国著名学者 G.Matheron 教授于 1962 年创立的,它突破了经典统计学不能考虑样本点空间分布的不足,以区域化变量为基础,借助变异函数,研究既有随机性又有结构性的自然现象的一门学科,是应用统计学的一个新的分支,最开始是为了解决矿山开采过程中矿石储量计算和误差估计问题。经过几十年的发展,地质统计学已经形成了一套完整的理论方法体系,其应用已不只限于矿石储量估计,在环境、农林、水利、地质建模等方面也有广泛的应用。利用地质统计学进行数据分析与插值,既考虑了样本数据数值的大小,又考虑了采样点空间位置及间距的影响,弥补了经典统计学忽略空间方位的缺陷。

7.6.3.2 克里金插值

地统计分析的核心就是在对区域化变量采样点数据进行空间结构性分析的基础上,选择合适的插值方法得到未知点处的估计值。插值方法按其数学原理可分为两类：一类是确定性插值方法,如局部多项式插值、反距离权插值等；另一类是地统计插值，也就是各种克里金(Kriging，也被称为克里格)插值方法，如图 7.22 所示。

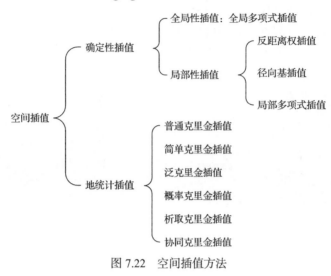

图 7.22　空间插值方法

克里金插值，是以变异函数理论和空间结构分析为基础，在有限区域内得到区域化变量最优、线性、最佳线性无偏估计量(best linear unbiased estimator，BLUE)的一种方法，是地质统计学的主要内容之一。南非采矿工程师 D.R.Krige 在估计金矿品位时首次采用该种方法。

克里金插值通过对已知样本点赋权重来求得未知点处的值，其表达式为

$$Z(x_0) = \sum_{i=1}^{n} \lambda_i Z(x_i) \tag{7.4}$$

式中，$Z(x_0)$ 为未知点处的值；n 为已知样本点的个数；$Z(x_i)$ 为区域内已知样本点的值；λ_i 为第 i 个样本点对未知点的权重。

在实际应用中，根据区域化变量满足的不同假设条件，选择不同的克里金方法进行插值。然后利用线性无偏(估计偏差的数学期望为 0)和最优(估计值与实际值之差的平方和最小)条件来计算权重 λ_i，对未知点进行插值估计。

7.6.3.3　ArcGIS 地统计分析过程

ArcGIS 地统计分析模块(geostatistical analyst)架起了 GIS 与地质统计学之间的桥梁，使应用人员可以利用软件进行复杂的地质统计插值分析。ArcGIS 地统计分析模块主要由数据探索(explore data)、地统计分析向导(geostatistical wizard)及生成数据子集(create subsets)三部分组成。ArcGIS 地统计分析的核心就是通过数据探索来分析采样点的数据分布和变化趋势，并据此选择合适的空间内插方法进行插值。在 ArcGIS 中进行地统计分析的一般过程如图 7.23 所示。

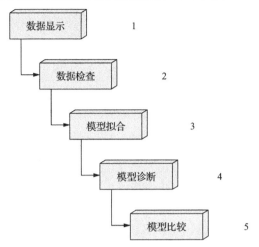

图 7.23　ArcGIS 地统计分析一般过程

7.6.3.4　晋宁磷矿 6 号坑边坡工程三维地层建模

晋宁磷矿 6 号坑矿区地质情况与 2 号坑类似，钻孔揭露的地层编号为 Zbdn、E_1m^1、E_1m^2、E_1m^3、D_2h、D_3z^1、D_3z^2、D_3z^3、C_1d^1、Q。基于多层 DEM 三维地层建模思想，采用自底向上的建模方法建立 6 号坑边坡的三维地层模型。建模流程如图 7.24 所示。

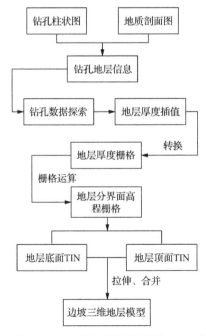

图 7.24　基于 ArcGIS 的三维地层多层 DEM 建模流程

建模的一般过程如下:

1)钻孔数据准备

将建模区域内的钻孔以点要素的形式导入 ArcGIS 空间数据库中,添加地层编号、地层厚度、地层顶底面高程等字段,从钻孔柱状图和地质剖面图中提取数据录入钻孔数据表中。

2)钻孔数据插值

以地层厚度为区域化变量,在 ArcMap 中对其进行地统计分析,选择合适的空间插值方法,得到整个建模区域内的地层厚度。

3)创建地层分界面

将地层厚度插值结果转化为地层栅格数据,通过栅格运算修正插值结果并得到地层分界面处的高程栅格数据集,利用高程栅格数据创建地层分界面 TIN。

4)生成三维地层模型

使用 TIN Domain 工具得到地层分界面 TIN 的覆盖范围,再利用 Extrude Between 工具在相邻 TIN 之间拉伸即可得到一个地层的三维实体模型。按照从下到上的顺序依次建立各地层的三维实体模型,合并在一起并添加属性信息即可得到研究区域的三维地层模型。

下面以地层 E_1m^2 三维模型的生成为例详述基于 ArcGIS 地统计分析的三维地质体建模过程。E_1m^2 为下寒武统梅树村组第二段,岩性为灰色—深灰色薄—中厚层、层纹状含砂白云质磷块岩,夹灰黄色含云母粉砂质白云岩。由于 E_1m^2 在地表处有出露,在地层底面已确定时(采用自底向上的建模方法),出露部分的地层厚度为已知值,因此仅对地层未出露部分进行插值。建模区域内勘探线及钻孔分布如图 7.25 所示,插值数据趋势分析如图 7.26 所示。从图 7.26 可以看出,插值数据在两个主平面上的投影都近似为水平的直线,这说明该地层厚度的分布不存在明显的趋势,在进行 Kriging 插值时不需要进行趋势移除。

将插值结果转换为栅格数据集。由于 E_1m^2 在建模区域内存在地层缺失现象,进行地层厚度插值时会出现负值,这说明在这些地方 E_1m^2 的厚度为 0。使用栅格计算器(Raster Calculator)的 Con("E_1m^2 厚度" >= 0," E_1m^2 厚度",0)命令将 E_1m^2 的厚度进行修正,得到修正后的地层厚度栅格。使用 Moasic 命令将 E_1m^2 地层顶面高程栅格与地表高程栅格(可由地表高程测点插值或由等高线生成 TIN 数据再转换为栅格数据集得到)进行拼接,即可得到整个建模范围内的 E_1m^2 顶面高程栅格数据集。使用 Raster to TIN 命令,指定合适的高度容差(Z Tolerance)即可由拼接后的 E_1m^2 顶面高程栅格得到 E_1m^2 地层顶面的 TIN 模型,如图 7.27 所示。

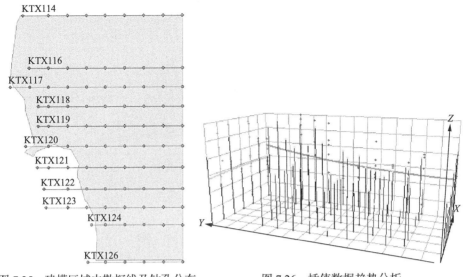

图 7.25 建模区域内勘探线及钻孔分布 图 7.26 插值数据趋势分析

图 7.27 地层 E_1m^2 底面与顶面 TIN 模型

插值与栅格运算中的细微误差,使得 E_1m^2 顶面 TIN 和底面 TIN 的范围不是严格一致的。这会导致使用 Extrude Between 命令建立地层实体模型时,在地层边界处出现异常现象。须使用 Edit TIN 命令将顶面 TIN 和底面 TIN 的边界裁剪一致,然后通过 TIN Domain 命令得到地层顶面和底面覆盖范围的面要素。将此面要素在顶面 TIN 和底面 TIN 之间进行拉伸即可得到表示 E_1m^2 地层三维实体模型的多面体要素(multipatch),如图 7.28 所示。依照 E_1m^2 地层模型生成的方法,按照"从底向上"的原则,依次建立各个地层的三维模型,通过 Append 工具将各个地层模型集中在一个多面体要素中并添加"地层编号"字段以区分不同的地层。最终边坡各地层分界面 TIN 模型及三维地层模型分别如图 7.29 和图 7.30 所示。

图 7.28　地层 E_1m^2 三维模型

图 7.29　边坡各地层分界面 TIN 模型

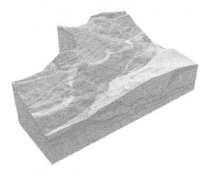

图 7.30　边坡三维地层模型

7.6.4　基于 ArcGIS Engine 的磷矿边坡监测系统开发

1) 矿山边坡监测系统开发的意义

矿山边坡监测是防治边坡滑坡灾害的重要技术手段。通过边坡监测,可以评价采矿过程中边坡的稳定程度,掌握滑坡的变形特征及规律,预测边坡岩体位移、变形的发展趋势,预测预报可能发生滑坡的位置、规模、失稳方式、发生时间及危害程度,对可能出现的险情及时提供报警值及预警信息,为决策部门提供相应的数据,从而指导采矿作业,制定相应的防灾减灾对策,取得最佳的经济效益。

以晋宁磷矿 6 号坑露采边坡加固工程施工监测为基础,结合 ArcGIS Engine 组件,开发了集边坡模型可视化显示、监测数据管理、查询与分析等功能于一体的边坡监测系统,对于矿山边坡安全管理与滑坡防灾减灾具有一定的实用价值。

2) 晋宁磷矿 6 号坑边坡监测方案

为达到信息化施工、动态设计的目的,在晋宁磷矿 6 号坑边坡加固工程施工期间应建立边坡监测系统。根据监测结果,推测边坡滑坡的边界、方向、范围等,提供有关高边坡施工的全面、系统的信息资料，以便及时调整防护参数，并通过对量测数据的分析和判断，对边坡防护体系的稳定状态进行监控和预测，以确保边坡岩体的稳定以及防护结构的安全。

边坡的变形是边坡破坏的直接表现形式，而加固效果是影响边坡长期稳定的重要因素，因此，边坡监测可以以地表位移和深部位移监测为主，加强边坡锚杆(索)加固效果的监测，辅以边坡地表裂缝监测等。边坡监测内容及要求、监测内容及频率和稳定性控制标准建议值等分别见表 7.9～表 7.11，边坡监测浅层位移测点布置、深层位移测点布置分别如图 7.31、图 7.32 所示。

表 7.9　边坡监测内容及要求

分项名称	内容	仪器设备	要求及目的
边坡位移监测	浅层位移	全站仪	量测边坡表层位移的变化，判断边坡浅层滑动情况
	深部位移	测斜仪	判断边坡深部滑动情况
锚索轴力量测	锚索轴力量测	应力计	测量锚索轴力，了解锚索受力性态，辅助判断边坡稳定状态
裂缝发展	裂缝开展监测	裂缝计	掌握边坡裂缝开展情况
人工巡视	—	—	定期巡视边坡整体状况，掌握边坡稳定状态

表 7.10　边坡监测内容及频率

时间	浅层位移	深层位移	锚索	裂缝监测
施工期、暴雨期等	1 次/1d	1 次/2d	1 次/7d	1 次/2d
正常观测	1 次/7d	1 次/7d	1 次/14d	1 次/7d

表 7.11　边坡稳定性控制标准建议值　　　　　（单位：mm/d）

边坡名称	预警标准	
	一般边坡	重要边坡
整体块状岩体边坡	2.0～4.0	2.0～3.0
块状裂隙岩体边坡	2.0～4.0	2.0～3.0
含顺坡结构面裂隙岩体	3.0～5.0	2.0～4.0
破碎结构岩体边坡	4.0～6.0	3.0～5.0
反倾层状岩体边坡	5.0～8.0	4.0～6.0
顺倾层状岩体边坡	3.0～5.0	2.0～4.0
散体边坡/土质边坡	10.0～20.0	8.0～15.0

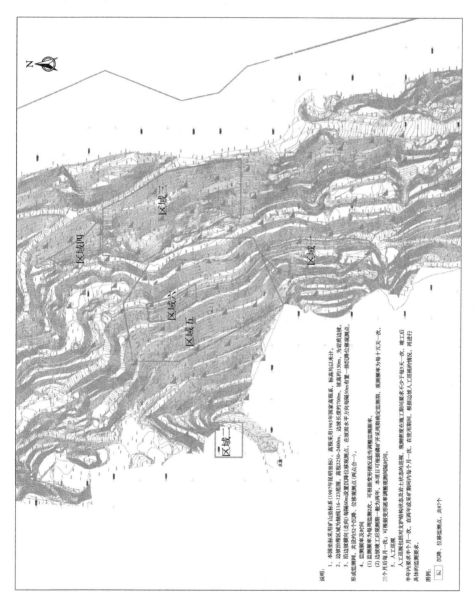

图 7.31 边坡浅层位移测点布置

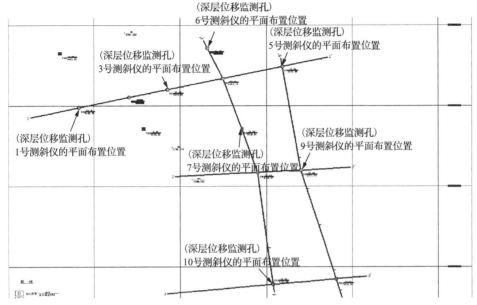

图 7.32　边坡深层位移测点布置

3) 磷矿边坡监测系统及功能

晋宁磷矿 6 号坑边坡监测数据既包含图形信息，又包含属性数据。图形信息包括矿山边坡可视化模型、边坡范围、各测点平面布置及监测网络等。属性数据即本磷矿边坡监测方案中各监测项目的信息及具体监测结果，如边坡浅层位移、边坡深层位移、地表裂缝、人工巡视等。其中，边坡浅层位移用全站仪对坡顶水平和垂直位移进行监测，通过观测各点的累积沉降量、沉降速率和累积位移量、位移速率变化来分析边坡位移，共设 87 个监测点。边坡深层位移采用钻孔测斜仪测量，共设 7 个测斜管。

本系统选用 File Geodatabase 来存储矿山边坡监测数据。在边坡监测系统数据库中，将边坡三维可视化模型、边坡平面范围、监测网络、边坡浅层位移测点、边坡深层位移测点等图形要素集中存储在一个要素数据集中，将各监测项目的数据存储为属性表。边坡监测系统整体功能结构如图 7.33 所示，它主要由图形可视化模块、监测数据管理模块、监测数据分析模块三部分组成。磷矿边坡监测系统可视化效果如图 7.34、图 7.35 所示。

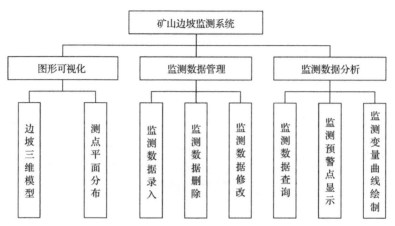

图 7.33　边坡监测系统整体功能结构

图 7.34　监测系统三维视图

　　图形可视化模块直观地展示了边坡形态、测点空间分布等信息，通过相应的视图工具可以对图形进行平移、放大、缩小、旋转等操作。

　　监测数据管理模块实现了边坡浅层位移、边坡深层位移等实测数据的录入、删除及修改功能。通过 DataGridView 控件实现了管理后台空间数据库中监测数据的目标。监测数据的录入与删除如图 7.36 所示。

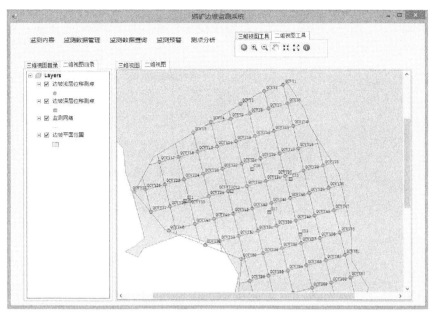

图 7.35　监测系统二维视图

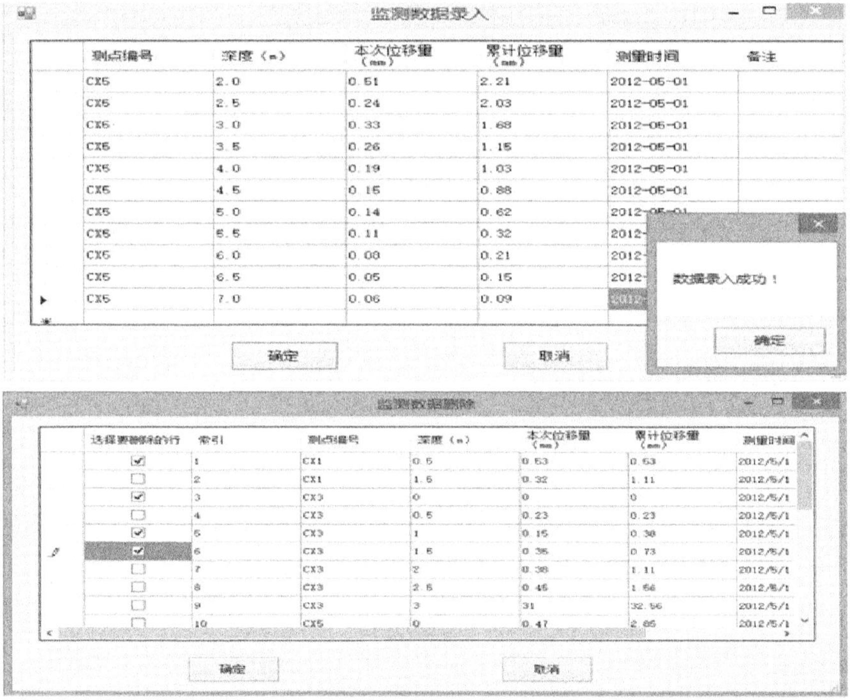

图 7.36　监测数据录入与删除

本系统参照 ArcGIS 软件的属性查询功能，设计了查找满足特定条件的监测记录的查询方法，图 7.37 展示了在边坡深层位移监测表中查询测点编号为 CX5、深度在 1～4.5m 的监测记录的结果。

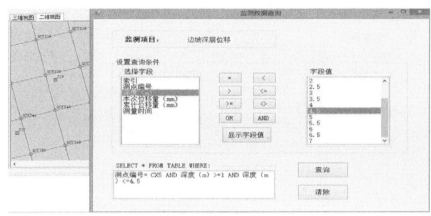

图 7.37　监测数据查询

预警点显示功能借助地图符号化思想，能够将监测变量超过某一阈值的测点与未超过阈值的测点用不同的符号显示。该功能通过唯一值渲染接口 IUniqueValueRenderer 实现，需在测点要素数据表中设置一个字段，记录各测点是否有监测变量超过阈值，然后对该字段进行唯一值渲染，在二维视图中用不同的符号来显示预警点与非预警点。

本系统的监测变量曲线绘制功能可以将监测表中的数据以折线图的形式直观地表达出来。通过监测值变化曲线，可以总结矿山边坡变形的规律，分析矿山边坡变形的趋势，预测矿山边坡的稳定性。矿山边坡浅层位移测点时程曲线及矿山边坡深层位移点随深度变化曲线分别如图 7.38、图 7.39 所示。

在进一步的工作中，需要结合露天转地下开采依托工程开展现场工作，推广、应用并改进完善研制的软件、程序，以更好地解决磷矿安全管理中遇到的一些实际问题，并为磷矿安全生产服务。

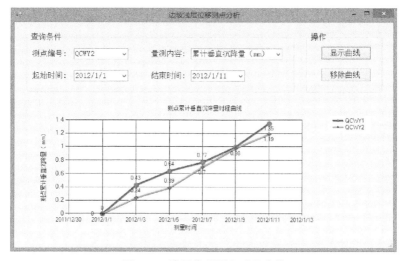

图 7.38　浅层位移测点时程曲线

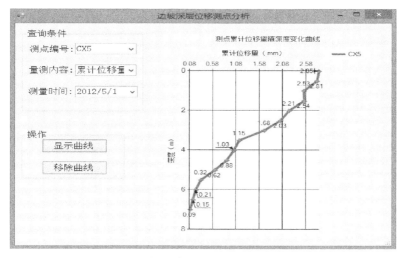

图 7.39　深层位移测点随深度变化曲线

7.7　晋宁磷矿 6 号坑预留顶柱最小安全厚度数值模拟

以云南磷化集团有限公司晋宁磷矿 6 号坑露天转地下开采工程为研究对象，课题组于 2021 年 1 月在现场调研及矿体围岩物理力学性质测试的基础上利用多种数值模拟软件对晋宁磷矿 6 号坑露天转地下预留顶柱最小安全厚度进行了数值模拟与分析，得出的结果对于晋宁磷矿 6 号坑地下开采方法及工艺设计具有重要意义。

7.7.1　数值模拟模型构建

7.7.1.1　基本假设

1）对岩石岩性的假设

假设岩石为各向同性、均质，符合莫尔—库仑准则，本构模型采用较成熟的莫尔—库仑模型。

2）对露天边坡影响范围进行假设

上覆岩层受地下开采扰动影响，假设其岩层移动角为定值，考虑由于露天开采剥离表土层形成较大边坡的稳定性。

3）矿房尺寸简化处理

模型的建立根据图 7.40 所示的 59 号勘探线剖面图。

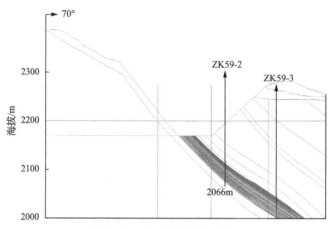

图 7.40　59 号勘探线剖面图

进行三维数值模拟时为简便起见，采准巷道布置进行简化，巷道、天井、斜井、联络巷以及溜矿井等简化为实体。上盘矿采用分段空场法矿块沿走向布置，沿走向长 40m，矿块高度 50m，分段高度 10m，矿房长度 32m，间柱宽 8m，底柱高 13m。下盘矿采用浅孔留矿法，由于矿石稳固性较差，顶板围岩稳固性中等（还需试验研究确定），此采矿方法用于水平厚度 5m 以下的矿体。矿块沿走向布置，沿走向长 50m，矿块高度 50m，矿房长度 44m，间柱宽 6m，采用电耙留矿法，底柱高 13m（采用平底结构时底柱高 6m）。地层岩性参数见表 7.12。

表 7.12　地层岩性参数表

岩层特性	密度/(kg/cm³)	体积模量/GPa	切变模量/GPa	黏聚力/MPa	内摩擦角/(°)	抗拉强度/MPa	弹性模量/MPa	泊松比
夹泥质白云岩	$2.79×10^{-3}$	49.206	29.524	6.09	41.2	3.66	73.81	0.25

岩层特性	密度/(kg/cm³)	体积模量/GPa	切变模量/GPa	黏聚力/MPa	内摩擦角/(°)	抗拉强度/MPa	弹性模量/MPa	泊松比
白云岩	$2.76×10^{-3}$	52.58	37.805	9.03	41.9	6.64	91.49	0.21
Ⅰ品级磷矿层	$2.92×10^{-3}$	71.725	33.103	8.42	42.4	3.52	86.07	0.3
Ⅱ品级磷矿层	$2.48×10^{-3}$	82.879	33.905	8.65	42.9	5.83	89.51	0.32
Ⅲ品级磷矿层	$2.48×10^{-3}$	82.879	33.905	8.65	42.9	5.83	89.51	0.32
含砾石英砂岩	$2.67×10^{-3}$	36.861	21.063	7.84	41	2.66	53.08	0.26
泥质白云岩	$2.79×10^{-3}$	49.206	29.524	6.09	41.2	3.66	73.81	0.25
砂泥质白云岩	$2.79×10^{-3}$	49.206	29.524	6.09	41.2	3.66	73.81	0.25
泥质白云岩	$2.79×10^{-3}$	49.206	29.524	6.09	41.2	3.66	73.81	0.25
角砾状白云岩	$2.79×10^{-3}$	49.206	29.524	6.09	41.2	3.66	73.81	0.25
夹灰质白云岩	$2.79×10^{-3}$	49.206	29.524	6.09	41.2	3.66	73.81	0.25
泥质团块白云岩	$2.79×10^{-3}$	49.206	29.524	6.09	41.2	3.66	73.81	0.25
鲕状灰岩	$2.79×10^{-3}$	49.206	29.524	6.09	41.2	3.66	73.81	0.25
石英砂岩	$2.79×10^{-3}$	49.206	29.524	6.09	41.2	3.66	73.81	0.25
栖霞组白云岩	$2.79×10^{-3}$	49.206	29.524	6.09	41.2	3.66	73.81	0.25

7.7.1.2 边界条件

边界条件的设置对模型计算的合理性和精度有重要影响。为尽量接近真实物理场状态，沿倾斜方向边界 X 方向施加辊轴支撑边界条件，约束 X 方向运动，允许 Y 和 Z 方向运动；同理，沿走向方向边界 Y 方向施加辊轴支撑，约束 Y 方向运动，岩体可作 X 和 Z 方向运动；沿垂直方向，只在下表面施加 Z 方向辊轴支撑，约束 Z 方向运动，上表面为自由面，无任何约束。

7.7.1.3　模型参数

根据上述 Hoek-Brown 经验公式，通过室内岩石力学试验，对昆阳磷矿四采区磷矿层、顶底板岩体参数进行取值，相关力学参数见表 7.4 和表 7.5，并结合前期的《晋宁磷矿区域地质报告》和室内试验，对磷矿邻近层岩体参数进行取值。

7.7.2　UDEC 离散单元法

根据调研资料建立了沿倾向宽 524m，由露天境界 2170m 向地下延伸 170m，左侧台阶高 213m，右侧台阶高 111m，坡角为 45° 的物理模型(图 7.41)。

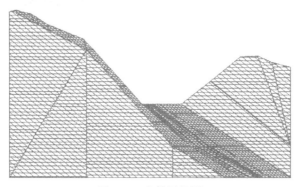

图 7.41　实体网格图

7.7.2.1　模型实体分析

图 7.42～图 7.49 为模型及开挖后的实体图。

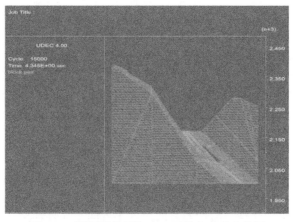

图 7.42　预留隔离顶柱 50m 开挖上盘矿实体图

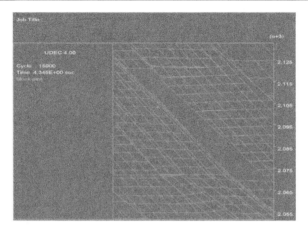

图 7.43　预留隔离顶柱 50m 开挖上盘矿局部实体图

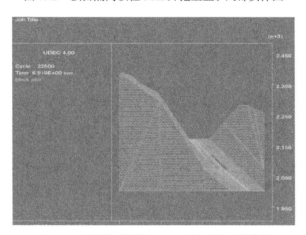

图 7.44　预留隔离顶柱 50m 开挖下盘矿实体图

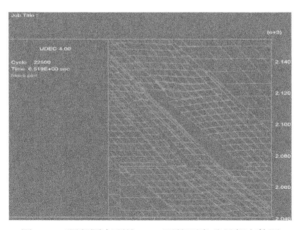

图 7.45　预留隔离顶柱 50m 开挖下盘矿局部实体图

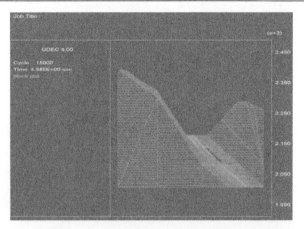

图 7.46　预留隔离顶柱 40m 开挖上盘矿实体图

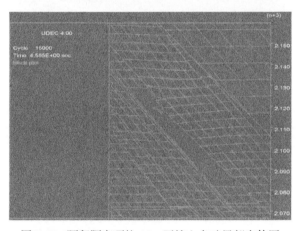

图 7.47　预留隔离顶柱 40m 开挖上盘矿局部实体图

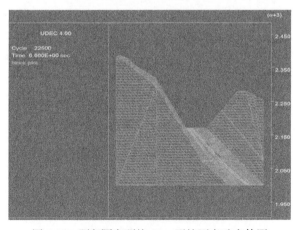

图 7.48　预留隔离顶柱 40m 开挖下盘矿实体图

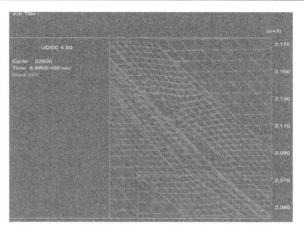

图 7.49 预留隔离顶柱 40m 开挖下盘矿局部实体图

计算中采用四边形网格，一组平行节理倾角为 45°，网格质量好坏的直接度量标准就是有限单元分析模块利用此网格进行求解是否精确，以及求解速度的快慢。质量好的网格可以为分析阶段提供比较好的单元刚度矩阵，因此也就可以得到比较准确的解。由图 7.46～图 7.49 可以看出，随着采场开挖，直接顶板随采随垮。开挖下盘矿时，由于工程扰动作用，上盘矿的直接顶板继续垮落。由于直接顶板较破碎，在图 7.49 预留隔离顶柱 40m 开挖实体图中，下盘矿的直接顶板较预留顶柱 50m 开挖实体顶板垮落更剧烈。

7.7.2.2 垂直应力分析

图 7.50～图 7.53 为垂直应力图。

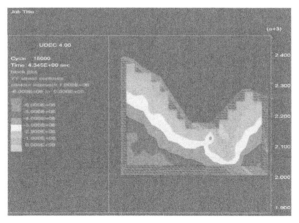

图 7.50 预留隔离顶柱 50m 开挖上盘矿垂直应力图

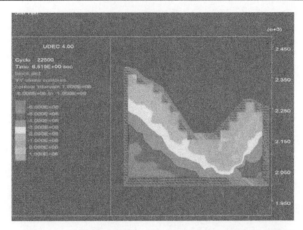

图 7.51　预留隔离顶柱 50m 开挖下盘矿垂直应力图

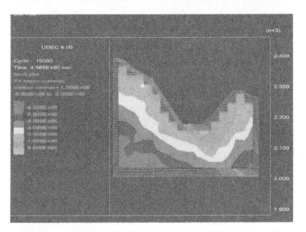

图 7.52　预留隔离顶柱 40m 开挖上盘矿垂直应力图

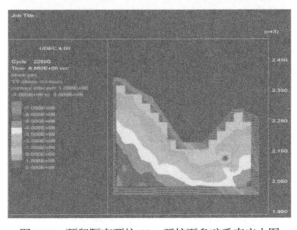

图 7.53　预留隔离顶柱 40m 开挖下盘矿垂直应力图

垂直应力表征竖直方向的受力情况。图 7.50～图 7.53 为两种工况垂直应力分布图。当迭代 22500 步后，垂直应力分布较迭代 15000 步有明显不同，可见当矿层开挖后，岩体应力重新分布，以前处于原岩应力区的工作面前方出现应力集中区，当上盘矿开挖完毕后，下盘矿准备开挖时，隔离层和工作面均出现应力集中。

模拟开挖下盘后，前者整体处于应力集中区，且应力集中向前移动，隔离层垂直应力较未开挖下盘矿均提高了 106Pa，如果隔离层垂直应力继续增加，隔离层将发生塑性破坏。图 7.50～图 7.53 中还表现出应力集中有连为一体的趋势。

7.7.2.3　水平应力分析

图 7.54～图 7.57 为水平应力图。

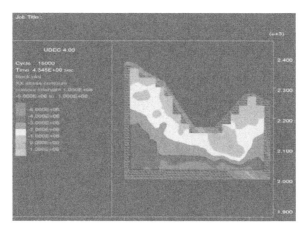

图 7.54　预留隔离顶柱 50m 开挖上盘矿水平应力图

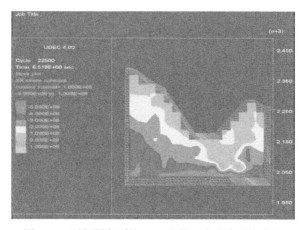

图 7.55　预留隔离顶柱 50m 开挖下盘矿水平应力图

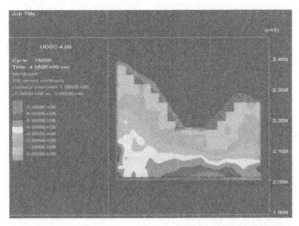

图 7.56　预留隔离顶柱 40m 开挖上盘矿水平应力图

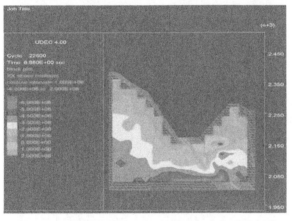

图 7.57　预留隔离顶柱 40m 开挖下盘矿水平应力图

　　水平应力是指水平方向的受力情况，如果水平应力过大，容易发生剪切破坏。由图 7.54～图 7.57 分析可知，开挖上盘矿时，矿体下部出现应力集中，开挖下盘矿时，应力集中区较开挖上盘矿时影响区域变大，并有连为一体的趋势。

　　预留 50m 隔离顶柱开挖时，隔离层的水平应力为-1×10^6Pa；预留 40m 隔离顶柱开挖时，隔离层的水平应力由-1×10^6Pa 变为-2×10^6Pa，表明隔离层受向左的水平应力，并有变大的趋势，说明模拟开挖下盘矿时，隔离层发生局部断裂，应力集中区可能存在垮落现象。

7.7.2.4　沉降位移分析

　　图 7.58～图 7.69 为沉降位移矢量图。

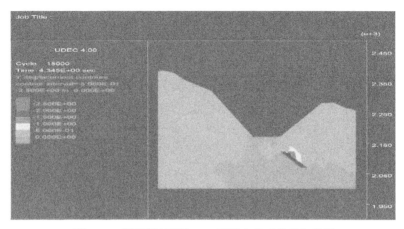

图 7.58　预留隔离顶柱 50m 开挖上盘矿位移矢量图

图 7.59　预留隔离顶柱 50m 开挖上盘矿位移矢量图(图 7.58 放大图)

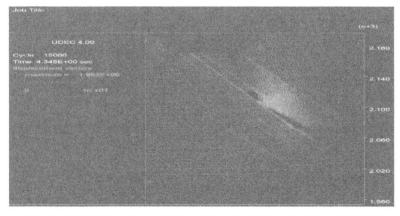

图 7.60　预留隔离顶柱 50m 开挖上盘矿位移矢量图(图 7.58 处理效果图)

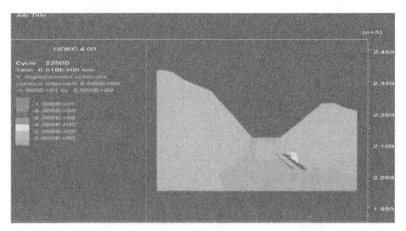

图 7.61　预留隔离顶柱 50m 开挖下盘矿位移矢量图

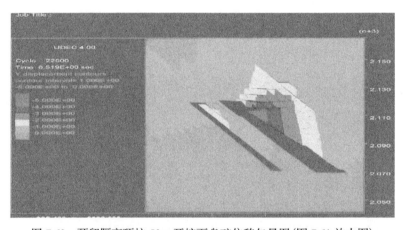

图 7.62　预留隔离顶柱 50m 开挖下盘矿位移矢量图(图 7.61 放大图)

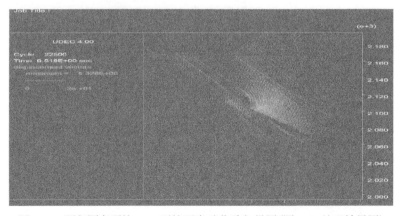

图 7.63　预留隔离顶柱 50m 开挖下盘矿位移矢量图(图 7.61 处理效果图)

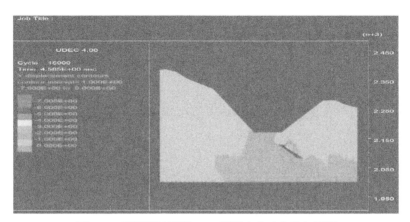

图 7.64　预留隔离顶柱 40m 开挖上盘矿位移矢量图

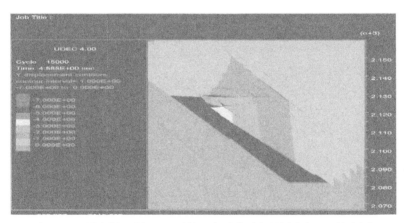

图 7.65　预留隔离顶柱 40m 开挖上盘矿位移矢量图(图 7.64 放大图)

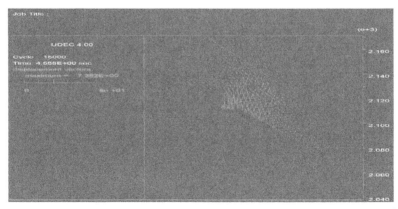

图 7.66　预留隔离顶柱 40m 开挖上盘矿位移矢量图(图 7.64 处理效果图)

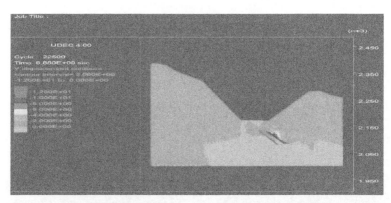

图 7.67　预留隔离顶柱 40m 开挖下盘矿位移矢量图

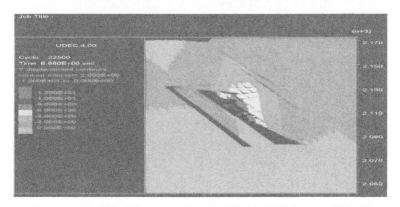

图 7.68　预留隔离顶柱 40m 开挖下盘矿位移矢量图(图 7.67 放大图)

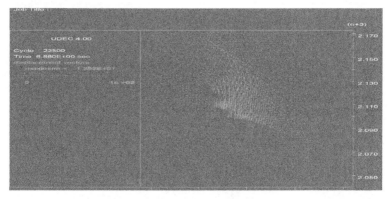

图 7.69　预留隔离顶柱 40m 开挖下盘矿位移矢量图(图 7.67 处理效果图)

由矢量图可以看出，随着采场开挖，直接顶板随采随垮。由位移矢量放大云图可以看出，由于上盘矿直接顶板较破碎，随矿区开挖，直接顶板垮落明显。预留顶柱 40m 开挖较预留顶柱 50m 开挖垮落现象更明显。

在只开挖上盘矿时,隔离层未出现明显破断现象,在开挖下盘矿时,隔离层破断明显。只开挖上盘矿时,对地表影响较小,开挖下盘矿时对地表影响较大。

预留40m隔离顶柱较预留50m隔离顶柱隔离层破断范围增加一倍,地表影响范围也有扩大趋势。

7.7.2.5 典型点露天境界沉降分析

在露天境界线2170上选取左、中、右三点即(250,2170)、(290,2170)、(320,2170)记录预留50m隔离顶柱开挖上下盘矿和预留40m隔离顶柱开挖上下盘矿对露天境界的影响。测点示意图见图7.70。

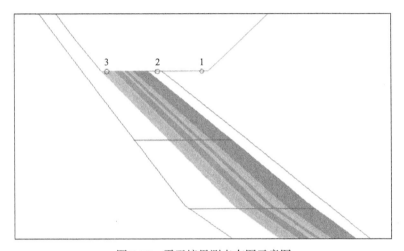

图 7.70 露天境界测点布图示意图

图7.71~图7.82为典型测点露天境界沉降监测曲线。

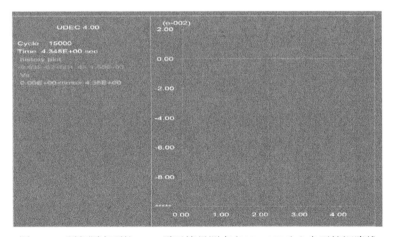

图 7.71 预留隔离顶柱50m露天境界测点(320,2170)上盘开挖沉降线

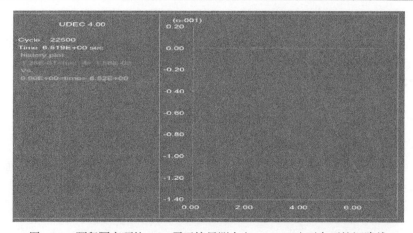

图 7.72　预留隔离顶柱 50m 露天境界测点(320，2170)下盘开挖沉降线

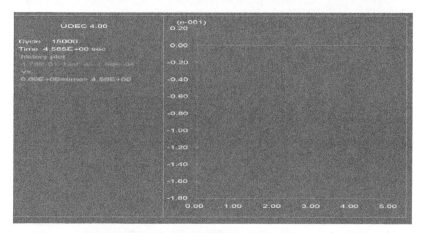

图 7.73　预留隔离顶柱 40m 露天境界测点(320，2170)上盘开挖沉降线

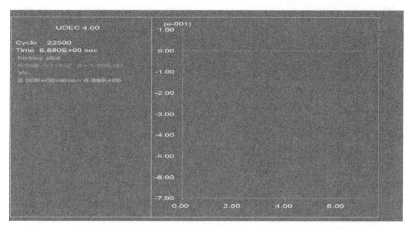

图 7.74　预留隔离顶柱 40m 露天境界测点(320，2170)下盘开挖沉降线

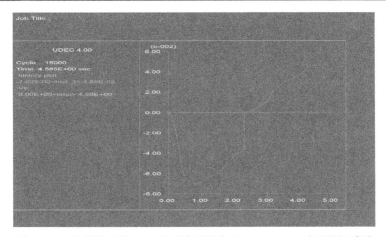

图 7.75　预留隔离顶柱 50m 露天境界测点(290，2170)上盘开挖沉降线

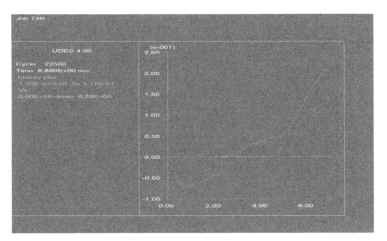

图 7.76　预留隔离顶柱 50m 露天境界测点(290，2170)下盘开挖沉降线

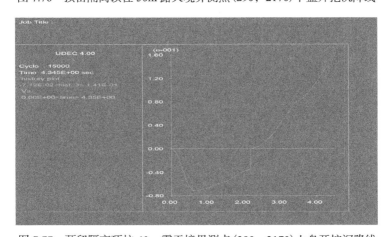

图 7.77　预留隔离顶柱 40m 露天境界测点(290，2170)上盘开挖沉降线

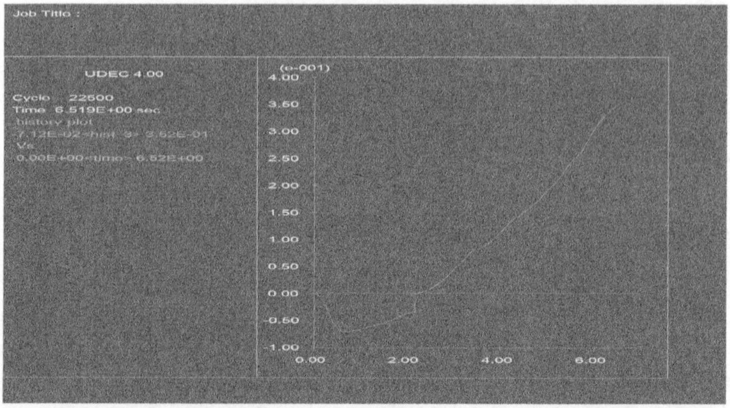

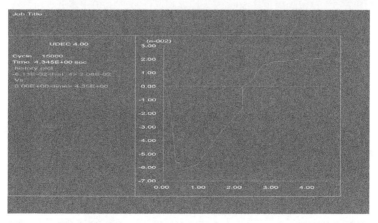

图 7.78　预留隔离顶柱 40m 露天境界测点(290，2170)下盘开挖沉降线

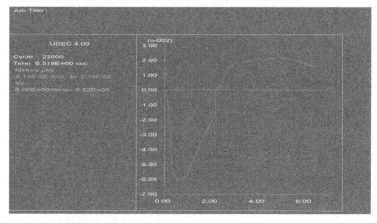

图 7.79　预留隔离顶柱 50m 露天境界测点(250，2170)上盘开挖沉降线

图 7.80　预留隔离顶柱 50m 露天境界测点(250，2170)下盘开挖沉降线

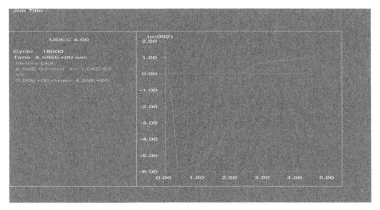

图 7.81　预留隔离顶柱 40m 露天境界测点(250，2170)上盘开挖沉降线

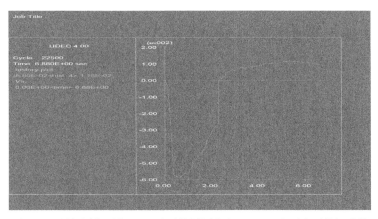

图 7.82　预留隔离顶柱 40m 露天境界测点(250，2170)下盘开挖沉降线

由监测点曲线图分析可知，预留隔离顶柱 50m 开挖上盘矿时，左侧点向上隆起 2cm，中间点向上隆起 4cm，右侧点沉降 2cm；开挖下盘矿时，左侧点向上隆起 2cm，中间点向上隆起 20cm，右侧点向下沉降 12cm，左侧点几乎不受影响，中间点增长了 4 倍，右侧点增长了 5 倍。预留隔离顶柱 40m 开挖上盘矿时，左侧点向上隆起 1cm，中间点向上隆起 14cm，右侧点沉降 17cm；开挖下盘矿时，左侧点向上隆起 1cm，中间点向上隆起 35cm，右侧点向下沉降 68cm，左侧点几乎不受影响，中间点增长了 1.5 倍，右侧点增长了 3 倍。

因此，开挖采场对露天境界的影响范围有从左至右依次增大的趋势，开挖下盘矿较开挖上盘矿，露天境界变化更为显著，预留隔离顶柱 50m 开挖上下盘矿较预留隔离顶柱 40m 开挖上下盘矿对露天境界的影响小得多。

7.7.2.6　UDEC 离散单元法数值模拟小结

(1)随着采场开挖，直接顶板随采随垮，预留隔离顶柱 40m 开挖实体图中，上盘矿的直接顶板较预留顶柱 50m 开挖实体顶板垮落更剧烈。

(2)矿层开挖后,岩体应力重新分布,隔离层和工作面均出现应力集中且应力集中有连为一体的趋势。

(3)开挖上盘矿时,矿体下部出现应力集中,再次开挖下盘矿时,应力集中区较开挖上盘矿时影响区域变大,并有连为一体的趋势,隔离层受向左的水平应力,并有变大的趋势,隔离层发生局部断裂。

(4)在只开挖上盘矿时,隔离层未出现明显破断现象,在开挖下盘矿时,隔离层破断明显,地表影响范围也有扩大趋势。

(5)开挖采场对露天境界影响范围有从左至右依次增大的趋势,开挖下盘矿较开挖上盘矿露天境界变化更为显著,预留隔离顶柱 50m 开挖上下盘矿较预留隔离顶柱 40m 开挖上下盘矿对露天境界的影响小得多,对比结论见表 7.13。

表 7.13　UDEC 离散单元法数值模拟对比结论表

| | 预留隔离顶柱 50m | | 预留隔离顶柱 40m | |
	开挖上盘矿	开挖下盘矿	开挖上盘矿	开挖下盘矿
垂直应力	前方出现应力集中	隔离层和工作面均出现应力集中	前方出现应力集中	隔离层和工作面均出现应力集中
水平应力	采区水平应力为 0	水平应力为-1×10^6Pa;有变大的趋势	水平应力为-1×10^6Pa	水平应力为-2×10^6Pa;有变大的趋势
位移	隔离层未出现明显破断现象,对地表影响较小	隔离层破断明显,对地表的影响较大	破断范围增加一倍,地表影响范围也有扩大趋势	破断范围继续增加,地表影响范围继续扩大

7.7.3　有限差分程序 FLAC^{3D}

根据调研资料建立了沿倾向宽 524m,由露天境界 2170m 向地下延伸 170m 的物理模型,沿走向设计矿房布置总长 50m,考虑边界效应,取最小开挖长度的 3～5 倍,左右各延伸预留矿柱 75m,因此走向长度共计 200m(图 7.83)。

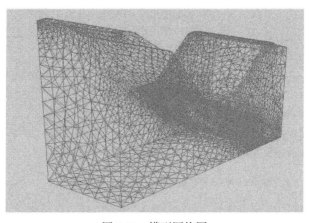

图 7.83　模型网格图

7.7.3.1 采动影响下应力规律分析

矿体在进行地下开采前，处于原岩应力状态，受各方向应力约束。垂向应力与矿体埋深成正比。图 7.84 为初始应力云图。竖直方向上，应力随埋深呈线性增加；水平方向上，应力随地表形状起伏呈层状分布。

图 7.84　模型初始应力云图

随着矿体被采出，采空区暴露面积增大，周围岩体失去应力平衡状态，应力重新分布达到新的应力平衡。

上盘矿开采影响下垂直应力分布规律分析如下所述。

图 7.85 和图 7.86 为模型上盘矿开挖后，预留隔离顶柱为 50m 时垂直应力分布云图及局部放大图。随着上盘矿的开采，围岩原岩应力场受到扰动并进行重新分布。矿房顶板卸压区向上延伸。顶板左侧及底板最右侧出现应力集中区。

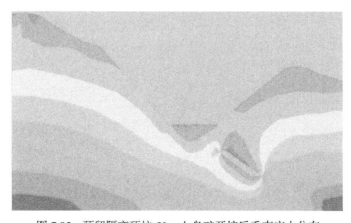

图 7.85　预留隔离顶柱 50m 上盘矿开挖后垂直应力分布

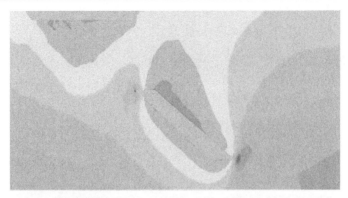

图 7.86　预留隔离顶柱 50m 上盘矿开挖后垂直应力分布局部放大图

　　图 7.87 和图 7.88 为模型上盘矿开挖后，预留隔离顶柱为 50m 时垂直应力分布云图的水平剖面和沿上盘矿走向剖面图。由图 7.87 和图 7.88 分析可知，矿房两侧矿壁出现应力集中，顶底板应力值减小，卸压范围沿走向和竖向增大，矿房两侧矿壁上的应力值急剧增大，应力集中明显。

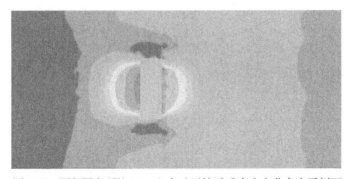

图 7.87　预留隔离顶柱 50m 上盘矿开挖后垂直应力分布水平剖面

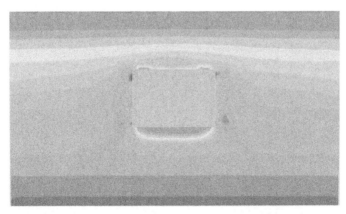

图 7.88　预留隔离顶柱 50m 上盘矿开挖后垂直应力分布沿上盘矿走向剖面

图 7.89 和图 7.90 为模型上盘矿开挖后，预留隔离顶柱为 40m 时垂直应力分布云图及局部放大图。随着上盘矿的开采，围岩原岩应力场受到扰动并进行重新分布。矿房顶板卸压区向上延伸。顶板卸压范围较底板卸压范围更大；矿房矿壁应力集中区域逐渐向上抬升；顶板左侧及底板最右侧出现应力集中区。

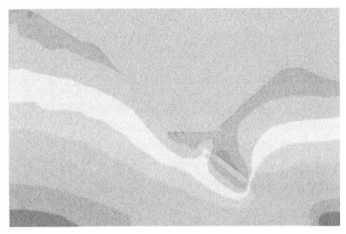

图 7.89　预留隔离顶柱 40m 上盘矿开挖后垂直应力分布

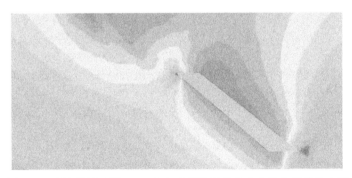

图 7.90　预留隔离顶柱 40m 上盘矿开挖后垂直应力分布局部放大图

随着上盘矿的开采，围岩原岩应力场受到扰动并重新分布。

由图 7.83～图 7.92 可知，原岩应力呈层状平行分布；矿房开采后，矿房两侧矿壁出现应力集中，顶底板应力值减小，卸压范围沿走向和竖向增大，矿房两侧矿壁上的应力值急剧增大，应力集中明显；竖直方向，顶板卸压范围较底板卸压范围更大；矿房矿壁应力集中区域逐渐向上抬升；由图 7.87～图 7.90 对比可知，预留隔离顶柱 50m 时，竖直方向上顶板卸压范围未波及露天坑坑底，说明卸压影响较小，而预留隔离顶柱 40m 时，顶板卸压对露天坑坑底造成较大影响。

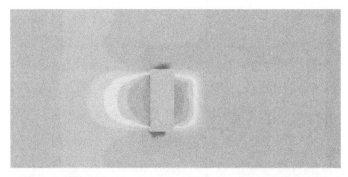

图 7.91　预留隔离顶柱 40m 上盘矿开挖后垂直应力分布水平剖面

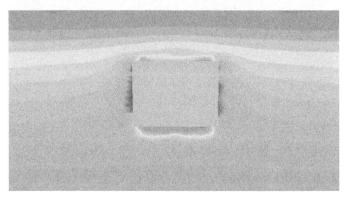

图 7.92　预留隔离顶柱 40m 上盘矿开挖后垂直应力分布沿矿房剖面

图 7.93 和图 7.94 为模型下盘矿开挖后，预留隔离顶柱为 50m 时垂直应力分布云图及垂直应力分布局部放大图。随着下盘矿的开采，围岩应力场受到二次扰动，应力重新分布并达到平衡。矿房顶板卸压区向上延伸。顶板左侧及底板最右侧出现应力集中区，并向上延伸；隔离层应力释放，受到上下盘两层矿采动影响，

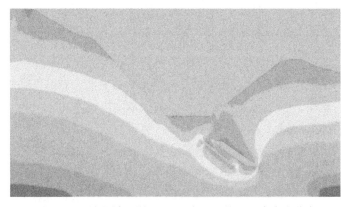

图 7.93　预留隔离顶柱 50m 下盘矿开挖后垂直应力分布

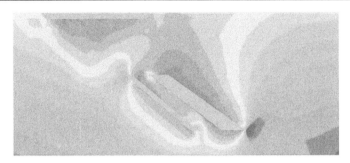

图 7.94　预留隔离顶柱 50m 下盘矿开挖后垂直应力分布局部放大图

隔离层应力降低并出现连通，应力值急剧释放，表现为岩层的断裂和竖直方向沉降值的增大。

　　图 7.95、图 7.96 和图 7.97 分别为预留隔离顶柱 50m 下盘矿开挖后垂直应力分布水平剖面和沿上、下盘矿房倾向剖面图，矿房开采后，矿房两侧矿壁出现应力集中，顶底板应力值减小，卸压范围沿走向和竖向增大，矿房两侧矿壁上的应力值急剧增大，应力集中明显；竖直方向，顶板卸压范围较底板卸压范围更大；矿房矿壁应力集中区域逐渐向上抬升。

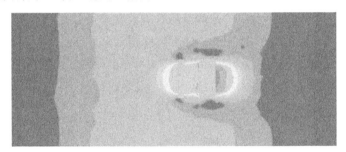

图 7.95　预留隔离顶柱 50m 下盘矿开挖后垂直应力分布水平剖面

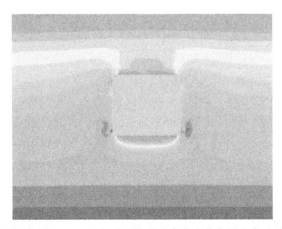

图 7.96　预留隔离顶柱 50m 下盘矿开挖后垂直应力分布沿上盘矿矿房倾向剖面

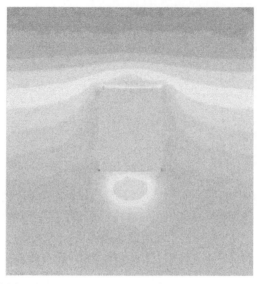

图 7.97　预留隔离顶柱 50m 下盘矿开挖后垂直应力分布沿下盘矿矿房倾向剖面

图 7.98 和图 7.99 为模型预留隔离顶柱 40m 下盘矿开挖后的垂直应力分布云图及局部放大图。随着下盘矿的开采，围岩应力场受到二次扰动，应力重新分布并达到平衡。矿房顶板卸压区向上延伸，波及露天矿底部。顶板左侧及底板最右侧出现应力集中区，并向上延伸；隔离层应力释放，受到上下盘两层矿采动影响，隔离层应力降低出现连通，应力值急剧释放，表现为岩层的断裂和竖直方向沉降值的增大。

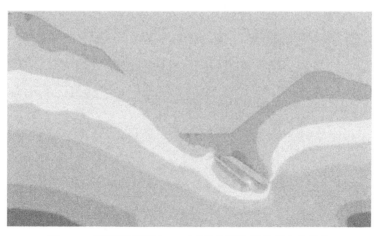

图 7.98　预留隔离顶柱 40m 下盘矿开挖后垂直应力分布

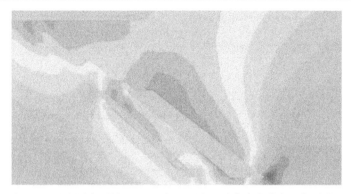

图 7.99　预留隔离顶柱 40m 下盘矿开挖后垂直应力分布局部放大图

　　图 7.100、图 7.101 和图 7.102 分别为预留隔离顶柱 40m 下盘矿开挖后垂直应力水平剖面和沿上、下盘矿房倾向剖面图。随着下盘矿的开采，围岩应力场受到二次扰动，产生了极为明显的应力重新分布现象。竖直方向上，下盘矿顶板卸压与上盘矿底板卸压共同影响下隔离层应力降低出现连通，应力值急剧减小。

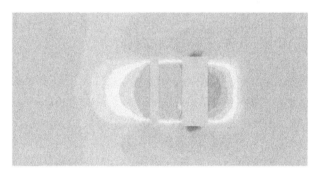

图 7.100　预留隔离顶柱 40m 下盘矿开挖后垂直应力分布水平剖面

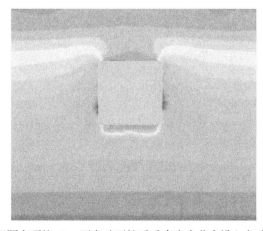

图 7.101　预留隔离顶柱 40m 下盘矿开挖后垂直应力分布沿上盘矿矿房倾向剖面

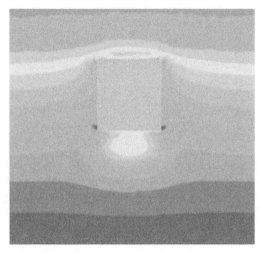

图 7.102　预留隔离顶柱 40m 下盘矿开挖后垂直应力分布沿下盘矿矿房倾向剖面

7.7.3.2　采动影响下沉降位移分析

在未进行开挖之前的数值模拟计算模型中，位移分布基本与岩层分布一致，并呈现出一定程度的下沉现象，基本符合客观规律，该模型的数值计算对实际生产具有一定的指导意义。

上盘矿开采影响下垂直位移规律分析如下所述。

随着矿房的开采，顶板裸露的空间逐渐增大，出现卸压，中部应力减小程度最大，沿倾向向上下顶、底柱接近，应力降低幅度减小。相应地，裸露的顶板无支撑，开始产生垂直沉降，直接顶垮落，上覆岩层均产生不同程度垂直位移，随着距矿房工作面高度的增加，位移依次减小。图 7.103 为模型初始位移云图。图 7.104～图 7.107 为预留隔离顶柱分别为 50m 和 40m 时上盘矿开挖后垂直位移分布云图及局部放大图。

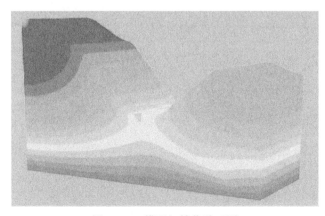

图 7.103　模型初始位移云图

图 7.104　预留隔离顶柱 50m 上盘矿开挖后垂直位移分布

图 7.105　预留隔离顶柱 50m 上盘矿开挖后垂直位移分布局部放大图

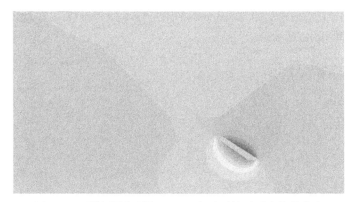

图 7.106　预留隔离顶柱 40m 上盘矿开挖后垂直位移分布

图 7.107　预留隔离顶柱 40m 上盘矿开挖后垂直位移分布局部放大图

　　随着岩体应力的不断转移和传递，上覆岩层也在不断通过移动方式释放能量，矿层开采后岩体移动主要表现为周围岩体向采空区移动，上覆岩层的自重引起顶板向下移动，工作面侧壁和底板的移动主要由煤层采出后采空区的卸荷和水平应力共同作用引起。

　　采场矿层被采出以后，随着工作面的不断推进，采空区直接顶悬空面积不断增大，在上覆岩层和其自重应力的共同作用下，直接顶内部的拉应力不断增大，当拉应力超过岩层的抗拉强度时，直接顶开始破断、垮落，老顶岩层则以梁或悬臂梁弯曲的形式沿层理面法线方向移动，跨距达到极限跨距时发生初次破断，随着煤层的不断开采，进而产生周期破断，在岩层间产生离层并不断向上传递，受采动影响的覆岩范围也不断扩大。

　　可知当预留隔离顶柱为 50m 时覆岩发育没有到达地表，到预留隔离顶柱为 40m 时开始在地表沿走向方向形成明显的塑性破坏，主要是剪切破坏，当采空区范围到达一定程度时，岩层移动发育到地表，在地表最终形成一个比采空区大得多的下沉盆地。

　　图 7.108～图 7.111 分别为预留隔离顶柱 50m 和 40m 上盘矿开挖后垂直位移分布水平剖面和沿矿房倾向剖面图。

图 7.108　预留隔离顶柱 50m 上盘矿开挖后垂直位移分布水平剖面

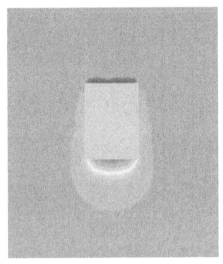

图 7.109　预留隔离顶柱 50m 上盘矿开挖后垂直位移分布沿矿房倾向剖面

图 7.110　预留隔离顶柱 40m 上盘矿开挖后垂直位移分布水平剖面

图 7.111　预留隔离顶柱 40m 上盘矿开挖后垂直位移分布沿矿房倾向剖面

矿房开采后，顶板垮落，引起上方覆岩沉降，产生裂隙网络并逐渐向上延伸，当矿房开采跨度较长时，覆岩沉降加剧逐渐波及地表。由图7.108~图7.111可知，地表位移沉降主要集中在矿房正上方地表。地表左侧存在一露天坑，露天边坡坡角为45°，由位移云图可知，预留隔离顶柱50m时上盘矿矿房的开采对其影响较弱。预留隔离顶柱40m时上盘矿矿房的开采对其影响较强，坑底将会有较大沉降。

下盘矿开采影响下垂直位移分布规律分析如下所述。

当下盘矿矿房开采后，顶板裸露范围增大，出现二次卸压，隔离层应力减小程度增大，与上盘矿底板接近连通。相应地，裸露的顶板无支撑，开始产生垂直沉降，直接顶垮落。

由图7.112和图7.113可知，随着下盘矿的开采，围岩稳定性受到二次扰动。竖直方向上，下盘矿顶板卸压与上盘矿底板卸压共同影响下隔离层应力降低出现

图7.112　预留隔离顶柱50m下盘矿开挖后垂直位移分布

图7.113　预留隔离顶柱50m下盘矿开挖后垂直位移分布局部放大图

连通，应力值急剧减小，出现破断，顶板垮落，引起上方覆岩沉降，隔离层垂直位移较大，最大沉降值可达 0.35m，会对上盘矿底板产生不利影响。

图 7.114、图 7.115 和图 7.116 分别为预留隔离顶柱 50m 下盘矿开挖后垂直位移分布水平剖面和沿上、下盘矿房倾向剖面图。由图 7.114～图 7.116 可知，采空区对上覆岩体影响范围呈碗形，其正上方岩体的沉降值最大，沉降值逐渐向两侧递减；底板发生微小的向上隆起。顶板沉降区向上延伸，未波及露天坑坑底及边坡。

由图 7.117 和图 7.118 可知，随着下盘矿的开采，围岩稳定性受到二次扰动。竖直方向上，下盘矿顶板卸压与上盘矿底板卸压共同影响下隔离层应力降低并出现连通，应力值急剧减小，出现破断，顶板垮落，引起上方覆岩沉降，隔离层垂直位移较大，最大沉降值可达 0.5m，会对上盘矿底板产生不利影响。

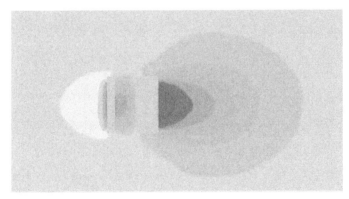

图 7.114 预留隔离顶柱 50m 下盘矿开挖后垂直位移分布水平剖面

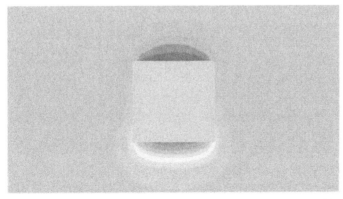

图 7.115 预留隔离顶柱 50m 下盘矿开挖后垂直位移分布沿上盘矿矿房倾向剖面

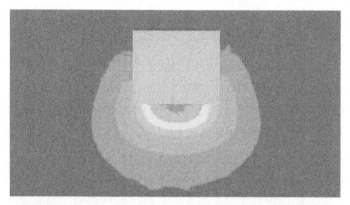

图 7.116　预留隔离顶柱 50m 下盘矿开挖后垂直位移分布沿下盘矿矿房倾向剖面

图 7.117　预留隔离顶柱 40m 下盘矿开挖后垂直位移分布

图 7.118　预留隔离顶柱 40m 下盘矿开挖后垂直位移分布局部放大图

　　图 7.119、图 7.120 和图 7.121 分别为预留隔离顶柱 40m 下盘矿开挖后垂直位移分布水平剖面和沿上、下盘矿房倾向剖面图。由图 7.119~图 7.121 可知，采空区对上覆岩体影响范围呈碗形，其正上方岩体的沉降值最大，沉降值逐渐向两侧递减；底板发生微小的向上隆起。顶板沉降值较大区域波及露天坑坑底及右侧边坡，对其稳定性产生不利影响。

图 7.119 预留隔离顶柱 40m 下盘矿开挖后垂直位移分布水平剖面

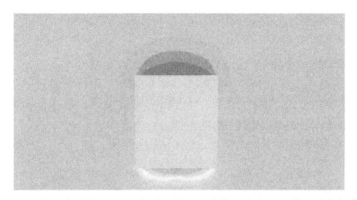

图 7.120 预留隔离顶柱 40m 下盘矿开挖后垂直位移分布沿上盘矿矿房倾向剖面

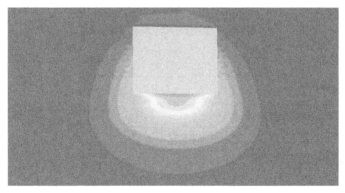

图 7.121 预留隔离顶柱 40m 下盘矿开挖后垂直位移分布沿下盘矿矿房倾向剖面

随着下盘矿的开采，围岩稳定性受到二次扰动。竖直方向上，下盘矿顶板卸压与上盘矿底板卸压共同影响下隔离层应力降低出现连通，应力值急剧减小，出现破断，顶板垮落，引起上方覆岩沉降；产生裂隙网络，逐渐向上延伸，与上盘矿底板贯通，形成贯通裂隙，随着隔离层垂直位移增大，将发生塑性破坏。

7.7.3.3 有限差分法数值模拟小结

(1) 在设计开挖计算过程中，模拟计算模型整体稳定，无大规模、大范围下沉及破坏现象，预留隔离顶柱 50m 时，竖直方向上顶板卸压范围未波及露天坑坑底，说明卸压影响较小；而预留隔离顶柱 40m 时，顶板卸压对露天坑坑底造成较大影响，可能对其安全造成影响。

(2) 随着下盘矿的开采，围岩应力场受到二次扰动，产生了极为明显的应力重新分布现象。竖直方向上，下盘矿顶板卸压与上盘矿底板卸压共同影响下隔离层应力降低并出现连通，应力值急剧减小。

(3) 地表位移沉降主要集中在矿房正上方地表。预留隔离顶柱 50m 时上盘矿矿房的开采对其影响较弱。预留隔离顶柱 40m 时上盘矿矿房的开采对其影响较强，坑底将会有较大沉降。

(4) 下盘矿开采后，应力值急剧减小，出现破断，顶板垮落，引起上覆岩层沉降；产生裂隙网络，逐渐向上延伸，与上盘矿底板贯通，形成贯通裂隙，随着隔离层垂直位移增大，将发生塑性破坏。

FLAC^{3D} 有限差分法数值模拟对比结论见表 7.14。

表 7.14　FLAC^{3D} 有限差分法数值模拟对比结论表

	预留隔离顶柱 50m		预留隔离顶柱 40m	
	开挖上盘	开挖下盘	开挖上盘	开挖下盘
垂直应力	顶板左上方及底板右下方出现应力集中区。竖直方向上顶板卸压范围未波及露天坑坑底	下盘矿顶板卸压与上盘矿底板卸压共同影响下隔离层应力降低出现连通，隔离层出现塑性变形	竖直方向上顶板卸压范围向上延伸，波及露天坑坑底	隔离层和工作面均出现应力集中
位移	地表位移沉降主要集中在矿房正上方地表。上盘矿矿房的开采对露天坑坑底影响较弱	隔离层破断明显，对地表的影响较大	破断范围增加一倍，地表影响范围也有扩大趋势	破断范围继续增加，地表影响范围继续扩大

7.7.4 有限单元法数值模拟

根据调研资料建立了晋宁磷矿 6 号坑物理模型，并进行计算分析。

7.7.4.1 上下盘矿开挖数值模拟结果对比与分析

划分网格是建立有限单元模型的一个重要环节，它要求考虑的项目较多，需要的工作量较大，所划分的网格形式对计算精度和计算规模将产生直接影响。

为建立正确的有限单元模型，并保证合理的计算过程，需要划分出合适的网格(图 7.122~图 7.125)。

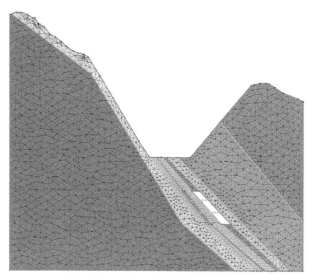

图 7.122　预留隔离顶柱 50m 上盘矿开挖后有限单元网格

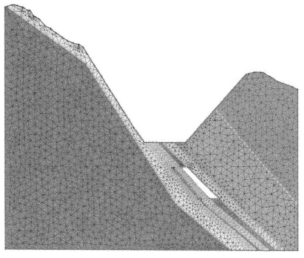

图 7.123　预留隔离顶柱 40m 上盘矿开挖后有限单元网格

　　首先,网格数目的多少将影响计算结果的精度和计算规模的大小。一般来讲,网格数目增加,计算精度会有所进步,但同时计算规模也会增加,所以在确定网格数目时应权衡两个因素综合考虑。

　　其次,网格疏密是指在不同结构部位采用大小不同的网格,这是为了适应计算数据的分布特点。在计算数据变化梯度较大的部位(如应力集中处),为了较好地反映数据变化规律,需要采用比较密集的网格。而在计算数据变化梯度较小的部位,为了减小模型规模,则应划分相对稀疏的网格。

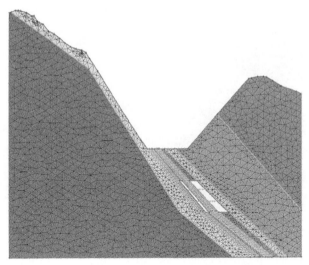

图 7.124　预留隔离顶柱 50m 下盘矿开挖后有限单元网格

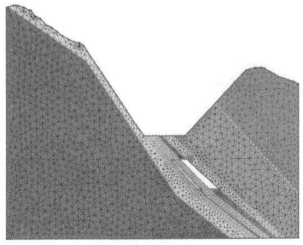

图 7.125　预留隔离顶柱 40m 下盘矿开挖后有限单元网格

　　由于矿体部分是研究的重点部分，为了达到较高的计算准确性，开挖区域网格划分比较细密，计算精度相对较高。

　　如图 7.126～图 7.129 所示，预留隔离顶柱 50m 上盘矿开采后，顶底板最大剪应力值迅速减小，隔离顶柱底端靠近直接顶处产生应力集中，直接顶板卸压范围较底板卸压范围更大；预留隔离顶柱 40m 矿房变形急剧增大，应力集中区域向下移动；最大剪应力影响范围具有向露天境界移动的趋势。

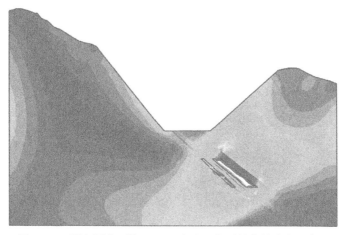

图 7.126　预留隔离顶柱 50m 上盘矿开挖后最大剪应力示意图

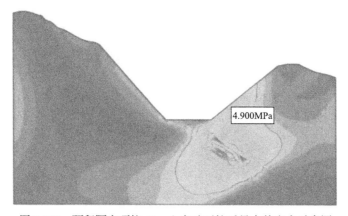

图 7.127　预留隔离顶柱 40m 上盘矿开挖后最大剪应力示意图

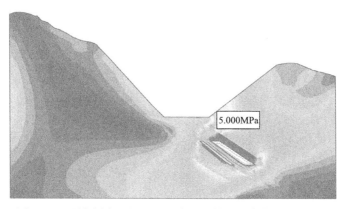

图 7.128　预留隔离顶柱 50m 下盘矿开挖后最大剪应力示意图

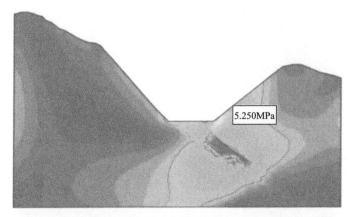

图 7.129　预留隔离顶柱 40m 下盘矿开挖后最大剪应力示意图

　　随着下盘矿的开采，卸压范围向上延伸至边坡坡脚处，围岩应力场受到二次扰动，产生了明显的应力重新分布现象，卸压较上次开挖更加充分，影响区域更广（图 7.130～图 7.133）。

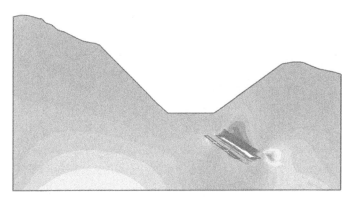

图 7.130　预留隔离顶柱 50m 上盘矿开挖后 Y 方向最大主应力示意图

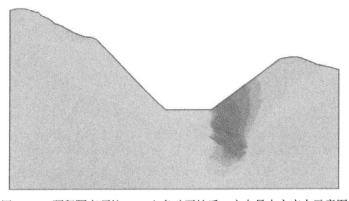

图 7.131　预留隔离顶柱 40m 上盘矿开挖后 Y 方向最大主应力示意图

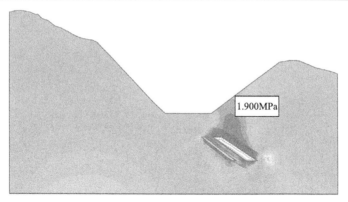

图 7.132　预留隔离顶柱 50m 下盘矿开挖后 Y 方向最大主应力示意图

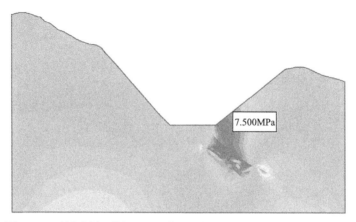

图 7.133　预留隔离顶柱 40m 下盘矿开挖后 Y 方向最大主应力示意图

上盘矿开采后，顶底板应力值减小，卸压范围在上下顶柱延伸，顶板卸压范围较底板卸压范围更大；矿房矿壁应力集中区域逐渐向上抬升；预留隔离顶柱 50m 时，竖直方向上顶板卸压范围未波及露天坑，卸压影响较小，而预留隔离顶柱 40m 时，顶板卸压对露天坑坑底及右侧边坡造成较大影响。

随着下盘矿的开采，围岩应力场受到二次扰动，产生了明显的应力重新分布现象。竖直方向上，下盘矿顶板卸压与上盘矿底板卸压共同影响下隔离层应力降低并出现连通，应力值急剧减小，预留 40m 隔离顶柱时顶柱及两矿层隔离层卸压明显。

如图 7.134～图 7.137 所示，上盘矿开采后，围岩原岩应力场受到扰动，预留隔离顶柱 40m 时，上盘矿开挖后塑性区比预留 50m 隔离顶柱影响范围增大，距露天境界较近，隔离层也处于塑性区影响范围之内。当开挖下盘矿区时，塑性区均有再次扩大趋势，波及地表，预留 50m 隔离顶柱的隔离层也处于塑性区影响范围之内，容易产生塑性变形，岩体发生破断。

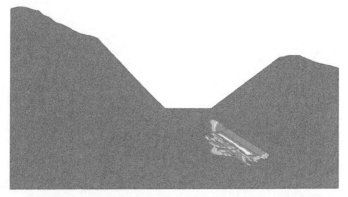

图 7.134　预留隔离顶柱 50m 上盘矿开挖后塑性区分布图

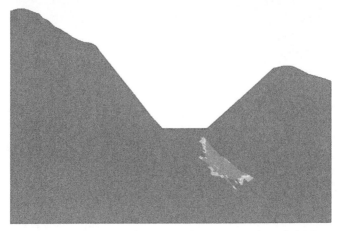

图 7.135　预留隔离顶柱 40m 上盘矿开挖后塑性区分布图

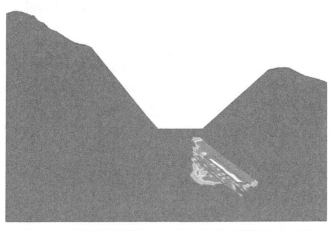

图 7.136　预留隔离顶柱 50m 下盘矿开挖后塑性区分布图

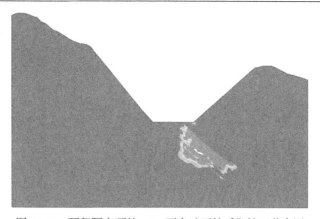

图 7.137　预留隔离顶柱 40m 下盘矿开挖后塑性区分布图

如图 7.138~图 7.141 所示,预留 40m 隔离顶柱垂直位移沉降范围较预留 50m

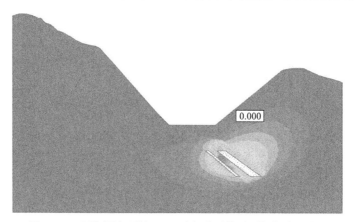

图 7.138　预留隔离顶柱 50m 下盘矿开挖后顶板位移变化图

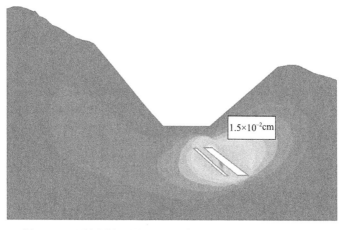

图 7.139　预留隔离顶柱 40m 下盘矿开挖后顶板位移变化图

图 7.140　预留隔离顶柱 50m 下盘矿开挖后顶板位移变化局部放大图

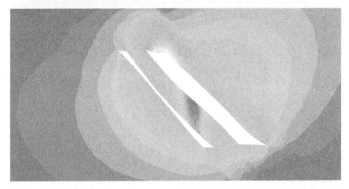

图 7.141　预留隔离顶柱 40m 下盘矿开挖后顶板位移变化局部放大图

隔离顶柱垂直位移沉降范围有所扩大，接近地表，对两侧露天边坡产生较大影响，易使坡面堆积物发生滑落，对坑底产生不利影响。

下盘矿矿房开采后，隔离层垂直位移向下增大，底板隆起，隔离层具有扩张的趋势，与上盘矿底板接近连通。相应地，裸露的顶板无支撑，开始产生垂直沉降，直接顶垮落。

7.7.4.2　有限单元法数值模拟小结

归纳总结有限单元法数值模拟计算结果，可以做出以下几点总结：

(1)预留隔离顶柱 50m 上盘矿开采后，顶底板最大剪应力值迅速减小，隔离顶柱底端靠近直接顶处产生应力集中，直接顶板卸压范围较底板卸压范围更大；预留隔离顶柱 40m 矿房变形急剧增大，应力集中区域向下移动；最大剪应力影响范围具有向露天境界移动的趋势，随着下盘矿的开采，卸压范围向上延伸至边坡坡脚处，卸压较上次开挖更加充分，影响区域更广。

(2)矿房矿壁应力集中区域逐渐向上抬升；预留隔离顶柱 50m 时，竖直方向上顶板卸压范围未波及露天坑，卸压影响较小，而预留隔离顶柱 40m 时，顶板卸压对露天坑坑底及右侧边坡造成较大影响。

（3）上盘矿开采后，预留隔离顶柱 40m 时，上盘矿开挖后塑性区比预留 50m 隔离顶柱影响范围增大，距露天境界较近，隔离层也处于塑性区影响范围之内。当开挖下盘矿区时，塑性区有再次扩大趋势，波及地表，预留 50m 隔离顶柱的隔离层也处于塑性区影响范围之内。

（4）预留 40m 隔离顶柱垂直位移沉降范围较预留 50m 隔离顶柱垂直位移沉降范围有所扩大，接近地表，对两侧露天边坡产生较大影响，易使坡面堆积物发生滑落，对坑底产生不利影响。

7.8 矿山自然灾害危险源危险度辨识与评价指标体系的构建

本节先从整体上研究矿山自然灾害危险源危险度辨识与评价指标体系的构建，然后在此理论的基础上分析露天矿山岩质边坡、排土场与尾矿库等特定具体的危险源危险度辨识与评价指标体系。

7.8.1 矿山自然灾害危险源危险度辨识与评价指标体系

7.8.1.1 矿山自然灾害危险源危险度的定义

灾害危险度是指灾害的危险程度，是其危险性评价的定量表达，能定量辨识与评价灾害危险性的等级程度。

目前关于灾害危险度的定义相当丰富。联合国人道主义事务部（UNDHA）对灾害危险度的定义为：一个有威胁的事件或极端现象对人们生命财产造成损害的可能性大小（概率）[14, 15]。我国泥石流学家刘希林定义泥石流危险度为所存在的一切人和物有遭受泥石流损害的可能性大小[16]；滑坡专家乔建平将滑坡危险度解释为在一定空间范围内，滑坡潜在易发的危险程度[17]。

结合目前国内外灾害危险度的概念，本节将矿山自然灾害危险源危险度定义为：在一定的空间范围内，矿山自然灾害危险源在自然和人为因素作用下起动对矿区人民生命财产造成损害的可能性大小，度量结果分布在 0～1 或 0%～100%范围内。

7.8.1.2 矿山自然灾害危险源危险度辨识与评价理论方法

矿山自然灾害危险源危险度辨识与评价因子包括环境因子（也可叫本底因子或主控因子）与触发因子两类。环境因子与触发因子必须同时满足矿山灾害才能被起动与诱发，二者缺一不可，如满足了矿山自然灾害危险源本身具有的环境因子，没有触发因子来诱发起动，也不会形成矿山自然灾害。由此可见，影响矿山灾害危险源危险度的因子较多，但为较准确地辨识与评价其危险程度，就必须综合考虑各方面的因素，因此为较合理且准确地对矿山自然灾害危险源危险度进行分析，必须采用一种评估方法来合理且准确地评价对矿山自然灾害危险源危险度造成影响的评估因子与指标。

1) 多因素综合评估法理论概述

多因素综合评估法在处理有众多评估因子的复杂问题时具有较大的优势，如自然灾害，其理论模型如下[19,20]：

$$H_{md} = \sum_{i=1}^{n} w_i x_i \tag{7.5}$$

式中，H_{md} 为矿山自然灾害危险源危险度的多因素综合辨识与评价结果（通常为与 $0\sim1$ 或 $0\%\sim100\%$）；x_i 为矿山自然灾害危险源危险度第 i 个评估因子指标值；w_i 为第 i 个评估因子对应的权重系数。

2) 评估因子指标 x_i 的确定

对于式(7.5)，为获得辨识与评价结果，必须要确定具体评估因子值和对应的权重系数。采用多因素综合评估法进行评估时由于选择的各个评估因子的尺寸规格及规模不一致，不具有可比性，无法进行归纳，在确定指标实际值之后，还必须解决指标间的可综合性问题，即进行指标的无量纲化处理，通过一定的数值变换来消除指标间的量纲影响。

为便于计算，本节选择线性无量纲化方法把量纲不同的指标进行无量纲化处理。处理方法如下所述。

(1) 评价指标值越大对岩质边坡的稳定性越好的指标，采用式(7.6)处理：

$$x'_{ij} = \begin{cases} 0, & x_{ij} \geqslant x_{i\,max} \\ \dfrac{x_{i\,max} - x_{ij}}{x_{i\,max} - x_{i\,min}}, & x_{i\,min} < x_{ij} < m_{i\,max} \\ 1, & x_{ij} \leqslant x_{i\,min} \end{cases} \tag{7.6}$$

(2) 评价指标值越小对岩质边坡的稳定性越好的指标，采用式(7.7)处理：

$$x'_{ij} = \begin{cases} 0, & x_{ij} \leqslant x_{i\,min} \\ \dfrac{x_{ij} - x_{i\,min}}{x_{i\,max} - x_{i\,min}}, & x_{i\,min} < x_{ij} < m_{i\,max} \\ 1, & x_{ij} \geqslant x_{i\,max} \end{cases} \tag{7.7}$$

式中，x'_{ij} 为矿山岩质边坡危险源危险度评价第 i 个评估因子指标无量纲处理之后的数据；x_{ij} 为第 i 个评估因子指标获取的原始值；$x_{i\,min}$、$x_{i\,max}$ 分别为第 i 个评估因子指标评估体系中其原始值能确定的最大值与最小值。

3) 评估因子对应的权重系数 w_i 的确定

权重是反映评价指标重要程度的量化系数，权重大时意味着重要程度高。各评价指标对评价对象的作用一般来说是不同的，即使是相同的评价因素指标值对不同的评价对象的作用也不相同，因此要根据实际情况对不同的评价指标赋予不同的权重。

不少综合评判模型和识别模型对指标的权重是根据经验确定的，难免带有一定的主观性[55,56]。为避免这一偏差，本节采用可拓学理论来确定评估因子间的权重系数。

A. 可拓学基础理论

可拓学是由我国学者蔡文于 1983 年提出的，它始于不相容问题的转化规律和解决方法，通过引进物元 $R=(N，C，V)$（物，特征，量值），并对其进行变换和运算，定性和定量研究与解决不相容问题的规律和方法。可拓学的物元理论和可拓集合理论是围岩稳定性评价的基础。

a. 确定经典域

经典域可表示为

$$
\boldsymbol{R}_{ji}=(\boldsymbol{N}_j,\boldsymbol{C}_i,\boldsymbol{V}_{ji})=
\begin{bmatrix}
N_j & C_1 & V_{j1} \\
 & C_2 & V_{j2} \\
 & \vdots & \vdots \\
 & C_n & V_{jn}
\end{bmatrix}
=
\begin{bmatrix}
N_j & C_1 & \langle a_{j1},b_{j1}\rangle \\
 & C_2 & \langle a_{j2},b_{j2}\rangle \\
 & \vdots & \vdots \\
 & C_n & \langle a_{jn},b_{jn}\rangle
\end{bmatrix}
\tag{7.8}
$$

式中，$\boldsymbol{R}_{ji}$ 为一个物元；N_j 为第 j 个评价类别 ($j=1,2,\cdots,m$)；C_i 为第 i 个评价指标 ($i=1,2,\cdots,n$)；V_{ji} 为第 j 个评价类别 N_j 关于第 i 个评价指标 C_i 所确定量值范围，即经典域 $\langle a_{ji},b_{ji}\rangle$。

b. 确定节域

$$
\boldsymbol{R}_{pi}=(\boldsymbol{N}_p,\boldsymbol{C}_i,\boldsymbol{V}_{pi})=
\begin{bmatrix}
N_p & C_1 & V_{p1} \\
 & C_2 & V_{p2} \\
 & \vdots & \vdots \\
 & C_n & V_{pn}
\end{bmatrix}
=
\begin{bmatrix}
N_p & C_1 & \langle a_{p1},b_{p1}\rangle \\
 & C_2 & \langle a_{p2},b_{p2}\rangle \\
 & \vdots & \vdots \\
 & C_n & \langle a_{pn},b_{pn}\rangle
\end{bmatrix}
\tag{7.9}
$$

式中，N_p 为岩体质量的类别个体；C_i 为对应于 N_p 的特征因素 ($i=1,2,3,\cdots,n$)；p 为评价类别的全体；V_{pi} 为 p 关于 C_i 所取的量值范围；$\langle a_{ji},b_{ji}\rangle$ 为评价指标 C_i 所确定取值范围，为 p 的节域。

c. 确定待评物元

对待评的事物，将所收集到的数据用物元 R_t 表示，即

$$\boldsymbol{R}_t = (\boldsymbol{T}, \boldsymbol{C}, V_i) = \begin{bmatrix} T & C_1 & V_1 \\ & C_2 & V_2 \\ & \vdots & \vdots \\ & C_n & V_n \end{bmatrix} \tag{7.10}$$

式中，V_i 为 $\boldsymbol{T}$ 关于 $\boldsymbol{C}$ 的量值，即待评事物的所有数据；$\boldsymbol{T}$ 为待评岩体的种类。

B. 评估因子间权重系数 w_i 的确定

在可拓学基础理论的基础上，采用一种新的简单关联函数来确定评估因子间的权重系数 w_i [56,59]。

设：

$$r_{ji}(V_i, V_{ji}) = \begin{cases} \dfrac{2(V_i - a_{ji})}{b_{ji} - a_{ji}}, V_i \leqslant \dfrac{a_{ji} + b_{ji}}{2} \\ \dfrac{2(b_{ji} - V_i)}{b_{ji} - a_{ji}}, V_i \geqslant \dfrac{a_{ji} + b_{ji}}{2} \end{cases} \tag{7.11}$$

式中，a_{ji} 和 b_{ji} 分别为区间值 a、b 的权重分配系数；V_{ji} 为评价因素 C 的权重分配系数。

当 $V_i \in = V_{pi}$（节域）$(i=1,2,\cdots,n)$，则

$$r_{ji\max}(V_i, V_{ji}) = \max_{j=1}^{m}\left\{r_{ji}(V_i, V_{ji})\right\} \tag{7.12}$$

指标 i 的数据落入的类别越大，该指标应赋予越大的权重，则取：

$$r_i = \begin{cases} j_{\max} \times \left\{1 + r_{ji\max}(V_i, V_{ji})\right\}, r_{ji\max}(V_i, V_{ji}) \geqslant -0.5 \\ j_{\max} \times 0.5, r_{ji\max}(V_i, V_{ji}) < -0.5 \end{cases} \tag{7.13}$$

式中，$j_{\max}$ 为第 j 个特征因素的最大值；$r_{ji\max}$ 为第 j 种岩体质量等级经典域物元。

否则，如果指标 i 的数据落入的类别越大，该指标应赋予越小的权重，则取：

$$r_i = \begin{cases} (m - j_{\max} + 1) \times \left(1 + r_{ji\max}(V_i, V_{ji})\right), r_{ji\max}(V_i, V_{ji}) \geqslant -0.5 \\ (m - j_{\max} + 1) \times 0.5, r_{ji\max}(V_i, V_{ji}) < -0.5 \end{cases} \tag{7.14}$$

评估因子间权重系数 w_i：

$$w_i = \frac{r_i}{\sum\limits_{i=1}^{n} r_i} \tag{7.15}$$

7.8.1.3 构建矿山自然灾害危险源危险度辨识与评价指标体系

1) 矿山自然灾害危险源危险度等级分类标准

以上一小节的矿山自然灾害危险源危险度辨识与评价理论方法为基础能计算得到其危险度的综合辨识与评价结果 H_{md}, 以该结果来评价矿山危险源危险性所述的危险性等级, 由此可见必须要根据矿山自然灾害危险源的威胁程度, 对其危险度进行分类, 确定各类危险的等级范围与界限。

由于矿山自然灾害危险源类型不同, 在对其危险度进行评价时, 选取的辨识和评价因子与指标不完全相同, 因此在矿山自然灾害危险源危险度辨识与评价时不可能具有完全相同的评判等级范围与界限。由于矿山自然灾害危险源类型不同, 在对其危险度进行评价时, 其评判等级范围与界限需根据选取的辨识和评价因子与指标来确定。露天矿山岩质边坡、排土场与尾矿库等特定具体的危险源危险度评判等级范围与界限在后面将会详述。

参照目前大多数工程规范将工程的安全等级划分的 I 级极稳定、II 级稳定、III 级基本稳定、IV 级不稳定及 V 级极不稳定 5 个等级[28,42,43], 矿山自然灾害危险源评判等级范围与界限也与此对应划分成非常低危险、低危险、中等危险、高危险及非常高危险程度 5 个等级。

2) 矿山自然灾害危险源危险度辨识与评价等级

依据上一小节中自然灾害危险源危险度辨识与评价理论方法计算得到具体矿山自然灾害危险源危险度辨识与评价结果, 再根据其对应的评判等级范围与界限得到该类矿山自然灾害危险源危险度辨识与评价结果与等级, 进而得到其危险程度。矿山自然灾害危险源危险度辨识与评价指标体系见图 7.142。

7.8.2 矿山岩质边坡危险度辨识与评价指标体系的构建

根据上一小节矿山自然灾害危险源辨识及评价体系方法与理论, 本节构建对矿山岩质边坡危险源辨识与评价体系。

7.8.2.1 辨识与评价因素及指标

1) 辨识与评价因素及指标的选取与分析

矿山岩质边坡危险源危险度是指矿山岩质边坡危险源的危险程度, 是其危险性评价的定量表达, 能定量辨识与评价矿山岩质边坡危险性的等级程度。

在对矿山岩质边坡危险源危险度进行分析时需要选择对其可能造成影响的一些因子与指标, 再通过考虑这些因子与指标间的关系及对其的影响程度来综合评价矿山岩质边坡危险源危险度。

影响矿山岩质边坡危险源危险度的因子包括环境因子(也可叫本底因子或主

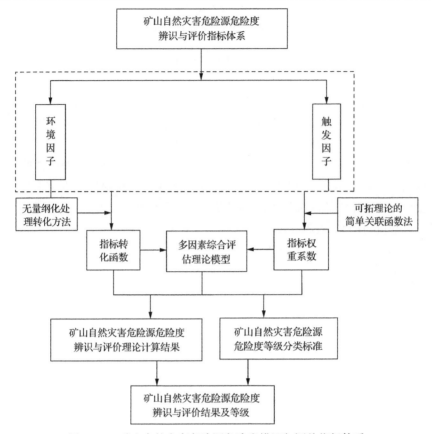

图 7.142　矿山自然灾害危险源危险度辨识与评价指标体系

控因子)、管理因子与触发因子三类。环境因子与触发因子必须同时满足矿山岩质边坡才能被起动与诱发，二者缺一不可，如满足了矿山自然灾害危险源本身具有的环境因子，没有触发因子来诱发起动，也不能形成矿山自然灾害，但是管理因子也对其危险性具有重要的影响。

矿山岩质边坡危险源危险度辨识与评价因素指标参照边坡工程规范关于岩质边坡工程的安全等级分类，将边坡整体安全等级分为 5 个等级：Ⅰ级极稳定、Ⅱ级稳定、Ⅲ级基本稳定、Ⅳ级不稳定、Ⅴ级极不稳定。

A. 环境因子及指标的选取

针对矿山岩质边坡，选择边坡形态因子、岩性因子、坡体结构因子、防治工程失效性因子、水文因子及植被因子作为矿山岩质边坡危险源危险度辨识与评价的环境因子。这 6 个因子较全面地反映了矿山自然灾害形成的环境条件。

a. 形态因子

形态因子选择矿山岩质边坡形状指标，选择边坡总高度 H、坡角 α 与边坡形态指数 λ 三个指标。

（A）边坡总高度与坡角对边坡稳定性影响分析

在参考文献[27]和[47]～[53]中关于岩质边坡安全评价指标的分类标准研究成果，以及类比分析了国内的一些矿山岩质高边坡工程的基础上，可得到岩质边坡总高度及坡角的 5 个安全等级量值范围，见表 7.15。

表 7.15　岩质边坡总高度及坡角的 5 个安全等级量值范围

安全等级	I	II	III	IV	V
边坡总高度 H/m	0～50	50～75	75～125	125～150	150～200（>200）
坡角 α /(°)	0～15	15～25	25～35	35～45	45～60（>60）

（B）边坡形态指数对边坡稳定性影响分析

在实际工程中，边坡的稳定性除了受地形因子中边坡总高度与坡角的影响外，边坡形态指数对其稳定性也具有重要的影响。在野外边坡中，边坡形态指数常常呈现平直、凸形、凸形及凹凸组合形。目前国内外对边坡形态对其稳定性的影响具有一定的研究，但是这些研究成果绝大多数主要从单一的边坡形态（凹形或凸形）对边坡稳定性方面开展研究，只有文献[35]与[39]探讨了凹形与凸形边坡稳定角与平直状态的关系，考虑凹形与凸形形态的边坡较少。因此，本节开展不同形态的凸形、凸形及凹凸组合形对边坡稳定性的影响，并采用类比法初步分析确定不同稳定性等级边坡的坡面形态参数 χ 的范围。

为采用类比法分析不同文献形态边坡形态范围，本节在选择边坡形态的分析模型参数时选取III级基本稳定一类边坡高度、坡角、岩土体容重、岩土体黏聚力与岩土体内摩擦角的平均值，选取的参数见表 7.16。分析的边坡坡面形态模型见图 7.143。

表 7.16　边坡形态模型参数

参数	边坡高度/m	坡角/(°)	岩土体容重/(kN/m³)	岩土体内摩擦角/(°)	岩土体黏聚力/KPa
数值	100	30	25.5	44.5	1100

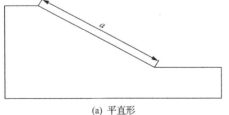

(a) 平直形

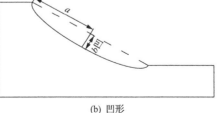

(b) 凹形

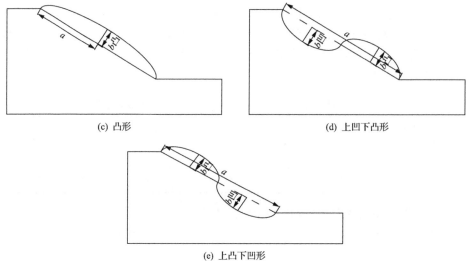

(c) 凸形　　　　　　　　　　　(d) 上凹下凸形

(e) 上凸下凹形

图 7.143　分析的边坡坡面形态模型

为了更好地描述不同形态的边坡坡面形态，本节引入边坡形态参数 χ。其定义如下：

$$\chi = \frac{b}{a} \qquad\qquad (7.16)$$

式中，a 为边坡长度；b 为沿边坡表面凹陷的垂直深度。

同时，为区分凹凸形边坡的坡面形态，将凹形边坡坡面形态参数 $\chi < 0$ 定义为负值(凹形部分没有边坡岩土体)；而将凸形边坡的坡面形态参数 $\chi < 0$ 定义为正值(凹形部分没有边坡岩土体)，即当边坡坡面形态为凹形时，其 $\chi < 0$；而坡面形态为凸形时，其 $\chi > 0$。

在图 7.143 坡面形态计算模型及表 7.15 的参数的基础上采用 SLIDE 软件计算边坡安全系数，计算结果见图 7.144(限于篇幅此处只放置部分计算结果图)及表 7.17～表 7.19。分析结果见图 7.145。

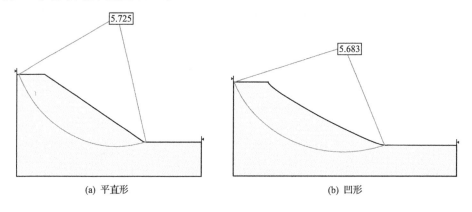

(a) 平直形　　　　　　　　　　　(b) 凹形

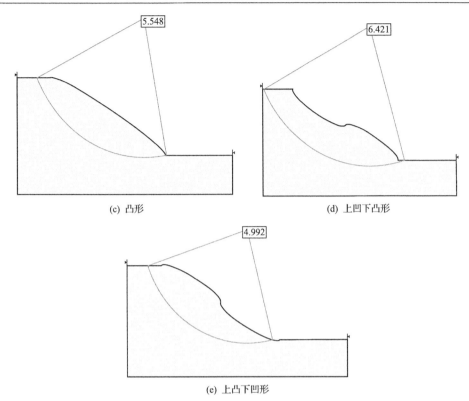

(c) 凸形　　　　　　　　　　　　　　　(d) 上凹下凸形

(e) 上凸下凹形

图 7.144　部分不同坡面形态安全系数的计算结果

表 7.17　单一坡面形态边坡的安全系数计算结果

指标	坡面形态												
	凹形						平直形	凸形					
坡面形态参数 χ	-0.95	-0.75	-0.5	-0.25	-0.1	-0.05	0	0.05	0.1	0.25	0.5	0.75	0.95
安全系数	3.008	3.462	4.427	5.369	5.683	5.735	5.725	5.676	5.548	4.853	3.518	2.351	1.845

表 7.18　上凹下凸形坡面形态边坡的安全系数计算结果

坡面形态参数 χ	-0.05 ~ 0.05	-0.05 ~ 0.05	-0.05 ~ 0.10	-0.05 ~ 0.20	-0.05 ~ 0.25	-0.05 ~ 0.50	-0.05 ~ 0.75	-0.10 ~ 0.10	-0.20 ~ 0.20	-0.25 ~ 0.25	-0.50 ~ 0.50	-0.75 ~ 0.75
安全系数	5.887	6.036	6.198	6.483	5.656	2.889	2.073	6.421	6.427	5.654	2.905	2.073

表 7.19　上凸下凹形坡面形态边坡的安全系数计算结果

坡面形态参数 χ	0 ~ 0.05	-0.05 ~ 0.05	-0.10 ~ 0.05	-0.25 ~ 0.05	-0.50 ~ 0.05	-0.75 ~ 0.05	-0.10 ~ 0.10	-0.25 ~ 0.25	-0.50 ~ 0.50	-0.75 ~ 0.75
安全系数	5.533	5.371	5.178	4.467	3.322	2.259	4.992	3.656	1.898	1.456

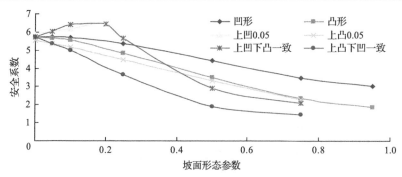

图 7.145　不同坡面形态边坡的安全系数

从图 7.145 可以得出：

(a) 对于单一坡面形态的边坡

当 χ 在[0,0.1]范围时，边坡的安全系数随坡面形态变化不大，接近其平面形态时的安全状态；

但是当 χ 大于 0.1 时，单一的凹形与凸形坡面形态边坡的安全系数随 χ 的增大而减小，且对于相同的 χ，凸形坡面形态边坡的安全系数小于凹形坡面形态边坡的安全系数。

(b) 对于凹凸组合坡面形态的边坡

上凹下凸坡面形态边坡，上部凹形坡面的 χ=0.05 及上凹下凸坡面形态参数相同时，具有相同的变化特征：下部凸形坡面的 χ 在[0,0.20]范围时，边坡的安全系数随坡面形态参数 χ 的增大而变大；而 χ 大于 0.20 时，边坡的安全系数随坡面形态参数 χ 的增大而急剧减小。

上凸下凹坡面形态边坡，上部凹形坡面的 χ=0.05 及上凹下凸坡面形态参数相同时，具有相同的变化特征：边坡的安全系数随坡面形态参数 χ 的增大而减小。

为确定不同稳定性等级边坡的坡面形态参数 χ 的取值范围，课题组采用类比法来探讨。得到的不同稳定性等级边坡的坡面形态参数 χ 的取值范围见表 7.20。

表 7.20　5 个安全等级边坡的坡面形态参数 χ 取值范围

安全等级	I		II		III		IV		V	
	凸形	凹形	凸形	凹形	凸形	凹形	凸形	凹形	凸形	凹形
坡面形态参数 χ	0～0.23	−0.37～0	0.23～0.37	−0.55～−0.37	0.37～0.46	−0.69～−0.55	0.46～0.56	−0.77～−0.68	0.56～1.00	−1.00～−0.77

b. 岩性因子

岩性因子选择矿山岩质边坡岩体的密度 ρ、变形模量 E_m、黏聚力 C、内摩擦角 ϕ、泊松比 μ 及完整性系数 K_v 六个岩体岩性指标。

在参考文献[27]、[28]及[47]～[53]中关于岩质边坡安全评价指标的分类标准研究成果，以及类比分析了国内的一些矿山岩质高边坡工程的基础上，可得到本节考虑的六个岩体岩性指标的 5 个安全等级量值范围，见表 7.21。

表 7.21 岩质边坡的岩性因子指标的 5 个安全等级量值范围

安全等级	I	II	III	IV	V
密度 ρ /(g/cm³)	3.50~4.50（>4.50）	2.65~3.50（>3.50）	2.45~2.65	2.25~2.45	0~2.25
变形模量 E_m /GPa	33~40（>40）	33~20	20~6	1.3~6.0	0.0~1.3
黏聚力 C /MPa	2.1~3（>3.0）	2.1~1.5	1.5~0.7	0.7~0.2	0~0.2
内摩擦角 ϕ /(°)	60~70（>70）	60~50	50~39	39~27	0~27
泊松比 μ	0~0.2	0.2~0.25	0.25~0.30	0.30~0.35	0.35~0.45（>0.45）
完整性系数 K_v	1.00~0.75	0.75~0.55	0.55~0.35	0.35~0.15	0.15~0

c. 坡体结构因子

本节关于岩质边坡坡体结构主要考虑结构面与坡体裂缝两方面。结构面选择间距、充填物强度、产状与坡向产状的关系、连续性与形态指数 5 个指标；坡体裂缝则选择实际的裂缝深度与理论最大裂缝的比值指标。

(A)结构面特征

(a)结构面间距

结构面间距是指同一组结构面的平均间距。它反映了岩体的完整性，决定了岩体变形和破坏力学机制。在生产实践中，经常用结构面间距表征岩体的完整程度。目前，国内外对结构面间距的分级很不一致。本节综合当前学者对不连续面间距的研究成果[28,40]，依据矿山岩质边坡的实际情况，分析得到不同稳定性等级岩质边坡结构面间距的取值范围，见表 7.22。

表 7.22 结构面间距与充填物强度指标的 5 个安全等级量值范围

安全等级	I	II	III	IV	V
结构面间距 l /m	2~3（>3）	1~2	0.5~1	0.3~0.5	0~0.3
黏聚力 C_b /MPa	0.13~0.25（>0.25）	0.13~0.09	0.09~0.05	0.05~0.02	0~0.02
内摩擦角 ϕ_b /(°)	35~45（>45）	35~27	27~18	18~12	0~12

(b)充填物强度

结构面中常见的充填物质成分有黏土质、砂质、角砾质、钙质及石膏质沉淀物和含水蚀变矿物(如叶蜡石、滑石)等，其相对强度的次序为：钙质≥角砾质＞砂质≥石膏质＞含水蚀变矿物≥黏土质。结构面经胶结后强度会提高，其中以铁或硅质胶结强度最高，泥质、易溶盐类胶结强度低，抗水性差。未胶结的充填物强度低，充填物厚度不同时，结构面的变形和强度也不同。

本节采用结构面的充填物强度来表征其中不同的充填物质成分对岩质边坡稳定性的影响。根据文献[42]和[43]的研究成果，能分析得到不同稳定性等级岩质边坡结构面中充填物的强度范围，见表7.22。

(c)形态指数

自然界中结构面的几何形态是非常复杂的，大体上可分为以下四种类型。

平直：包括大多数层面、片理和剪切破裂面等。

波状：如具波痕的层面、轻度揉曲的片理、呈舒缓波状的压性及压扭性结构面等。

锯齿状：如多数张性或张扭性结构面。

不规则的：结构面曲折不平，如沉积间断面、交错层理及沿原有裂隙发育的次生结构面等。

目前，一般常用起伏度和粗糙度来表征结构面的几何形态。粗糙度是结构面表面的粗糙程度，大致可分为极粗糙、粗糙、一般、光滑和镜面5个等级。起伏度是衡量结构面总体起伏的程度。本节选用起伏度指标来反映不连续结构面的形态特征。

在用起伏度指标来反映结构面的形态特征时，选择最大峰谷距R_{max}因子来评价结构面的几何形态对岩质边坡稳定性的影响[41]。最大峰谷距R_{max}指结构面形态曲线最高峰与最低谷的直接高度差[41]。除结构面的几何形态外，结构面中能容纳的最大充填物厚度h_{max}也对岩质边坡稳定性具有重要的影响。

为综合分析结构面的形态对岩质边坡稳定性的影响，本节依据文献[41]和[44]，提出用形态指数指标来反映不同的结构面的最大峰谷距R_{max}与能容纳的最大充填物厚度h_{max}对岩质边坡稳定性的影响。

结构面的形态指数ε定义为

$$\varepsilon = \frac{R_{max}}{h_{max}} \tag{7.17}$$

同理采用类比法分析不同稳定性等级岩质边坡的形态指数ε特征。本节在选择边坡形态的分析模型参数时选取Ⅲ级基本稳定一类边坡高度、坡角、容重、黏聚力与内摩擦角的平均值，选取的岩质边坡岩体与结构面充填物强度参数见表7.23。

表7.23　结构面形态指数ε分析模型选取参数

参数	边坡高度 /m	坡角 /(°)	边坡岩体性质			结构面充填强度系数		
			容重 /(kN/m³)	内摩擦角 /(°)	黏聚力 /kPa	容重 /(kN/m³)	内摩擦角 /(°)	黏聚力 /kPa
数值	100	30	25.5	44.5	1100	17.5	22.5	70

分析模型见图 7.146。在图 7.146 的分析模型中,为从理论上区分平直形、整体上沿坡面凸形与整体上沿坡面凹形三种结构面类型对岩质边坡稳定性的影响,将整体上沿坡面凸形结构面的形态指数 ε 定义为正值,而将整体上沿坡面凹形结构面的形态指数 ε 定义为负值。

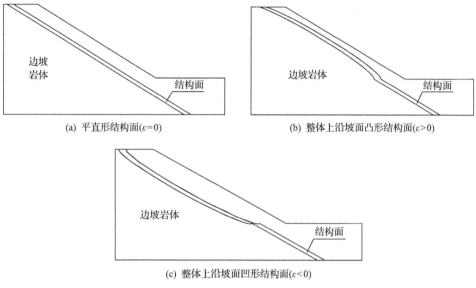

(a) 平直形结构面($\varepsilon=0$) (b) 整体上沿坡面凸形结构面($\varepsilon>0$)

(c) 整体上沿坡面凹形结构面($\varepsilon<0$)

图 7.146 充填物强度所选择的分析模型

利用图 7.146 计算模型及表 7.23 的参数采用 SLIDE 软件计算不同形态特征的结构面的边坡安全系数,计算结果见图 7.147(限于篇幅此处只放置部分计算结果图)及表 7.24。

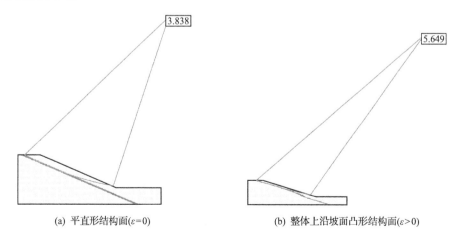

(a) 平直形结构面($\varepsilon=0$) (b) 整体上沿坡面凸形结构面($\varepsilon>0$)

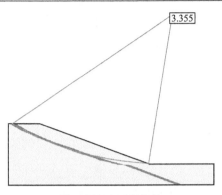

(c) 整体上沿坡面凹形结构面(ε<0)

图 7.147　部分不同形态特征结构面边坡安全系数的计算结果

表 7.24　不同形态特征的结构面的边坡安全系数的计算结果

指标	结构面形态												
	无结构面	整体上沿坡面凹形结构面				平直形结构面		整体上沿坡面凸形结构面					
结构面的形态指数 ε		−1.0	−0.75	−0.5	−0.3	−0.1	0	0.1	0.3	0.5	0.75	1.0	1.25	1.35
安全系数	5.725	3.355	3.306	3.373	3.543	3.715	3.838	3.924	4.415	4.453	4.934	5.649	5.646	5.680

分析结果见图 7.148。

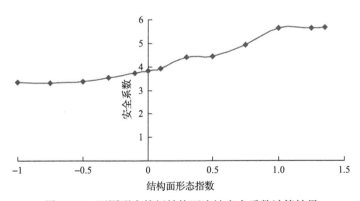

图 7.148　不同形态特征结构面边坡安全系数计算结果

分析表 7.24 与图 7.148 可以得到如下结论。

(1)岩质边坡中发育的结构面形态特征对其稳定性具有重要影响。整体上沿坡面凸形结构面的岩质边坡的稳定性最好,具有平直形结构面的岩质边坡的稳定性次之,而整体上沿坡面凹形结构面的岩质边坡的稳定性相对最差。

(2)当岩质边坡整体上沿坡面凸形的结构面形态指数 ε 大于 1.0 时,其安全系数与无结构面但其他形态特征相同的岩质边坡相接近。这说明,整体上沿坡面凸形结构面的岩质边坡结构面的最大峰谷距 R_{max} 大于容纳的最大充填物厚度 h_{max} 时,结构面形态对岩质边坡的稳定性可不考虑。

(3)当岩质边坡整体上沿坡面凹形结构面的形态指数 ε 达到 -0.5 时,随着 ε 的减小对应的岩质边坡的安全系数基本不再减小。这说明,整体上沿坡面凹形结构面的岩质边坡结构面的最大峰谷距 R_{max} 等于容纳的最大充填物厚度 h_{max} 时,结构面的形态对岩质边坡稳定性的影响较小。

为确定不同稳定性等级岩质边坡结构面的形态指数 ε 的范围,课题组采用类比法来探讨得到的不同稳定性等级边坡中发育结构面的形态指数 ε 范围见表 7.25。

表 7.25 5 个安全等级边坡中发育结构面的形态指数 ε 取值范围

安全等级	I	II	III	IV	V
结构面的形态指数 ε	0.81～1.0(>1.0)	0.58～0.81	0.24～0.58	0.11～0.24	(<-0.5)-0.5～0.11

(d)结构面产状与坡向产状的关系

岩质边坡内发育的结构面的产状对其稳定性具有较大的影响。本节从岩质边坡结构面产状与坡向产状的关系来分析其对稳定性的影响。

岩质边坡结构面产状与坡向产状的关系具有以下三种类型[40]。

(1)顺向坡。结构面的走向、倾向与边坡面的走向、倾向大致平行或比较接近时,又分以下两小类:①当结构面的倾角小于坡角时,容易产生顺层滑坡,这种边坡的稳定性最差;②当结构面的倾角大于坡角时,这种边坡的稳定性好。

(2)逆向坡。结构面的走向与边坡面的走向大致相同,但倾向相反,即结构面倾向坡内,这种情况的边坡是较稳定的。

(3)斜交坡。结构面的走向与边坡面的走向呈斜交关系。当二者的交角大于40°时,一般视为稳定边坡,且交角越大其边坡稳定性越好;当二者的交角近于90°直交时,稳定性最好,该坡称为横向坡;当二者的交角小于40°时可按结构面平行于边坡的情况考虑。

本节在定性研究目前已有的结构面产状与岩质边坡坡向产状的关系对稳定性影响的基础上,来定量研究结构面产状与岩质边坡坡向产状的关系对其稳定性的影响。

分析模型见图 7.149。分析模型选取的参数同表 7.25。

根据图 7.149 计算模型及表 7.25 中的参数,采用 SLIDE 软件计算的不同结构面产状与岩质边坡坡向产状关系的边坡安全系数见图 7.150(限于篇幅此处只放置部分计算结果图)及表 7.26。

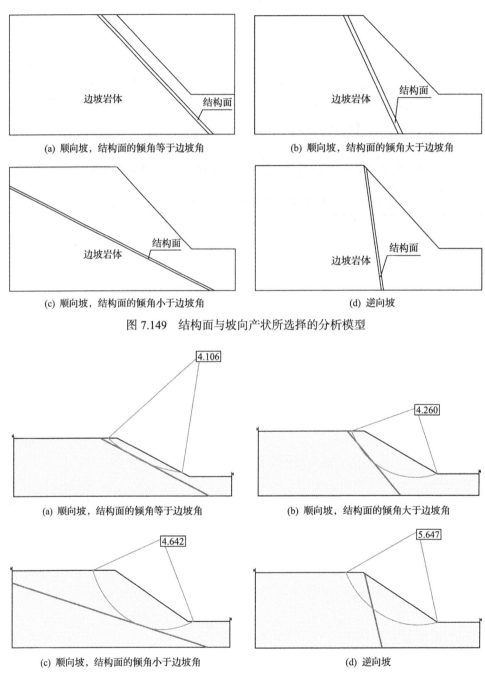

(a) 顺向坡，结构面的倾角等于边坡角
(b) 顺向坡，结构面的倾角大于边坡角
(c) 顺向坡，结构面的倾角小于边坡角
(d) 逆向坡

图 7.149　结构面与坡向产状所选择的分析模型

(a) 顺向坡，结构面的倾角等于边坡角
(b) 顺向坡，结构面的倾角大于边坡角
(c) 顺向坡，结构面的倾角小于边坡角
(d) 逆向坡

图 7.150　部分不同结构面产状与岩质边坡坡向产状关系的边坡安全系数的结算结果

表 7.26　不同结构面产状与岩质边坡坡向产状关系的边坡安全系数计算结果

有无结构面	坡向	结构面产状与岩质边坡产状关系	安全系数计算结果					
有结构面	顺向坡	结构面倾角小于坡角	5°	6°	10°	15°	25°	29°
			3.710	3.755	3.976	4.309	5.002	5.710
		结构面倾角等于坡角	4.106					
		结构面倾角大于坡角	10°	20°	30°	40°	50°	60°
			4.195	4.465	4.917	5.344	5.558	5.641
	逆向坡	结构面倾向与边坡倾向的夹角/(°)	15°	30°	45°	60°	75°	90°
			5.637	5.191	5.647	5.676	5.682	5.638
无结构面			5.728					

注：表中带度数的值为结构面倾角与坡角二者之间的夹角。

分析结果见图 7.151～图 7.153。

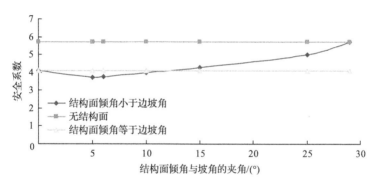

图 7.151　结构面的倾角小于坡角的顺向边坡安全系数计算分析结果

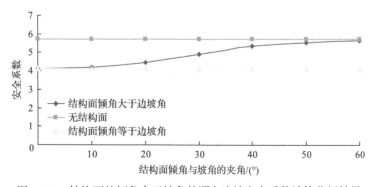

图 7.152　结构面的倾角大于坡角的顺向边坡安全系数计算分析结果

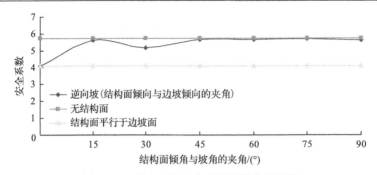

图 7.153　逆向边坡安全系数计算分析结果

分析表 7.26 与图 7.151～图 7.153 可以得到如下结论。

(1) 结构面倾角小于坡角的顺向坡稳定性符合以下规律: 当结构面倾角与坡角的夹角 θ_{sx} 在 $[0,\alpha/5]$ 区间变化时 (α 为坡角), 边坡的安全性随 θ_{sx} 的增大而减小; 而当结构面倾角与坡角的夹角 θ_{sx} 属于 $[\alpha/5,\alpha]$ 时, 边坡的安全系数随 θ_{sx} 的增大而变大, 尤其是 $\theta_{sx} \approx 2\alpha/5$ 时, 边坡的安全系数接近结构面倾角与坡角相等时的安全系数。

(2) 结构面的倾角大于坡角的顺向边坡稳定性符合以下规律: 边坡的安全系数随结构面倾角与坡角的夹角 θ_{sd} 的增大而变大, 其安全系数在结构面倾角与坡面边坡与无结构面的岩质边坡的安全系数之间变化。

(3) 逆向边坡稳定性符合的规律: 安全系数在结构面平行于坡面边坡与无结构面的岩质边坡的安全系数之间变化。当边坡中发育的和边坡倾向相反的结构面与边坡倾向的夹角 θ_n 在 $[0°,15°]$ 范围内变化时, 其边坡的安全系数随 θ_n 的增大而增加, 且接近无结构面的岩质边坡的安全系数。当 θ_n 属于 $[15°,45°]$ 时, 岩质边坡的安全系数在 $[15°,30°]$ 的范围内随 θ_n 而减小, 在 θ_n 为 30° 时, 安全系数最小, 但减小的幅度不大; 而在 $[30°,45°]$ 区间中, 岩质边坡的安全系数随 θ_n 的增大而增大, 且接近无结构面的岩质边坡的安全系数。当 θ_n 属于 $[45°,90°]$ 时, 岩质边坡的安全系数都无限接近无结构面的岩质边坡的安全系数。

在定性研究目前已有的结构面产状与岩质边坡坡向产状的关系对稳定性影响的成果与以上分析的基础上, 采用类比法来探讨得到结构面产状与岩质边坡坡向产状的关系对不同稳定性等级岩质边坡的定量指标, 见表 7.27。

表 7.27　结构面产状与岩质边坡坡向产状的关系对不同稳定性等级岩质边坡的定量指标范围　　　　　　　　　　[单位: (°)]

	安全等级	I	II	III	IV	V
结构面走向与边坡面走向夹角 $\theta_{zj} \in [0°,40°]$	结构面倾角小于坡角的 θ_{sd}	$\frac{5\alpha}{6} - \alpha$	$\frac{3\alpha}{5} - \frac{5\alpha}{6}$	$\frac{2\alpha}{5} - \frac{3\alpha}{5}$	$\frac{3\alpha}{10} - \frac{2\alpha}{5}$	$0 - \frac{3\alpha}{10}$
	结构面倾角大于坡角的 θ_{sd}	33～45(>45)	20～33	0～20	—	—
	逆向边坡的 θ_n	10～90	4～9	0～4	—	—

安全等级	I	II	III	IV	V
结构面走向与边坡面 走向夹角 $\theta_{zj} \in [40,90]$	75～90	55～75	40～55	—	—

(e)连续性

结构面的连续性是指结构面在其走向和倾斜线上的长短程度，也称为贯通性和延展性。结构面在一定尺寸岩体中的贯通性有三种情况：非贯通的、半贯通的和贯通的。

本节采用 SLIDE 软件并结合现场实际岩质边坡的情况，开展岩质边坡中结构面在坡内的连续贯通情况对其稳定性影响的研究。

本节定义结构面连续性指数 η 来表示结构面在岩质边坡中的连续贯通情况：

$$\eta = \frac{l_j}{l_b} \tag{7.18}$$

式中，η 为岩质边坡中结构面连续性指数；l_j 为结构面沿着岩质边坡的连续贯通长度；l_b 为岩质边坡的坡向长度。结构面连续性指数定义示意图见图 7.154。

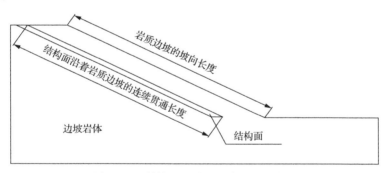

图 7.154　结构面连续性指数定义示意图

分析模型见图 7.155。分析模型选取的参数见表 7.27。

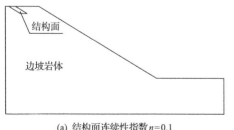

(a) 结构面连续性指数 $\eta=0.1$

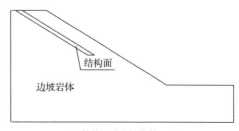

(b) 结构面连续性指数 $\eta=0.6$

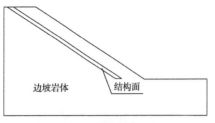 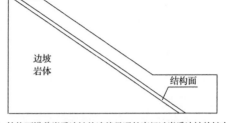

(c) 结构面连续性指数η=1　　　　(d) 结构面沿着岩质边坡的连续贯通长度超过岩质边坡的坡向长度

图 7.155　连续性所选择的分析模型

根据图 7.155 的计算模型及表 7.27 中的参数采用 SLIDE 软件计算的岩质边坡中发育不同连续贯通结构面影响的边坡的安全系数结果见图 7.156(限于篇幅此处只放置部分计算结果图)及表 7.28。

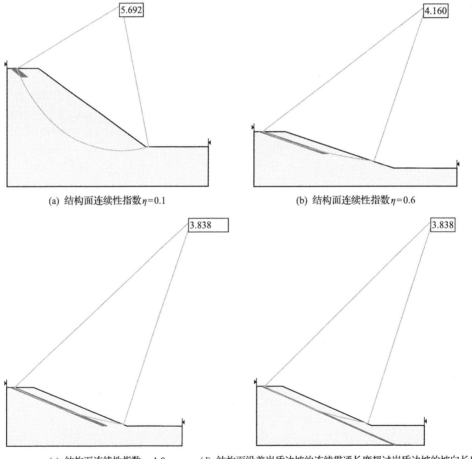

图 7.156　部分不同连续贯通的结构面影响的边坡的安全系数的计算结果

表 7.28   不同连续贯通的结构面影响的边坡的安全系数的计算结果

结构面的 连续贯通 情况	无结构面，$\eta =0$	有连续贯通的结构面							结构面沿着岩质边坡的 连续贯通长度 超过岩质边坡的坡向长度
		$\eta =$ 0.1	$\eta =$ 0.2	$\eta =$ 0.4	$\eta =$ 0.5	$\eta =$ 0.6	$\eta =$ 0.8	$\eta =$ 1.0	
安全系数	5.725	5.692	5.725	5.748	4.504	4.160	3.838	3.838	3.838

分析结果见图 7.157。

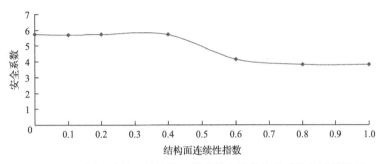

图 7.157   不同连续贯通的结构面影响的边坡的安全系数的计算结果

分析表 7.28 与图 7.157 可以得到如下结论。

当结构面连续性指数 η <0.4 时，即在图 7.157 中结构面沿着岩质边坡的连续贯通长度占岩质边坡的坡向长度的比例小于 0.4 时，其安全系数接近无结构面岩质边坡的安全系数，说明在此种情况下，结构面的连续贯通程度对岩质边坡的稳定性几乎没影响。

当结构面连续性指数 η 属于[0.4,0.8]区间时，岩质边坡的安全系数随 η 的增大而降低。这表明：结构面沿着岩质边坡的连续贯通长度占岩质边坡的坡向长度的比例超过 0.4 时，其对岩质边坡的稳定性具有重要的影响。

当结构面连续性指数 η 超过 0.8，甚至在图 7.157 中所示的结构面沿着岩质边坡的连续贯通长度超过岩质边坡的坡向长度时，其安全系数几乎不发生改变，接近 $\eta =0.8$ 时的岩质边坡安全系数。这说明在该种情况下，当结构面连续性指数 η 超过 0.8 后，对岩质边坡的稳定性影响变化不大。

为确定不同稳定性等级岩质边坡结构面连续性指数 η 的范围，课题组采用类比法来分析探讨。得到不同稳定性等级岩质边坡中发育结构面的连续性指数 η 取值范围见表 7.29。

表 7.29   5 个安全等级边坡中发育结构面连续性指数 η 取值范围

安全等级	I	II	III	IV	V
结构面连续性指数 η	0~0.4	0.4~0.47	0.47~0.55	0.55~0.80	0.8~1.0

（B）坡体裂缝

岩质边坡上发育的坡体裂缝对其稳定性具有重要影响。该部分选择岩质边坡坡体实际裂缝深度与理论最大裂缝深度比值指标。

参考文献[40]中岩质边坡坡体可发育裂缝的理论最大深度可采用式（7.19）计算：

$$H_s = \frac{2\cot\left(45+\dfrac{\phi}{2}\right)}{\gamma} \tag{7.19}$$

式中，H_s 为岩质边坡坡体可发育裂缝的理论最大深度，m；γ 为岩体的容重，kN/m³；ϕ 为岩体的内摩擦角，（°）。

为简便描述，λ_3 代表岩质边坡坡体实际裂缝深度与理论最大裂缝深度比值。

岩质边坡中实际裂缝深度与理论最大裂缝深度见图 7.158。

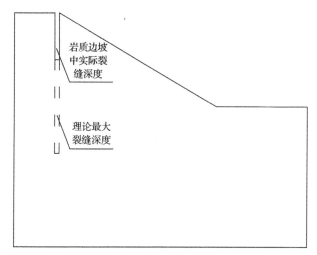

图 7.158　岩质边坡中实际裂缝深度与理论最大裂缝深度示意图

分析模型选取的参数同上，见表 7.29。

由表 7.29 选取的岩质边坡的岩土性质参数，可计算得到本节分析模型的岩质边坡坡体可发育裂缝的理论最大深度 H_s=205.74m。

分析模型见图 7.159。根据图 7.159 的计算模型及表 7.29 中的参数采用 SLIDE 软件计算不同实际裂缝深度与理论最大裂缝深度比值 λ 边坡的安全系数。计算结果见图 7.160（限于篇幅此处只放置部分计算结果图）及表 7.30。

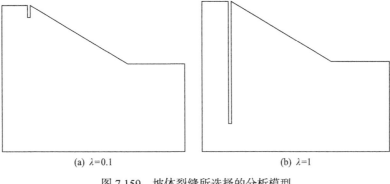

(a) λ=0.1　　　　　　　　　　　(b) λ=1

图 7.159　坡体裂缝所选择的分析模型

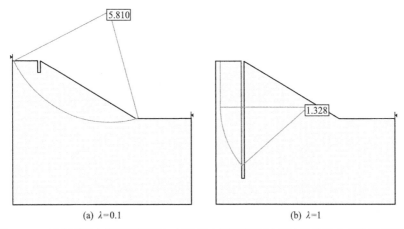

(a) λ=0.1　　　　　　　　　　　(b) λ=1

图 7.160　部分不同实际裂缝深度与理论最大裂缝深度比值边坡的安全系数计算结果

表 7.30　不同实际裂缝深度与理论最大裂缝深度比值边坡的安全系数计算结果

岩质边坡坡体实际裂缝深度与理论最大裂缝深度比值 λ	0	0.1	0.2	0.5	0.75	1.0
安全系数	5.725	5.810	4.742	1.948	1.483	1.328

分析结果见图 7.161。

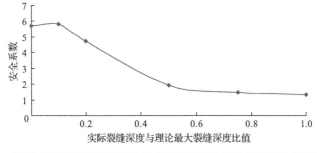

图 7.161　不同实际裂缝深度与理论最大裂缝深度比值边坡的安全系数计算结果

分析表 7.30 与图 7.161 可以得到如下结论。

当岩质边坡中实际裂缝深度与理论最大裂缝深度比值 $\lambda < 0.1$ 时，其边坡的安全系数接近无裂缝岩质边坡的安全系数，这说明在此种情况下，岩质边坡中实际裂缝深度对岩质边坡整体稳定性几乎没有影响。

当岩质边坡中实际裂缝深度与理论最大裂缝深度比值 $\lambda > 0.1$ 时，其边坡的安全系数随 λ 的增大而降低。这表明：当岩质边坡中实际发育的裂缝深度达到理论最大裂缝深度的 10%后对岩质边坡的稳定性具有重要的影响。

为确定不同稳定性等级岩质边坡中实际裂缝深度与理论最大裂缝深度比值 λ 的范围，课题组采用类比法来分析探讨。得到的不同稳定性等级岩质边坡的 λ 取值范围见表 7.31。

表 7.31　5 个安全等级边坡的 λ 取值范围

安全等级	I	II	III	IV	V
λ	0~0.2	0.2~0.3	0.3~0.38	0.38~0.45	0.45~1.0

d. 防治工程失效性因子

防治工程失效性因子选用防治工程当前尺寸指数来反映。

防治工程当前尺寸指数用 F_{fyd} 来表示，采用以下两种处理方式：

(1)对于已具有的防治工程，防治工程当前尺寸指数用 F_{fydy} 表示，其用当前防治工程形状尺寸差异率 θ_{fyd} 来评判；当前防治工程形状尺寸差异率 θ_{fyd} 是当前防治工程的形状尺寸与刚施工完成后工程的形状尺寸的相差率，单位为%，具体评判标准见表 7.32。

表 7.32　防治工程失效性因子评判标准

已具有的防治工程	当前防治工程形状尺寸差异率 θ_{fyd} /%	100		0~100		
	防治工程当前尺寸指数 F_{fydy}	10		$F_{fydy} = 10\,\theta_{fyd}$		
无防治工程或者应该增补防治工程	防治工程当前尺寸指数 F_{fydw}			$F_{fydw} = 10$		
防治工程当前尺寸指数 F_{fyd}				$F_{fyd} = (F_{fydy} + F_{fydw})/2$		
岩质边坡稳定性等级		I	II	III	IV	V
取值范围		0~2	2~4	4~6	6~8	8~10
备注说明		很好	好	中等	差	很差

(2)对于无防治工程或者应该增补防治工程，防治工程当前尺寸指数用 F_{fydw} 表示，防治工程当前尺寸指数 $F_{fydw}=10$。

防治工程当前尺寸指数 F_{fyd} 用已具有的防治工程当前尺寸指数用 F_{fydy} 与无防治工程或者应该增补防治工程当前尺寸指数 F_{fydw} 二者的平均值得到。

e. 水文因子

水文因子选择岩质边坡坡脚的河流或溪流对边坡的冲蚀作用与地下水的发育情况两个指标。

(A)边坡坡脚的河流或溪流对边坡的冲蚀作用

岩质边坡坡脚的河流或溪流冲蚀作用对边坡稳定性具有重要的影响。为定量评价边坡坡脚的河流或溪流不同冲蚀作用对其稳定性的影响，此处定义河流或溪流冲蚀作用指数 ϑ 来反映不同程度的冲蚀作用。

河流或溪流冲蚀作用指数 ϑ 定义为

$$\vartheta = \frac{H_c}{H} \tag{7.20}$$

式中，ϑ 为岩质边坡坡脚的河流或溪流冲蚀作用指数；H_c 为被河流或溪流冲蚀的边坡高度，m；H 为边坡总高度，m。岩质边坡坡脚的河流或溪流冲蚀作用示意图见图 7.162。

图 7.162 岩质边坡坡脚的河流或溪流冲蚀作用示意图

分析模型见图 7.163。分析模型选取的参数同上，见表 7.32。

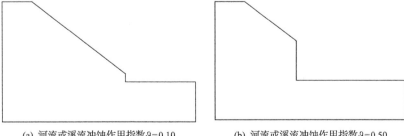

(a) 河流或溪流冲蚀作用指数 $\vartheta=0.10$ (b) 河流或溪流冲蚀作用指数 $\vartheta=0.50$

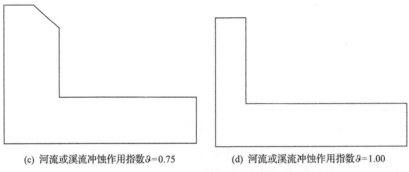

(c) 河流或溪流冲蚀作用指数$\vartheta=0.75$　　　　(d) 河流或溪流冲蚀作用指数$\vartheta=1.00$

图 7.163　水文因子所选择的分析模型

根据图 7.163 的计算模型及表 7.32 中的参数采用 SLIDE 软件计算的边坡坡脚的河流或溪流不同冲蚀作用影响的边坡的安全系数计算结果见图 7.164(限于篇幅此处只放置部分计算结果图)及表 7.33。分析结果见图 7.165。

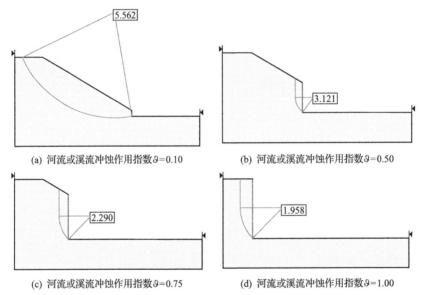

(a) 河流或溪流冲蚀作用指数$\vartheta=0.10$　　　　(b) 河流或溪流冲蚀作用指数$\vartheta=0.50$

(c) 河流或溪流冲蚀作用指数$\vartheta=0.75$　　　　(d) 河流或溪流冲蚀作用指数$\vartheta=1.00$

图 7.164　部分不同边坡坡脚的河流或溪流不同冲蚀作用影响的边坡的安全系数计算结果

表 7.33　不同边坡坡脚的河流或溪流的不同冲蚀作用影响的边坡安全系数计算结果

坡脚河流或溪流冲蚀作用指数 ϑ	无冲蚀作用($\vartheta=0$)						
	0.05	0.10	0.15	0.25	0.50	0.75	1.00
安全系数	5.725	5.690	5.562	5.436	5.011　3.121	2.290	1.958

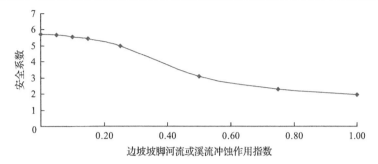

图 7.165　不同边坡坡脚的河流或溪流的不同冲蚀作用影响的边坡安全系数的计算结果

分析表 7.33 与图 7.165 可以得到如下结论。

(1)当岩质边坡坡脚的河流或溪流冲蚀作用指数 $\vartheta < 0.10$ 时，即在图 7.165 中岩质边坡被坡脚的河流或溪流冲蚀的边坡高度占边坡总高度的比例小于 0.10 时，其安全系数接近无坡脚的河流或溪流冲蚀作用边坡的安全系数，这说明在此种情况下，坡脚的河流或溪流冲蚀作用对岩质边坡的稳定性几乎无影响。

(2)当岩质边坡坡脚的河流或溪流冲蚀作用指数 ϑ 属于[0.10,0.75]区间时，岩质边坡的安全系数随 ϑ 的增大而降低。这表明：岩质边坡被坡脚的河流或溪流冲蚀的边坡高度占边坡总高度的比例超过 0.10 时，其对岩质边坡的稳定性具有重要的影响。

(3)当岩质边坡坡脚的河流或溪流冲蚀作用指数 ϑ 超过 0.75 时，其安全系数几乎不发生改变，接近 $\vartheta = 0.75$ 时的岩质边坡安全系数。这说明在该种情况下，当岩质边坡坡脚的河流或溪流冲蚀作用指数 ϑ 超过 0.75 后，对岩质边坡稳定性的影响变化不大。

为确定不同稳定性等级岩质边坡坡脚的河流或溪流冲蚀作用指数 ϑ 的范围，课题组采用类比法来分析探讨。得到的不同稳定性等级岩质边坡坡脚的河流或溪流冲蚀作用指数 ϑ 取值范围见表 7.34。

表 7.34　5 个安全等级边坡坡脚的河流或溪流的冲蚀作用指数取值范围

安全等级	I	II	III	IV	V
ϑ	0～0.28	0.28～0.38	0.38～0.46	0.46～0.56	0.56～1.00

(B)地下水的发育情况

参考文献[28]，岩质边坡地形水的发育情况用每 10m 长的岩质边坡在 1min 的涌水量 Q_d(L/min) 来反映。不同稳定性等级岩质边坡每 10m 长的岩质边坡在 1min 涌水量 Q_d 的取值范围见表 7.35。

表 7.35 5 个安全等级边坡地下涌水量取值范围[28] （单位：L/min）

安全等级	I	II	III	IV	V
Q_d	0～3	3～10	10～25	25～125	125～200（>200）

f. 植被因子

植被因子选择岩质边坡上生长的植被覆盖率因子。

参考文献[16]和[27]，不同稳定性等级岩质边坡植被覆盖率 ψ 的取值范围见表 7.36。

表 7.36 5 个安全等级岩质边坡植被覆盖率取值范围 （单位：%）

安全等级	I	II	III	IV	V
ψ	50～100	30～50	15～30	5～15	0～5

B. 管理因子及指标的选取

管理因子选择日常管理、事故应急及监测措施三个指标。

a. 日常管理

日常管理指标考虑制定日常管理制度与执行落实日常管理制度两方面。

制定日常管理制度用制定日常管理制度指数 F_{grz} 来度量，且 F_{grz} 以制定日常管理制度的完整率 θ_{grz} 来评判。制定日常管理制度的完整率 θ_{grz} 是已制定的日常管理制度与国家规范或行业准则要求应制定的日常管理制度的比值，单位为%。具体评判标准见表 7.37。

表 7.37 日常管理评判标准

考虑因素	制定日常管理制度	制定日常管理制度的完整率 θ_{grz} /%	0～100				
		制定日常管理制度指数 F_{grz}	$F_{grz}=10\theta_{grz}$				
	执行落实日常管理制度	执行落实日常管理制度完整率 θ_{grl} /%	0～100				
		执行落实日常管理制度指数 F_{grl}	$F_{grl}=10\theta_{grl}$				
日常管理指数 F_{gr}			$F_{gr}=(F_{grz}+F_{grl})/2$				
岩质边坡稳定性等级			I	II	III	IV	V
取值范围			8～10	6～8	4～6	2～4	0～2
备注说明			很好	好	中等	差	很差

执行落实日常管理制度用执行落实日常管理制度指数 F_{grl} 来度量，且 F_{grl} 以执行落实日常管理制度完整率 θ_{grl} 来评判。执行落实日常管理制度完整率 θ_{grl} 是已完全执行落实日常管理制度与已制定的日常管理制度的比值，单位为%。具体评判

标准见表7.37。

日常管理以日常管理指数 F_{gr} 来表示，通过以上考虑的两个因子指数(制定日常管理制度指数和执行落实日常管理制度指数)的平均值求得。

b. 事故应急

事故应急指标考虑制定事故应急制度与执行落实事故应急制度两方面。

制定事故应急制度用制定事故应急制度指数 F_{gsz} 来度量，且 F_{gsz} 以制定事故应急制度的完整率 θ_{gsz} 来评判。制定事故应急制度的完整率 θ_{grz} 是已制定的事故应急制度与国家规范或行业准则要求应制定的事故应急制度的比值，单位为%。具体评判标准见表7.38。

表7.38 事故应急评判标准

考虑因素	制定事故应急制度	制定事故应急制度的完整率 θ_{gsz} /%	0~100				
		制定事故应急制度指数 F_{gsz}	$F_{gsz}=10\theta_{gsz}$				
	执行落实事故应急制度	执行落实事故应急制度完整率 θ_{gsl} /%	0~100				
		执行落实事故应急指数 F_{gsl}	$F_{gsl}=10\theta_{gsl}$				
事故应急指数 F_{gs}			$F_{gs}=(F_{gsz}+\theta_{gsl})/2$				
岩质边坡稳定性等级			Ⅰ	Ⅱ	Ⅲ	Ⅳ	Ⅴ
取值范围			8~10	6~8	4~6	2~4	0~2
备注说明			很好	好	中等	差	很差

执行落实事故应急制度用执行落实事故应急制指数 F_{gsl} 来度量，且 F_{gsl} 以执行落实事故应急制度完整 θ_{gsl} 来评判。执行落实事故应急制度完整率 θ_{gsl} 是已完全执行落实事故应急制度与已制定的事故应急制度的比值，单位为%。具体评判标准见表7.38。

事故应急以事故应急指数 F_{gs} 来表示，通过以上考虑的两个因子指数(制定事故应急制度指数与执行落实事故应急指数)的平均值求得。

c. 监测措施

监测措施指标考虑制定监测措施与执行落实监测措施两方面。

制定监测措施用制定监测措施指数 F_{gjz} 来度量，且 F_{gjz} 以制定监测措施完整率 θ_{gjz} 来评判。制定监测措施完整率 θ_{gjz} 是已制定的监测措施与国家规范或行业准则要求应制定的监测措施的比值，单位为%。具体评判标准见表7.39。

执行落实监测措施用执行落实监测措施指数 F_{gjl} 来度量，且 F_{gjl} 以执行落实监测措施完整率 θ_{gjl} 来评判。执行落实监测措施完整率 θ_{gjl} 是已完全执行落实监测措施与已制定的监测措施的比值，单位为%。具体评判标准见表7.39。

监测措施以监测措施指数 F_{gj} 来表示，通过以上考虑的两个因子指数(制定监测措施指数与执行落实监测措施指数)的平均值求得。

表 7.39　监测措施评判标准

考虑因素	制定监测措施	制定监测措施完整率 θ_{giz} /%	0~100				
		制定监测措施指数 F_{giz}	$F_{giz}=10\theta_{giz}$				
	执行落实监测措施	执行落实监测措施完整率 θ_{gil} /%	0~100				
		执行落实监测措施指数 F_{gil}	$F_{gil}=10\theta_{gil}$				
监测措施指数 F_{gi}			$F_{gi}=(F_{giz}+F_{gil})/2$				
岩质边坡稳定性等级			I	II	III	IV	V
取值范围			8~10	6~8	4~6	2~4	0~2
备注说明			很好	好	中等	差	很差

C. 触发因子及指标的选取

对于矿山自然灾害危险源辨识与评价的触发因子,此处选择降雨因子、人为活动因子、地震因子三个因子。这三个因子较全面地包括了在矿山不同灾害本底环境下诱发自然灾害的触发因素。

a. 降雨因子

降雨因子选择岩质边坡所在地域的日最大降雨量指标。

参考文献[25]和[44],不同稳定性等级岩质边坡所在地域的日最大降雨量 R_m 的取值范围见表 7.40。

表 7.40　5 个安全等级岩质边坡所在地域的日最大降雨量取值范围 (单位:mm)

安全等级	I	II	III	IV	V
日最大降雨量 R_m	0~20	20~40	40~60	60~100	100~150

b. 人为活动因子

人为活动因子选择人为对矿山自然灾害危险源的破坏方式与强度指标,本节主要考虑人工开挖程度及爆破动力影响程度两方面。

(A) 人工开挖

人工开挖对边坡稳定性具有重要的影响。为定量评价不同的人工开挖效果对其稳定性的影响,本节用人工开挖作用指数 k 来反映不同程度的人工开挖作用。

人工开挖作用指数 k 定义为

$$k = \frac{H_k}{H} \tag{7.21}$$

式中,k 为人工开挖作用指数;H_k 为岩质边坡被人工开挖的高度,m;H 为边坡总高度,m。人工开挖岩质边坡示意图见图 7.166。

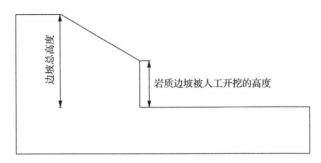

图 7.166 人工开挖岩质边坡示意图

分析模型见图 7.167。分析模型选取的参数同上，见表 7.40。

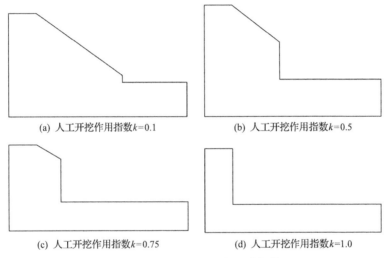

(a) 人工开挖作用指数k=0.1   (b) 人工开挖作用指数k=0.5

(c) 人工开挖作用指数k=0.75   (d) 人工开挖作用指数k=1.0

图 7.167 人工开挖所选择的分析模型

根据图 7.167 的计算模型及表 7.40 中的参数采用 SLIDE 软件计算的不同人工开挖作用程度边坡的安全系数见图 7.168（限于篇幅此处只放置部分计算结果图）及表 7.41。

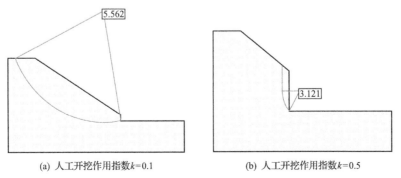

(a) 人工开挖作用指数k=0.1   (b) 人工开挖作用指数k=0.5

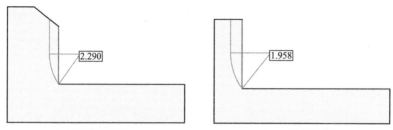

(c) 人工开挖作用指数k=0.75   (d) 人工开挖作用指数k=1.0

图 7.168　部分不同人工开挖作用程度边坡的安全系数计算结果

表 7.41　不同人工开挖作用程度边坡的安全系数计算结果

人工开挖作用指数 k	无人工开挖作用($k=0$)	0.05	0.1	0.15	0.25	0.5	0.75	1.0
安全系数	5.725	5.690	5.562	5.436	5.011	3.121	2.290	1.958

分析结果见图 7.169。

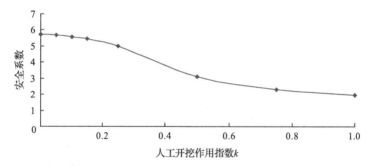

图 7.169　不同人工开挖作用程度边坡安全系数的计算结果

分析表 7.41 与图 7.169 可以得到如下结论。

(1)当人工开挖作用指数 $k<0.1$ 时，即在示意图 7.169 中岩质边坡被人工开挖的高度占边坡总高度的比例小于 0.1 时，其安全系数接近无人工开挖作用边坡的安全系数，这说明在此种情况下人工开挖作用对岩质边坡的稳定性几乎无影响。

(2)当人工开挖作用指数 k 属于[0.1,0.75]区间时，岩质边坡的安全系数随 k 的增大而降低。这表明岩质边坡被人工开挖的高度占边坡总高度的比例超过 0.1 时，其对岩质边坡的稳定具有重要的影响。

(3)当人工开挖作用指数 k 超过 0.75 时，其安全系数几乎不发生改变，接近 $k=0.75$ 时岩质边坡的安全系数。这说明在该种情况下，当人工开挖作用指数超过 0.75 后，人工开挖作用对岩质边坡稳定性的影响变化不大。

为确定不同稳定性等级岩质边坡受人工开挖作用指数 k 的范围，课题组采用类比法来分析探讨。得到不同稳定性等级岩质边坡受人工开挖作用指数 k 取值范围见表 7.42。

表 7.42 5 个安全等级边坡受人工开挖作用指数 k 取值范围

安全等级	I	II	III	IV	V
k	0~0.28	0.28~0.38	0.38~0.46	0.46~0.56	0.56~1.0

(B)爆破动力影响

爆破动力对矿山岩质边坡的影响选择爆破作用在岩石边坡轮廓的爆破震动速度指标。

在依据《爆破安全规程》(GB 6722—2014)的规定[45]与参考文献[53]和[54]的基础上，不同稳定性等级岩质边坡遭受爆破震动速度 V_b 的取值范围见表 7.43。

表 7.43 5 个安全等级岩质边坡遭受爆破震动速度取值范围

安全等级	I	II	III	IV	V
爆破震动速度 V_b/(cm/s)	0~5	5~10	10~15	15~45	45~80(>80)

c. 地震因子

地震因子选择岩质边坡所在地域的地震烈度指标。

参考文献[27]和[46]，不同稳定性等级岩质边坡所在地域的地震烈度 ζ 的取值范围见表 7.44。

表 7.44 5 个安全等级岩质边坡所在地域的地震烈度取值范围

安全等级	I	II	III	IV	V
地震烈度 ζ	0~3	3~5	5~7	7~8	8~9(>9)

以上因子较全面地包括了矿山露天岩质边坡诱发形成灾害所需的因素及指标，但并不是对每类具体的矿山露天岩质边坡危险度进行辨识与评估都需完全包括这些因素与指标，在辨识与评价具体类别的露天岩质边坡危险源危险度时要根据它们各自具体的灾害特性及触发条件来选择辨识与评价因素与指标。

2) 辨识与评价因素的指标数据获取

矿山岩质边坡危险源危险度辨识与评价因素指标数据获取的具体方法如下所述。

A. 环境因子指标数据的获取

a. 形态因子

矿山岩质边坡形态因子选择的边坡总高度 H、坡角 α 与边坡形态指数 λ 三个形状指标可通过现场调查实际测量或在其地形图上选择特征的剖面量测获取。

b. 岩性因子

岩性因子中边坡岩体的密度 ρ、变形模量 E_m、黏聚力 C、内摩擦角 ϕ 及泊松比 μ 五个指标可通过经验估计法、岩体原位试验法及二者相结合的方法获取。

参考文献[28]，完整性系数 K_v 可采用以下两种方法获取。

(1) 用声波实验资料按式(7.22)确定：

$$K_v = \left(\frac{V_{ml}}{V_{cl}} \right)^2 \tag{7.22}$$

式中，V_{ml} 为岩土纵波速度；V_{cl} 为岩块纵波速度。

(2) 当无声测资料时，K_v 由岩体单体积内结构面系数 J_v 查表 7.45 确定。

表 7.45　J_v 与 K_v 对照表

J_v/(条/m³)	<3	3~10	10~20	20~35	>35
K_v	>0.75	0.75~0.55	0.55~0.35	0.35~0.15	<0.15

c. 坡体结构因子

矿山岩质边坡坡体结构因子中的结构面间距、结构面产状与坡向产状的关系、结构面连续性、结构面的形态指数与实际的坡体裂缝深度通过现场调查实际测量获取；而结构面中的充填物强度黏聚力与内摩擦角通过实验与经验估计法等方法确定。

d. 防治工程失效性因子

防治工程失效性因子选择的防治工程当前尺寸指数可通过现场调查测量及查询矿山企业相关的资料等计算获取。

e. 水文因子

水文因子中选择的岩质边坡坡脚的河流或溪流对边坡的冲蚀作用与地下水的发育情况两个指标通过现场调查或查询矿山水文资料获取。

f. 植被因子

植被因子选择的岩质边坡上生长的植被覆盖率由在现场调查获取。

B. 管理因子

管理因子中的日常管理(包括制定日常管理制度与执行落实日常管理制度两

方面)、事故应急(包括制定事故应急制度与执行落实事故应急制度两方面)及监测措施(包括制定监测措施与执行落实监测措施两方面)三个指标可通过现场调查询问及查询矿山企业相关的资料与国家规范或行业准则等获取。

C. 触发因子指标数据的获取

a. 降雨因子

降雨因子选择岩质边坡所在地域的日最大降雨量指标通过查询矿山自然灾害危险源所在位置的相关降雨资料获得。

b. 人为活动因子

人为活动因子中选择的人工开挖程度通过现场调查矿山自然灾害危险源获取,爆破作用在矿山自然灾害危险源轮廓上的爆破震动速度通过在矿山生产作业时发生爆破作业时实际测量获取。

c. 地震因子

地震因子选择的岩质边坡所在地域的地震烈度指标通过查询当地的地震烈度资料确定。

在通过测量获取矿山岩质边坡危险源危险性辨识与评价因素的指标数据时,为保证数据的可靠性,每个因子指标必须至少取 3 个样本测量,并保证测量结果的标准差在 5%以内,如果测量结果的标准差超过 5%时,则增加样本量直到其结果的标准差控制在 5%为止。

3)辨识与评价因素及指标分析结果汇总

上一小节中选取与分析影响露天矿岩质边坡危险源危险度辨识与评价因素及指标对不同稳定性等级的取值范围汇总见表 7.46。表 7.46 中影响露天矿岩质边坡危险源危险度辨识与评价因素及指标经过无量纲化处理,结果如表 7.47所示。

7.8.2.2 矿山岩质边坡危险源危险度辨识与评价指标体系

1)矿山岩质边坡危险源危险度等级分类标准

矿山岩质边坡危险源危险度辨识与评价因素指标参照边坡工程规范关于岩质边坡工程的安全等级分类,将边坡整体安全等级分为 5 个等级：Ⅰ级极稳定、Ⅱ级稳定、Ⅲ级基本稳定、Ⅳ级不稳定、Ⅴ级极不稳定。

根据表 7.48 中影响露天矿岩质边坡危险源危险度辨识与评价因素和指标无量纲化后与其对应的 5 个等级量值的范围,可分析得到对矿山岩质边坡危险源危险度进行辨识与评价时的评判等级分类标准。

表 7.46 影响露天矿岩质边坡危险源危险度辨识与评价因素及指标对不同稳定性等级的取值范围汇总表

安全等级			I	II	III	IV	V
地形因子		边坡总高度 H/m	$0\sim50$	$50\sim75$	$75\sim125$	$125\sim150$	$150\sim200\,(>300)$
		坡角 $\alpha/(°)$	$0\sim15$	$15\sim25$	$25\sim35$	$35\sim45$	$45\sim60\,(>60)$
		坡面形态指数 χ	凸形 $0\sim0.23$ / 凹形 $0\sim-0.37$	凸形 $0.23\sim0.37$ / 凹形 $-0.37\sim-0.55$	凸形 $0.37\sim0.46$ / 凹形 $-0.55\sim-0.69$	凸形 $0.46\sim0.56$ / 凹形 $-0.69\sim-0.77$	凸形 $0.56\sim1.00$ / 凹形 $-0.77\sim-1.00$
岩性因子		密度 $\rho/(g/cm^3)$	$3.50\sim4.50\,(>4.50)$	$2.65\sim3.50\,(>3.50)$	$2.45\sim2.65$	$2.25\sim2.45$	$0\sim2.25$
		变形模量 E_m/GPa	$33\sim40\,(>40)$	$33\sim20$	$20\sim6$	$1.3\sim6.0$	$0.0\sim1.3$
		黏聚力 c/MPa	$2.1\sim3\,(>3.0)$	$2.1\sim1.5$	$1.5\sim0.7$	$0.7\sim0.2$	$0\sim0.2$
		内摩擦角 $\phi/(°)$	$60\sim70\,(>70)$	$60\sim50$	$50\sim39$	$39\sim27$	$0\sim27$
		泊松比 μ	$0\sim0.2$	$0.2\sim0.25$	$0.25\sim0.30$	$0.30\sim0.35$	$0.35\sim0.45\,(>0.45)$
		完整性系数 K_v	$1.00\sim0.75$	$0.75\sim0.55$	$0.55\sim0.35$	$0.35\sim0.15$	$0.15\sim0$
坡体结构因子	结构面	结构面间距 l/m	$2\sim3\,(>3)$	$2\sim1$	$1\sim0.5$	$0.5\sim0.3$	$0\sim0.3$
		充填物黏聚力 c_b/MPa	$0.13\sim0.25\,(>0.25)$	$0.13\sim0.09$	$0.09\sim0.05$	$0.05\sim0.02$	$0\sim0.02$
		充填物内摩擦角 $\phi_b/(°)$	$35\sim45\,(>45)$	$35\sim27$	$27\sim18$	$18\sim12$	$0\sim12$
		结构面的形态指数 ε	$0.81\sim1.0\,(>1.0)$	$0.58\sim0.81$	$0.24\sim0.58$	$0.11\sim0.24$	(<-0.5) $-0.5\sim0.11$
		结构面连续性指数 η	$0\sim0.4$	$0.4\sim0.47$	$0.47\sim0.55$	$0.55\sim0.80$	$0.8\sim1.0$
环境因子							

续表

因子	指标	I	II	III	IV	V
环境因子 — 坡体结构因子 — 结构面 — 结构面产状与坡向产状的关系 — 结构面走向与边坡面走向夹角 $\theta_{zj} \in [0°, 40°]$	结构面倾俯角小于边坡角的 θ_{sd} /(°)	$\dfrac{5\alpha}{6}-\alpha$	$\dfrac{3\alpha}{5}-\dfrac{5\alpha}{6}$	$\dfrac{2\alpha}{5}-\dfrac{3\alpha}{5}$	$\dfrac{3\alpha}{10}-\dfrac{2\alpha}{5}$	$0-\dfrac{3\alpha}{10}$
	结构面倾俯角大于边坡角的 θ_{sd} /(°)	33~45(>45)	20~33	0~20	—	—
	逆向边坡 θ_n /(°)	10~90	4~9	0~4	—	—
结构面走向与边坡面走向夹角 $\theta_{zj} \in [40°, 90°]$/(°)		75~90	55~75	40~55	—	—
坡体裂缝（实际裂缝深度与理论最大裂缝深度比值 λ）		0~0.2	0.2~0.3	0.3~0.38	0.38~0.45	0.45~1.0
防治工程失效性因子	防治工程当前尺寸指数 F_{fyd}	0~2	2~4	4~6	6~8	8~10
水文因子	坡脚河流或缓流对边坡冲蚀作用指数 ϑ	0~0.28	0.28~0.38	0.38~0.46	0.46~0.56	0.56~1.0
	每10m长的岩质边坡在1min的涌水量 Q_d/(L/min)	0~3	3~10	10~25	25~125	125~200(>200)
植被因子	植被覆盖率 ψ /%	50~100	30~50	15~30	5~15	0~5
日常管理因子	日常管理指数 F_{gr}	8~10	6~8	4~6	2~4	0~2
	事故应急指数 F_{gs}	8~10	6~8	4~6	2~4	0~2
	监测措施指数 F_{gj}	8~10	6~8	4~6	2~4	0~2
触发因子 — 降雨因子	日最大降雨量 R_m /mm	0~20	20~40	40~60	60~100	100~150
人为活动因子	人工开挖作用指数 k	0~0.28	0.28~0.38	0.38~0.46	0.46~0.56	0.56~1.0
	爆破震动速度 V_b /(cm/s)	0~5	5~10	10~15	15~45	45~80(>80)
地震因子	地震烈度 ζ	0~3	3~5	5~7	7~8	8~9(>9)

表 7.47　影响露天矿岩质边坡危险源辨识与评价因素及指标无量纲化后分等级量值范围

安全等级		因素/指标	I	II	III	IV	V
地形因子		边坡总高度 H/m	0.00~0.25	0.25~0.38	0.38~0.63	0.63~0.75	0.75~1.00
		坡角 α/(°)	0.00~0.25	0.25~0.42	0.42~0.58	0.58~0.75	0.75~1.00
		坡面形态指数 χ	凸形 0~0.23　凹形 0~0.37	凸形 0.23~0.37　凹形 0.37~0.55	凸形 0.37~0.46　凹形 0.55~0.69	凸形 0.46~0.56　凹形 0.69~0.77	凸形 0.56~1.00　凹形 0.77~1.00
岩性因子		密度 ρ/(g/cm³)	0.00~0.22	0.22~0.41	0.41~0.46	0.46~0.50	0.50~1.00
		变形模量 E_m/GPa	0.00~0.18	0.18~0.50	0.50~0.85	0.85~0.97	0.97~1.00
		黏聚力 c/MPa	0.00~0.30	0.30~0.50	0.50~0.77	0.77~0.93	0.93~1.00
		内摩擦角 ϕ/(°)	0.00~0.14	0.14~0.29	0.29~0.44	0.44~0.61	0.61~1.00
		泊松比 μ	0.00~0.44	0.44~0.56	0.56~0.67	0.67~0.78	0.78~1.00
		完整性系数 K_v	0.00~0.25	0.25~0.45	0.45~0.65	0.65~0.85	0.85~1.00
坡体结构因子	结构面	结构面间距 l/m	0.00~0.33	0.33~0.67	0.67~0.83	0.83~0.90	0.90~1.00
		充填物黏聚力 c_b/MPa	0.00~0.48	0.48~0.64	0.64~0.80	0.80~0.92	0.92~1.00
		充填物内摩擦角 ϕ_b/(°)	0.00~0.22	0.22~0.40	0.40~0.60	0.60~0.73	0.73~1.00
		结构面的形态指数 ε	0.00~0.13	0.13~0.28	0.28~0.51	0.51~0.60	0.60~1.00
		结构面连续性指数 η	0.00~0.40	0.40~0.47	0.47~0.55	0.55~0.80	0.80~1.00
环境因子	结构面产状与坡向产状的关系	结构面走向与边坡走向夹角 $\theta_d\in[0°,40°]$　结构面倾角小于边坡角的 θ_{sx}/(°)	0.00~0.17	0.17~0.40	0.40~0.60	(0.60~0.70)	0.70~1.00
		结构面倾角大于边坡角的 θ_{sd}/(°)	0.00~0.27	0.27~0.56	0.56~1.00	—	—

续表

				安全等级				
			指标	I	II	III	IV	V
环境因子	坡体结构因子	结构面	结构面产状与坡向产状的关系	结构面走向与坡面走向夹角 $\theta_{zj} \in [0°, 40°]$				
			逆向边坡的 θ_n /(°)	0.00~0.89	0.89~0.96	0.96~1.00	—	—
			结构面走向与坡面走向夹角 $\theta_{zj} \in [40°,90°]$ /(°)	0.00~0.30	0.30~0.70	0.70~1.00	—	—
			坡体裂缝(实际裂缝深度与理论最大裂缝深度比值 λ)	0.00~0.20	0.20~0.30	0.30~0.38	0.38~0.45	0.45~1.00
	防治工程失效性因子		防治工程当前尺寸指数 F_{fyd}	0.00~0.20	0.20~0.40	0.40~0.60	0.60~0.80	0.80~1.00
	水文因子		坡脚河流或溪流对边坡冲蚀作用指数 ϑ	0.00~0.28	0.28~0.38	0.38~0.46	0.46~0.56	0.56~1.00
			每 10m 长的岩质边坡在 1min 的涌水量 Q_d /(L/min)	0.00~0.02	0.02~0.05	0.05~0.13	0.13~0.63	0.63~1.00
	植被因子		植被覆盖率 ψ /%	0.00~0.50	0.50~0.70	0.70~0.85	0.85~0.95	0.95~1.00
	管理因子		日常管理指数 F_{gr}	0.00~0.20	0.20~0.40	0.40~0.60	0.60~0.80	0.80~1.00
			事故应急指数 F_{gs}	0.00~0.20	0.20~0.40	0.40~0.60	0.60~0.80	0.80~1.00
			监测措施指数 F_{gi}	0.00~0.20	0.20~0.40	0.40~0.60	0.60~0.80	0.80~1.00
触发因子	降雨因子		日最大降雨量 R_m /mm	0.00~0.13	0.13~0.27	0.27~0.40	0.40~0.67	0.67~1.00
	人为活动因子		人工开挖作用指数 k	0.00~0.28	0.28~0.38	0.38~0.46	0.46~0.56	0.56~1.00
			爆破震动速度 V_b /(cm/s)	0.00~0.06	0.06~0.13	0.13~0.19	0.19~0.56	0.56~1.00
	地震因子		地震烈度 ζ	0.00~0.33	0.33~0.56	0.56~0.78	0.78~0.89	0.89~1.00

表 7.48　矿山岩质边坡危险源危险度评判的等级分类标准

矿山岩质边坡危险源危险度等级	非常低	低	中等	高	非常高
等级范围	0.0000~0.2400	0.2400~0.4100	0.4100~0.5700	0.5700~0.7300	0.7300~1.0000

2)矿山岩质边坡危险源危险度辨识与评价等级

辨识与评价具体的矿山岩质边坡危险源危险度的步骤如下：

(1)按照 7.8.2 节中介绍的内容获取各个辨识与评价因子的元素数据；

(2)以表 7.48 为基础，采用无量纲化方法得到这些辨识与评价因子的无量纲值；

(3)以 7.8.1 节评估因子间权重系数 w_i 的确定中介绍的权重系数计算方法得到各个因子的权重系数；

(4)按照式(7.5)计算其辨识与评价结果；

(5)根据对矿山岩质边坡危险源危险度进行辨识与评价时的评判等级分类标准得到危险度等级，确定它的危险性程度。

矿山岩质边坡危险源危险度辨识与评价指标体系见图 7.170。

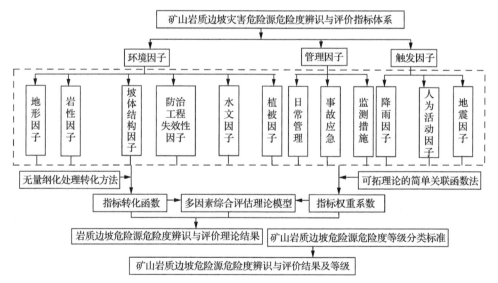

图 7.170　矿山岩质边坡危险源危险度辨识与评价指标体系

7.9　本 章 小 结

本章以云南磷化集团有限公司晋宁磷矿 6 号坑露天转地下开采工程为研究对

象，针对露天边坡失稳破坏、地下采空场顶板冒落、大气降雨洪水及边坡滚石等影响矿山安全、高效生产的几个主要灾害因素，对上述各灾害的发生机制及其相应的防治措施进行了针对性研究；同时基于 GIS 磷矿信息化安全管理等磷矿高效安全开采技术进行了系统研究与推广应用。

8 矿山露天转地下开采技术研究总结与展望

本书是依托国家自然科学基金青年科学基金项目"边坡与地下开采耦合作用下岩体响应的演化特征及其动态效应研究"(41702327)、国家自然科学基金地区科学基金项目"强降雨入渗—采动卸荷耦合下高陡岩质边坡裂隙岩体破裂失稳演化机制及时间效应研究"(41867033)、第65批中国博士后科学基金面上项目"露天转地下开采诱发环境破坏的灾害演化机理及动态预测"(2019M650144)以及金属矿山安全与健康国家重点实验室开放基金项目"强降雨入渗采动卸荷耦合下高陡岩质边坡裂隙岩体破裂失稳演化机制及时间效应研究"(zdsys2019-005)、山东省高等学校"青创人才引育计划"边坡安全管控与灾害、预防技术创新团队项目(鲁教科函〔2021〕51号)进行的。

8.1 主 要 结 论

本书以云南滇池区域典型的露天深凹开采磷矿山暨云南磷化集团有限公司晋宁磷矿6号坑口东采区露天转地下开采为工程背景,运用现场调研、理论分析、室内相似材料模拟试验、数值模拟等综合性的研究方法,对我国磷矿资源赋存现状、露天转地下开采技术研究现状,云南滇池区域露天磷矿山的工程地质特征,露天转地下开采后岩体应力演化特征,露天转地下开采后岩体变形破坏演化特征,地下开采影响下露天边坡稳定性与失稳机理,边坡与地下采场顶板、矿柱等岩体采动响应灾变机制,露天转地下开采后灾害防治措施、安全管控信息化技术进行了系统研究。相关研究成果为我国大型磷矿山深部矿体开采的工程应用提供理论基础和技术支撑。得到的主要结论如下所述。

(1)矿山由露天转地下开采后,露天矿边坡、境界矿柱和露天坑底人工填埋表土层(或者废石覆盖层)以及地下采场形成一个复杂的整体平衡系统。露天边坡先后受到露天和地下开采两次严重的开采扰动的影响,其应力与变形是一个复杂的动态变化过程。在露天和地下两种开采的复合效应共同作用下,边坡岩体发生失稳破坏。

(2)矿山露天转入地下开采后,边坡和采场覆岩应力变形是一个复杂的复合采动效应,与单纯的地下开采不同,地下矿体进行开挖后,岩体的变形破坏同时还受到边坡的反作用影响。晋宁磷矿6号坑口东采区露天开采结束后的边坡属于典型的中矮稳定性反倾向岩质边坡。露天转地下开采后,形成地下采空区,采动影响下边坡岩体变形破坏主要与边坡岩体自身应力和变形、地下采空区周围的岩体应力变形以及采场覆岩的应力和变形相关，结合相似模拟试验和前人相关的理论研究成果可知，其破坏形式主要表现为采动边坡岩体向采空区滑动破坏和弯曲下沉破坏，局部发生采动边坡沿坡面下滑失稳破坏。

(3)缓倾斜中厚磷矿体露天转地下开挖采空区存在下边坡的变形破坏响应特征可分为三个阶段：第一阶段边坡岩体整体性完好，处于稳定状态；第二阶段在边坡岩体的坡底局部采动影响剧烈范围内出现局部采场顶板边坡岩体滑落至采空区的失稳破碎现象；第三阶段是边坡岩体整体大范围失稳破坏和采动宏观大裂纹与破碎带贯通阶段，采空区上方边坡岩层出现大范围整体变形并向采空区整体滑落，老采空场滑落边坡岩体被逐渐密实，边坡岩体出现整体性采动滑落失稳破坏。

(4)将 ICMM/VSM 方法应用于晋宁磷矿 6 号坑地下开采影响下边坡稳定性分析。ICMM/VSM 方法基于 ICMM 采用增量法计算开采和回填过程中的应力场，充分考虑到了地下开采空间效应对边坡安全系数及临界滑裂面的影响，得到的结果比较能够反映工程实际情况。结果表明：对于右侧边坡，在进入第二阶段开采后边坡稳定性受到较明显的影响，边坡的安全系数随开采的进行逐渐降低，临界滑裂面有向采空区方向靠近的变化趋势，凸起的位置大致位于回填区域的上方；对于左侧边坡，由于开采区域距离较远，边坡的安全系数及临界滑裂面都没有发生明显的变化。

(5)露天转地下房柱法开采下，地下采场围岩的变形破断特征可分为三个阶段：第一阶段为采场结构模型整体稳定阶段；第二阶段可见受采动影响破坏较为剧烈的采场中心区域的顶板出现少量垮塌和矿柱受损的现象。整体上采场结构模型依旧稳定，受采动影响破坏的程度随着矿柱尺寸的增加而逐步减小。第三阶段为采空场顶板松动破碎和裂隙带出现较大幅度的发展，局部采空场顶板出现小范围的小幅度采动垮塌，位于采空场中部剧烈采动影响区域的顶板出现大幅度垮塌破坏，部分矿柱出现失稳倒塌现象。需要采取加固处理措施，以防止采场矿柱发生整体性垮塌破坏。

(6)露天转地下房柱法开采下，矿柱自矿房回采形成直至屈服是一个渐进破坏的过程。从矿柱中垂直应力分布形态分析可知，"马鞍形"是稳定的矿柱应力分布的重要特征，"平台形"应力分布是矿柱由稳定向失稳过渡的标志，而"拱形"则是矿柱失稳的重要特征。矿体的结构和构造类型、矿体自身的强度、矿体的节理、裂隙发育程度、矿体的开采深度、采场结构尺寸、采场平面布置与空间布局、矿柱的形式是矿柱失稳破坏的主要影响因素。剪切破坏、拉断破坏和拉剪破坏是矿柱破坏的三种主要形式。

(7)不同采矿方法，顶板卸压程度不同，由充填法、房柱法到崩落法顶板卸压依次增大，垂直应力依次减小。充填法充填体支撑，顶板压力最大为 1.0~1.2MPa；房柱法间隔矿柱支撑，顶板压力次之，约为 0.7MPa；崩落法顶板无支护，卸压充分，出现拉应力约为 0.2MPa；不同采矿方法，矿柱(壁)应力集中程度不同，由崩落法、房柱法到充填法应力集中系数依次减小。崩落法开采，矿壁应力集中程度最大，顶板上方监测点最大应力为 3.4MPa；房柱法开采间隔矿柱应力集中程度较大，顶板上方监测点最大应力为 2.73MPa，且矿柱应力集中区域较大，受相邻矿房采动影响最大，随后基本保持不变；充填法开采，矿柱回采前，应力集中区域面积减小，顶板上方监测点最大应力值为 2.6MPa；房柱法与充填法开采过程中，采场矿压显现规律较一致，充填法开采采场应力范围明显减小，从采场应力显现及覆岩运移规律角度考虑，其优于房柱法开采；但是充填法生产成本高，采矿工艺复杂，建议进行经济合理性分析，同时应进一步优化充填法结构参数。

(8)借助现场调查、理论分析、数值模拟、模型试验等手段，对倾斜中厚磷矿地下开采矿压活动规律及其控制与地表沉陷规律、基于数值流形方法的边坡稳定性分析方法、磷矿高边坡处置技术、基于 GIS 的磷矿信息化安全管理等磷矿高效安全开采技术进行了系统研究。研究得到的地下开采矿压活动规律与地表沉陷规律，提出的边坡稳定性分析方法、高边坡处置技术、磷矿信息化安全管理技术，以及所研制的软件和程序，均紧密结合云南磷化集团有限公司晋宁磷矿 6 号坑露天转地下开采工程，并进行了一些初步应用。

8.2　展　　望

露天转地下开采是边坡与地下开采所组成的"露井二元复合采动系统"应力场、位移场、变形破坏场不断演化的过程，所有矿山压力现象都是随着矿体采出、应力重新分布及岩体的位移运动与变形破坏所引起的。因此，研究露天转地下开采后层状高陡岩质边坡与地下开采耦合作用下岩体的采动演化(应力场、位移场、变形破坏场)特征，是揭示露天转地下开采后边坡与地下开采耦合作用机理的关键基础科学问题。目前，露天矿边坡对地下采场围岩及其上覆岩体的应力分布、移动破坏模式及其稳定性有何影响，影响到何种程度，依旧未形成理论上的统一认识，对边坡与地下开采耦合作用下的岩体非线性变形机制及动态失稳机理缺乏足够认知，无法精准、量化为露天转地下开采后采场地压管理与控制及露天边坡的安全维护提供科学依据与指导。"十四五"期间尚需开展如下方面的研究：

(1)露天转地下开采后露天边坡对地下开采的影响效应及作用机制(边坡的坡高与坡角对地下开采的影响效应)；

(2)露天转地下开采后岩体应力场、位移场、变形破坏场的演化过程及其动态变化特征；

(3)露天转地下开采后地下采场围岩及上覆岩体变形破坏演化的形态特征；

(4)降雨-采动-爆破震动等多重因素耦合作用下岩体(露天矿边坡和地下采场围岩岩体稳定性)的安全;

(5)露天转地下开采专门形似模拟试验设备研制。

参 考 文 献

[1] 北京中经企研投资咨询有限公司. 中国磷矿及磷化工行业研究报告[R]. 北京: 中投产业研究中心, 2010.

[2] 云南磷化集团有限公司深部矿体开采项目组. 云南磷化集团有限公司深部矿体开采初步研究报告[R]. 昆明: 云南磷化集团有限公司, 2010.

[3] 杜家海. 第十四届全国化肥市场研讨会[R]. 西宁: 中国化工信息中心, 2009.

[4] 中国化学矿业协会. 我国重要化工矿产国土资源调查评价需求分析研究[R]. 北京: 中投产业研究中心, 2010.

[5] Keneti A, Sainsbury B A. Development of a semi-quantitative risk matrix for strain-burst hazard assessment-a numerical modelling approach in the absence of micro-seismic data[J]. Engineering Geology, 2020, 279 (1): 1-16.

[6] Tajdus A, Flisiak J, Juidau M, et al. Estimation of rock-burst hazard basing on 3D stress field analysis[C]. International Symposium on Rockbursts and Seismicity in Mines, Krakow, 1997: 273-277.

[7] Gibowicz S J. Seismic doublets and multiplets at Polish coal and copper mines[J]. Acta Geophysica, 2006, 54 (2): 142-157.

[8] Brady B H C, Brown E T. 地下采矿岩石力学[M]. 冯树仁, 佘诗刚, 朱柞铎等译. 北京: 煤炭工业出版社, 1990.

[9] Jackson E A. Perspectrues of Nonlinear Dynamics[M]. London: Cambridge University Press, 1993.

[10] Hoek E, Brady J W. 岩石边坡工程[M]. 卢世宗, 李成村, 夏继祥等译. 北京: 冶金工业出版社, 1983.

[11] Rulkov N F. Regularization of synchronized chaotic bursts[J]. Physical Review Letters, 2001, 86 (1): 183-186.

[12] Kazuyuki Y, Moriyoshi K. External feedback control of chaos using approximate periodic orbits[J]. Physical Review Engineering, 2002, 65 (2): 262041-262047.

[13] Brown E T. Ground control for underground excavations achievements and challenges[C]. Proceeding international Conference of Geomech/Ground Control Mine Underground Control, Wollongong, 1998.

[14] Bienawski Z T. Strata Control in Mineral Engineering[M]. New York: Wiley, 1987.

[15] Jeremic M L. Strata Mechanics in Coal Mining[M]. Boston: A. A. Balkemia, 1985.

[16] Peng S S. Coal Mine Ground Control[M]. Los Angeles: Elsevier, 2008.

[17] Zhang D L. Strata control at the face with fully mechanize sub-level caving[C]. Proceeding of Sixth International Symposium on Mine Planning and Equipment Selection, Rotterdam, 1996.

[18] Wang Q K. The characteristics of the ground pressure manifestation and the movement of top coal mass in the gently inclined working face with top-coal drawing[C]. Proceedings of International Symposium, Washington City, 1988.

[19] Jian W, Zhao S C. System behavior analysis of the ground movement around a long-wall[C]. Proceeding of the 30th U. S. Symposium, Washington City, 1989.

[20] Thomas E G. Selection and specification criteria for fills for cut and fill mining[C]. Application of Rock Mechanics to Cut and Fill Mining: Insitute of Mining and Metallurgy, London, 1981: 128-132.

[21] Qian M G. A study of the behaviors of overlying Strata in long wall mining and its application to strata controls[C]. Proceedings of the Symposium on Strata Mechanics, Paris, 1982.

[22] Knothe S. Rowanie profilu niecki ostatecznie wyksztaiconejosiadania[J]. Arch Pharm (Weinhein), 1953, 26 (3): 1-15.

[23] Litwiniszyn J. Przemieszenia gorotworu W s' wietle teorii prawdop odobienstwa[J]. Arch Pharm (Weinhein), 1954, 68 (6): 1-26.

[24] Marcak H, Zuberek W M. Geofizyka Gornicza[M]. Kato: SWT Press, 1994.

[25] Zhou X Z, Bai J B. Calculating the location of roadways by using numerical method[C]. Computer Methods and Advances in Geomechanics, Sydney, 1997: 1527-1530.

[26] Galvin J M, Hebble white B K. Australian coal pillar performance[R]. Sidney: University of New South Wales, 1996.

[27] Slawomir J, Gibowiez C, Lasoeki S. Analysis of shallow and deep earthquake doublets in the Fiji-Tonga-Kermadec Region[J]. Pure and Applied Geophysics, 2007, 164(1): 42-53.

[28] Pen S. Coal Mine Ground Control[M]. New York: John Wiley and Sons, 1978.

[29] Tang C A. Numerical simulation of rock failure and associated seismicity[J]. International Journal of Rock Mechanics and Mining Sciences and Geo-Mechanics Abstracts, 1997, 34(2): 249-262.

[30] Tang C A, Kaiser P K. Numerical simulation of cumulative damage and seismic energy release during brittle rock failure (Part Ⅰ) fundamental[J]. International Journal of Rock Mechanics and Mining Sciences and Geo-Mechanics Abstracts, 1998, 35(2): 113-121.

[31] Li S P, Wu D X, Xie W H, et al. Effect of confining pressure and specimen dimension on permeability of Yinzhuang Sandstone[J]. International Journal of Rock Mechanics and Mining Sciences and Geo-Mechanics Abstracts, 1997, 34(3/4): 435-441.

[32] Gilmore R. Catastrophe Theory for Mining Scientists and Engineers[M]. New York: Wiley, 1981.

[33] Aydan Q. The stabilization of rock engineering structure by bolts[D]. Nagoya: Nagoya University, 1989.

[34] Berry D S, Sales T W. An elastic-treatment of group movement due to mining[J]. Journal of the Mechanics and Physics of Solids, 1961, (9): 52-56.

[35] Moebs N N. Subsidence over four room-and-pillar sections in southwestern pennsylvania[R]. Bureau of Mines Report of Investigations, Mexico City, 1982.

[36] Siriwardane H J. A numerical procedure for prediction of subsidence caused by longwall mining[C]. Proceedings Fifth International Conference on Numerical Methods in Geomechanics, Mexico City, 1985: 116-120.

[37] Karmis M, Jaroz A. Prediction of ground movements due to underground mining in the eastern United States coalfields[J]. Mining and Mineral Engineering, 1987, 2(1): 112-113.

[38] Palarski J. The experimental and practical results of applying backfill[C]. Proceedings of the 4th International Symposium on Mining with Backfill, Montreal, 1989.

[39] Peng S S. Surface subsidence engineering society for mining[J]. Metallurgy and Exploration Incorporated, 1992, 27(1): 374-381.

[40] Berry D S. Ground movement considered as an elastic phenomenon[J]. Mining Engineering, 1963, 123: 28-43.

[41] Karl R, Zipf J, Mark C. Design methods to control violent pillar failures in room-and-pillar mine[J]. Transactions of the Institution of Mining and Metallurgy, 1997, 106: A124-131.

[42] Whittaker B N. Surface subsidence aspects of room and pillar mining[J]. Mining Department Magazine, University of Nottingham, 1985, 37: 59-67.

[43] Asaoka A. Observational procedure of settlement prediction[J]. Soils and Foundations, 1978, 18(4): 87-101.

[44] Bell F G, Culshaw M C, Cripps J C, et al. Engineering Geology of Underground Movement[M]. London: Engineering Geology, 1988.

[45] Waltham A C. Ground Subsidence[M]. New York: Chapman and Hall, 1989.

[46] Sheoey P R, Loui J P, Singth K B, et al. Ground subsidence observation and a modified influence function method for complete subsidence prediction[J]. International Journal of Rock Mechanics and Mining Sciences, 2000, 37: 801-811.

[47] Wang J C, Yin Z Z, Bai X J. The basic mechanics problems and the development of longwall too-coal caving technique in China[J]. Journal of Coal Science Engineering (China), 1999, (2): 1-7.

[48] Dubinski J, Konopko W. Tapnia-Ocena, Prognoza, Zwalcznie[M]. Katowice: Glowny Instytut Gornictwa Press, 2000.

[49] 钱鸣高, 石平五. 矿山压力与岩层控制[M]. 徐州: 中国矿业大学出版社, 2003.

[50] 陈炎光, 钱鸣高. 中国煤矿采场围岩控制[M]. 徐州: 中国矿业大学出版社, 1994.

[51] 张晓峰. 石膏矿采空区处理方法研究[D]. 武汉: 武汉理工大学, 2007.

[52] Wu J, Meng X R, Jiang Y D. Development of longwall top-coal caving technology in China[C]. Proceeding of 99 International Workshop on Underground Thick-Seam Mining, Wuhan, 1999, 6: 101-112.

[53] Qian M G, He F L, Miu X X. The system of strata control around longwall face in China[C]. Proceedings of 96 International Symposium on Mining Science and Technology, Beijing, 1996: 1518.

[54] 杨科. 围岩宏观应力壳和采动裂隙演化特征及其动态效应研究[D]. 淮南: 安徽理工大学, 2007.

[55] Boltengagen L L. Influence exerted by direction of the principal initial stresses on the stress-strain state of rock mass mine working[J]. Journal of Mining Science, 2002, 38 (3): 235-243.

[56] 宋振骐, 蒋金泉, 宋扬. 关于采场巷道矿压控制设计问题[J]. 山东矿业学院学报, 1985, 12 (3): 1-11.

[57] 袁义. 地下金属矿山岩层移动角与移动范围的确定方法研究[D]. 长沙: 中南大学, 2008.

[58] 钱鸣高, 缪协兴. 采场上覆岩层结构的形态与受力分析[J]. 岩石力学与工程学报, 1995, 14 (2): 97-104.

[59] 史元伟. 采煤工作面围岩控制原理和技术[M]. 徐州: 中国矿大出版社, 2003.

[60] 马书明, 吕文玉, 孙丙. 深部采场矿山压力理论研究现状及趋势[J]. 煤炭工程, 2010, 47 (10): 87-89.

[61] 鲍里索夫 AA. 矿山压力原理与计算[M]. 王庆康, 译. 北京: 煤炭工业出版社, 1986.

[62] 佩图霍夫 И M. 冲击地压和突出的力学计算方法[M]. 段克信, 译. 北京: 煤炭工业出版社, 1994.

[63] Yin G Z, Li X S, Wei Z A, et al. Similar Simulation experimental investigation on the stability of the stope roof of gently inclined medium thick phosphate rock under the ming of cemented backfilling of wasted rock[J]. Disaster Advances, 2010, 3 (4): 505-509.

[64] 宋振骐, 蒋金泉. 煤矿岩层控制的研究重点与方向[J]. 岩石力学与工程学报, 1996, 15 (2): 128-134.

[65] 宋振骐. 实用矿山压力控制[M]. 徐州: 中国矿大出版社, 1988.

[66] 钱鸣高, 刘听成. 矿山压力及其控制 (修订版) [M]. 北京: 煤炭工业出版社, 1992.

[67] 宋振骐, 蒋宇静. 采场顶板控制设计中几个问题的分析探讨[J]. 矿山压力与顶板管理, 1986, (1): 1-9.

[68] 马其华. 长壁采场覆岩 "O" 型空间结构及相关矿山压力研究[D]. 泰安: 山东科技大学, 2005.

[69] 钱鸣高, 赵国景. 老顶断裂前后的矿山压力变化[J]. 中国矿业学院学报, 1986, 15 (4): 11-19.

[70] 朱德仁, 钱鸣高. 长壁工作面老顶断裂的计算机模拟[J]. 中国矿业学院学报, 1987, 16 (3): 1-9.

[71] 徐秉业, 刘信声. 结构塑性极限分析[M]. 北京: 中国建筑工业出版社, 1985.

[72] 姜福兴. 薄板力学解在坚硬顶板采场的适用范围[J]. 西安矿业学院学报, 1991, (2): 12-19.

[73] Wang H W, Chen Z H, Du Z C, et al. Application of elastic thin plate theory to change rule of roof in underground stope[J]. Chinese Journal of Rock Mechanics and Engineering, 2006, 25 (S2): 3769-3774.

[74] 缪协兴, 钱鸣高. 采场围岩整体结构与砌体梁力学模型[J]. 矿山压力与顶板管理, 1995, (4): 3-12.

[75] 钱鸣高, 缪协兴, 许家林. 岩层控制中关键层的理论研究[J]. 煤炭学报, 1996, 2 (3): 225-230.

[76] 钱鸣高, 缪协兴. 采场矿山压力理论研究的新进展[J]. 矿山压力与顶板管理, 1996, (2): 17-20.

[77] 钱鸣高, 何富连, 缪协兴. 采场围岩控制的回顾与发展[J]. 煤炭科学技术, 1996, (1): 1-3.

[78] 许家林. 岩层移动控制的关键层理论及其应用[D]. 徐州: 中国矿业大学, 1999.

[79] 靳钟铭. 放顶煤开采理论与技术[M]. 北京: 煤炭工业出版社, 2001.

[80] 宋选民, 靳钟铭, 弓培林, 等. 放顶煤采场老顶失稳规律研究[J]. 矿山压力与顶板管理, 1993, (Z1): 76-84.

[81] 徐步文, 邵利英, 童长久. 关于开阳磷矿采矿方法的改进途径[J]. 化工矿物与加工, 1983, (1): 55-57, 26.

[82] 陈云鹤. 对矾山磷矿采矿方法的探讨[J]. 化工矿物与加工, 1992, (3): 30-32.

[83] 杨玉学. 河北矾山磷矿采矿方法的探讨[J]. 矿业快报, 2008, 472(8): 67-69.

[84] 刘九珠. 开阳磷矿采矿方法试验研究[J]. 化工矿物与加工, 1989, (5): 6-9.

[85] 周建昌, 周麟, 王学梁. 宜昌神农磷矿采矿方法探讨[J]. 化工矿物与加工, 1989, 18(6): 1-5.

[86] 周绍明. 新浦磷矿采矿方法述评[J]. 化工矿物与加工, 1992, 21(5): 13-16.

[87] 陈义君. 浅谈瓮福磷矿采矿方法试验的必要性[J]. 化工矿物与加工, 1994, (2): 50-53.

[88] 金小田. 樟村坪磷矿采矿方法的探讨[J]. 化工矿物与加工, 1994, (4): 37-39.

[89] 钟春晖. 极薄矿脉采矿方法研究[D]. 昆明: 昆明理工大学, 2004.

[90] Kriiger J. Copper Mining and Metallurgy in Prehistoric and the More Recent Past[M]. Amsterdam: Springer, 2004.

[91] Walz R. New developments in phosphorus flam retardants[J]. Speciality Chemicals Magazine, 2002, 22(2): 23-25.

[92] 魏锦平, 靳钟铭, 汤溢. 坚硬顶板综放采场台阶式悬梁结构控制及其数值分析[J]. 湘潭矿业学院学报, 2002, 17(4): 15-19.

[93] 张顶立. 采场直接顶整体力学特性及支架围岩关系的研究[D]. 北京: 中国矿业大学, 1997.

[94] 张顶立. 综合机械化放顶煤开采采场矿山压力控制[M]. 北京: 煤炭工业出版社, 1999.

[95] 吴健, 张勇. 综放采场支架—围岩关系的新概念[J]. 煤炭学报, 2001, 26(4): 351-355.

[96] 阎少宏. 放顶煤开采顶煤与顶板活动规律研究[D]. 北京: 中国矿业大学, 1995.

[97] 郝海金. 长壁大采高上覆岩层结构及采场支护参数研究[D]. 北京: 中国矿业大学, 2005.

[98] 弓培林, 靳钟铭. 大采高综采采场顶板控制力学模型研究[J]. 岩石力学与工程学报, 2008, 27(1): 193-198.

[99] 弓培林. 大采高采场围岩控制理论及应用研究[D]. 太原: 太原理工大学, 2005.

[100] 侯忠杰, 黄庆享. 松散层下浅埋薄基岩煤层开采的模拟[J]. 陕西煤炭技术, 1994, (2): 38-42.

[101] 黄庆享. 浅埋煤层长壁开采顶板结构及岩层控制研究[M]. 徐州: 中国矿业大学出版社, 2000.

[102] 邓广哲. 放顶煤采茶功能上覆岩层运动和破坏规律研究[J]. 矿山压力与顶板管理, 1994, (2): 23-28.

[103] 姜福兴, 马其华. 深部长壁工作面动态支承压力极值点的求解[J]. 煤炭学报, 2002, 27(3): 273-275.

[104] 姜福兴. 采场覆岩空间结构观点及其应用研究[J]. 采矿与安全工程学报, 2006, 23(1): 30-33.

[105] 翟英达. 采场上覆岩层结构的面接触类型及稳定性力学机理[D]. 北京: 煤炭科学研究总院, 2007.

[106] 谢广祥. 综放面及其围岩宏观应力壳力学特征研究[J]. 煤炭学报, 2005, 30(3): 309-313.

[107] Xie G X, Chang J C, Yang K. Investigation on displacement field characteristics of tunnel's surrounding rock and coal seam at FMTC face[J]. Journal of Coal Science & Engineering, 2006, 12(2): 1-5.

[108] 谢广祥, 杨科, 常聚才. 非对称综放开采煤层三维应力分布特征及其层厚效应研究[J]. 岩石力学与工程学报, 2007, 26(4): 775-779.

[109] 谢广祥, 杨科, 常聚才. 煤柱宽度对综放面围岩应力分布规律影响[J]. 北京科技大学学报, 2006, 28(11): 1005-1008.

[110] 谢广祥, 常聚才, 华心祝. 开采速度对综放面围岩力学特征影响研究[J]. 岩土工程学报, 2007, 29(7): 1-5.

[111] Xie G X, Liu Q M, Cha W H, et al. Patterns governing distribution of surrounding-rock stress and strata behaviors of fully-mechanized caving Faces[J]. Journal of Coal science & Engineering, 2004, 10(1): 5-8.

[112] Xie G X, Luo Y. Study on the countermeasures against methane outburst of mining multiple upper protective layers in coal seams cluster[J]. Journal of Coal Science & Engineering, 2005, 11(1): 31-34.

[113] 赵卫强, 孟晴. 国内外矿山开采沉陷研究的历史及发展趋势[J]. 北京工业职业技术学院学报, 2010, 9(1): 12-15.

[114] 何国清, 杨伦, 凌赓娣, 等. 矿山开采沉陷学[M]. 徐州: 中国矿业大学出版社, 1991.

[115] 纪万斌. 塌陷学概论[M]. 北京: 中国城市出版社, 1994.

[116] 克拉茨 H. 采动损害及其防护[M]. 北京: 煤炭工业出版社, 1984.

[117] 布德雷克 W, 克诺特 S T. 在波兰城镇和工业建筑物下面的开采问题[J]. 北京矿业学院学报, 1958, 3(1): 21-27.

[118] 阿威尔辛 C R. 煤矿地下开采的岩层移动[M]. 北京矿业学院矿山测量教研组, 译. 北京: 煤炭工业出版社, 1959.

[119] 布克林斯基 B A. 矿山岩层与地表移动[M]. 王金庄, 洪渡, 译. 北京: 煤炭工业出版社, 1989.

[120] 周国铨. 建筑物下采煤[M]. 北京: 煤炭工业出版社, 1983.

[121] 刘宝琛, 廖国华. 煤矿地表移动的基本规律[M]. 北京: 中国工业出版社, 1965.

[122] 夏才初, 李永盛. 地下工程测试理论与监测技术[M]. 上海: 同济大学出版社, 1998.

[123] 陈永奇, 吴子安, 吴中如. 变形监测分析与预报[M]. 北京: 测绘科技出版社, 1998.

[124] 隋旺华. 开采沉陷土体变形工程地质研究[M]. 北京: 中国矿业大学出版社, 1999.

[125] 蒋金平. 采空区地层沉陷过程中关键岩层的作用[J]. 岩土力学, 2003, 24(z): 439-442.

[126] 王崇革, 宋振骁, 石永奎, 等. 近水平煤层开采上覆岩层运动与沉陷规律相关研究[J]. 岩土力学, 2004, 25(8): 1343-1346.

[127] Zou Y F, Chai H B. Discussion of the stability of nonlinear dynamic system of strip mining engineering rock mass progress in mining science and safety technology[C]. Proceeding of the 2007'International Symposium on Safety Science and Technology, Shenyang, 2007.

[128] Guo W B. Analysis on the damage characteristic of highway due to mining and its application[C]. Proceeding in Mining Science and Safety Technology, Beijing, 2002.

[129] Guo W B, Deng K Z, Zou Y F. Research on artificial neural network model for calculating strata angles of draw[C]. Progress in Safety Science and Technology, Shenyang, 2004.

[130] Guo W B, Zou Y F, Liu Yi X. Current status and future prospects of coal mining subsidence and hazard prevention technology in China[C]. Proceeding of International Conference of University of North Carolina of United States, North Carolina, 2005.

[131] 王明立. 急倾斜煤层开采岩层破坏机理及地表移动理论研究[D]. 北京: 北京煤炭科学研究总院, 2008.

[132] 郭文兵, 邓喀中, 邹友峰. 条带开采的非线性理论研究及应用[M]. 徐州: 中国矿业大学出版社, 2005.

[133] 何国清, 马伟民, 王金庄. 威布尔分布性函数在地表移动计算中的应用[J]. 中国矿业学院学报, 1982, (1): 15-17.

[134] 何国清. 充分采动区内及主断面上水平移动变形的分布规律[J]. 中国矿业学院学报, 1986, (2): 62-73.

[135] Wang Y J. Boundary element method for viscoelastie problem in rock mechanics[J]. Press of Northeast University of Technology, l986, 6(34): 1-23.

[136] Jakubec J, Long L, Nowicki T, et al. Underground geotechnical and geological investigations at Ekati Mine-Koala North: case study[J]. Science Direct, 2004, 76(1): 347-357.

[137] Moss A, Diachenko S, Townsend P. Interaction between the block cave and the pit slopes at palabora[J]. Journal of the South African Institute of Mining and Metallurgy, 2006, 106(7): 399-410.

[138] Richard K B, Li H, Moss A. The transition from open pit to underground mining: an unusual slope failure mechanism at Palabora[C]. Proceedings of the International Symposium on Stability of Rock Slopes in Open Pit Mining and Civil Engineering, Cape Town, 2006.

[139] Bakhtavar E. Transition from open-pit to underground in the case of Chah-Gaz iron ore combined mining[J]. Journal of Mining Science, 2013, 49(6): 955-966.

[140] Sokolov I V, Smirnov A A, Antipin Y G, et al. Rational design of ore discharge bottom in transition from open pit to underground mining in udachny mine[J]. Journal of Mining Science, 2013, 49(1): 90-98.

[141] Bakhtavar E, Shahriar K. Economical-mathematical analysis of transition from open-pit to underground mining[J]. International Journal of Rock Mechanics and Mining Sciences, 2015, 52(9): 79-88.

[142] 李占金, 韩现民, 甘德清, 等. 石人沟铁矿露天转地下过渡期采场结构参数研究[J]. 矿业研究与开发, 2008, (3): 1-2.

[143] 周科平, 田坤, 邓红卫, 等. 境界顶柱安全评价未确知测度模型及其应用[J]. 科技导报, 2012, 30(23): 41-45.

[144] 谢胜军, 蔡嗣经, 李有臣. 基于模糊多属性决策的南芬铁矿露天转地下采矿方法优选[J]. 集成技术, 2013, 2(3): 98-104.

[145] 张钦礼, 陈秋松, 胡威, 等. 露天转地下采矿隔离层厚度研究[J]. 科技导报, 2013, 31(11): 33-37.

[146] 李海英, 任凤玉, 严国富, 等. 露天转地下过渡期岩移危害控制方法[J]. 东北大学学报, 2015, 36(3): 419-422, 477.

[147] 李长洪, 王云飞, 蔡美峰, 等. 基于支持向量机的露天转地下开采边坡变形模型[J]. 北京科技大学学报, 2009, 31(8): 945-950.

[148] 宋卫东, 付建新, 王东旭. 露天转地下开采围岩破坏规律的物理与数值模拟研究[J]. 煤炭学报, 2012, 37(2): 186-191.

[149] 张亚民, 马凤山, 徐嘉谟, 等. 高应力区露天转地下开采岩体移动规律[J]. 岩土力学, 2011, 33(S1): 590-595.

[150] 徐帅, 李元辉, 安龙, 等. 地下开采扰动下高陡边坡稳定性研究[J]. 采矿与安全工程学报, 2012, 29(6): 888-893.

[151] 胡建华, 张行成, 甯瑜琳, 等. 露天转地下开采边坡稳定性概率分析[J]. 矿冶工程, 2012, 32(5): 1-3, 6.

[152] 刘杰, 赵兴东, 路增祥. 露天转地下开采方案优化及边坡稳定性分析[J]. 东北大学学报, 2013, 34(9): 1327-1329, 1334.

[153] 王云飞, 李长洪, 崔芳. 露天转地下开采边坡失稳动力冲击灾害演化机理[J]. 矿冶工程, 2013, 33(5): 13-16, 20.

[154] 常来山, 李欣, 刘文杰. 眼前山露天矿转地下开采边坡大变形模式数值模拟[J]. 金属矿山, 2013, 42(12): 31-32, 36.

[155] 张定邦. 超高陡边坡与崩落法地下开采相互影响机理模型试验研究[D]. 武汉: 中国地质大学, 2013.

[156] 王鹏, 周传波, 蒋楠. 露天边坡滑坡体冲击下围岩变形特性分析[J]. 金属矿山, 2014, 43(5): 36-39.

[157] 孙世国, 郭炜晨, 刘文波, 等. 露天转地下开采诱发高边坡滑移机制研究[J]. 金属矿山, 2015, 44(5): 162-165.

[158] 邓清海, 曹家源, 张丽萍, 等. 转地下开采后龙首矿露天采坑底部隆起机理[J]. 采矿与安全工程学报, 2015, 32(4): 677-682.

[159] 李博, 杨志强, 高谦. 深凹露天转地下开采对高陡边坡稳定性影响数值分析[J]. 矿业研究与开发, 2015, 35(2): 65-68.

[160] 房智恒, 王李管, 贾明涛. 露天转地下开采对上覆构筑物安全影响分析[J]. 中国安全科学学报, 2015, 25(2): 83-88.

[161] 贾太保. 露天转地下开采诱发环境破坏的动态预测[J]. 中国安生产科学技术, 2015, 11(3): 99-104.

[162] 张亚宾, 侯永康, 甘德清. 露天转地下开采对边坡稳定性影响的实验研究[J]. 化学矿物与加工, 2016, 45(5): 48-51.

[163] 王云飞, 焦华, 王立平, 等. 露天转地下开采边坡变形和应力特性研究[J]. 矿冶, 2016, 25(1): 5-9.

[164] 孙世国, 张玉娟, 张英海, 等. 露天转地下 L 型工作面开采上覆岩体稳定性分析及边坡治理方案[J]. 煤矿安全, 2016, 47(9): 162-165.

[165] 李宏艳, 王维华, 齐庆新, 等. 基于分形理论的采动裂隙时空演化规律研究[J]. 煤炭学报, 2014, 39(6): 1023-1030.

[166] 张勇, 张春雷, 赵甫. 近距离煤层群开采底板不同分区采动裂隙动态演化规律[J]. 煤炭学报, 2015, 40(4): 786-792.

[167] 薛东杰, 周宏伟, 任伟光, 等. 浅埋深薄基岩煤层组开采采动裂隙演化及台阶式切落形成机制[J]. 煤炭学报, 2015, 40(8): 1746-1752.

[168] 李树刚, 秦伟博, 李志梁, 等. 重复采动覆岩裂隙网络演化分形特征[J]. 辽宁工程技术大学学报(自然科学版), 2016, 35(12): 1384-1389.

[169] 陈军涛, 郭惟嘉, 尹立明, 等. 深部开采底板裂隙扩展演化规律试验研究[J]. 岩石力学与工程学报, 2016, 35(11): 2298-2306.

[170] 李小双, 李耀基, 王孟来. 缓倾斜中厚磷矿床房柱法开采下矿柱稳定性及采场结构优化相似模拟试验研究[J]. 金属矿山, 2015, 44(5): 44-47.

[171] 郭文兵, 柴华彬. 煤矿开采损害与保护[M]. 北京: 煤炭工业出版社, 2008.

[172] 煤炭科学研究院北京开采研究所. 煤矿地表移动与覆岩破坏规律及其应用[M]. 北京: 煤炭工业出版社, 1981.

[173] 邹友峰, 王少安. 应用抽样定理改进典型曲线预计方法[J]. 矿山测量, 2000, (4): 26-27, 15.

[174] 穆伟刚, 孙世国, 冯少杰. 地下开采诱发地表沉降预测方法的研究[J]. 金属矿山, 2010, 412(4): 10-12.

[175] Randolph J, Roth R, Balfour W, et al. Domestic water supply impacts by underground coal mining in Virginia[J]. Environmental Geology, 1997, 29(1): 84-93.

[176] 浑宝炬. 林西矿东部十水平城镇建筑群下开采方案研究[D]. 唐山: 河北理工大学, 2000.

[177] 路学忠. 宁东煤田采煤沉陷地质灾害规律研究[D]. 北京: 中国地质大学, 2006.

[178] 吴立新, 王金庄, 刘延安, 等. 建筑物下压煤条带开采理论与实践[M]. 徐州: 中国矿业大学出版社, 1994.

[179] 吴立新, 王金庄. 连续大面积开采托板控制岩层变形模式的研究[J]. 煤炭学报, 1994, 19(3): 233-241.

[180] 李增琪. 计算矿山压力和岩层移动的三维层体模型[J]. 煤炭学报, 1994, 19(2): 115-121.

[181] 杨硕, 李增琪. 构筑物下开采集中位移应变漏与大变形——矿山压力、岩层移动和地表移动的三维力学计算方法及其应用[M]. 北京: 科学出版社, 2003.

[182] 缪协兴, 钱鸣高. 超长综放工作面覆岩关键层破断特征及对采场矿压的影响[J]. 岩石力学与工程学报, 2003, 22(1): 45-47.

[183] 缪协兴, 陈荣华, 浦海, 等. 采场覆岩厚关键层破断与冒落规律分析[J]. 岩石力学与工程学报, 2005, 24(8): 1290-1295.

[184] 许家林, 连国明, 朱卫兵, 等. 深部开采覆岩关键层对地表沉陷的影响[J]. 煤炭学报, 2007, 32(7): 686-690.

[185] 景海河. 深部工程围岩特性及其变形破坏机制研究[D]. 北京: 中国矿业大学, 2002.

[186] Zhang X, Zhang X K, Liu M. Deep structural characteristics and seismogenesis of the M≧8. 0 earthquakes in north China[J]. Acta Seismo-Logical Sinica, 2003, 16(2): 148-155.

[187] Zaretskii Yu K, Karabaev M I. Feasibility of face surecharging during deep settlement—free tunneling in dense urban settings[J]. Soil Mechanics and Foundation Engineering, 2004, 41(4): 1136-1149.

[188] Winde F, Sandham L A. Uranium pollution of south afican streams—an overview of the situation in gold mining areas of the wit-watersrand[J]. Geojournal, 2004, 61(2): 112-115.

[189] Dondurur D. Depth estimates for slingram electromagnetic anomalies from dipping sheet-like bodies by the normalized full gradient method[J]. Pure and Applied Geophysics, 2005, 162(11): 2179-2195.

[190] 李国峰. 鹤岗兴安矿深井大巷高冒塌方机理及其控制对策研究[D]. 北京: 中国矿业大学, 2002.

[191] Sun X M, Cai F, Yang J, et al. Numerical simulation of the effect of couuling support of bolt-mesh-anchor in deep tunnel[J]. Mining Science and Technology, 2009, 19(3): 352-357.

[192] 秦豫辉, 田朝晖. 我国地下矿山开采技术综述及展望[J]. 采矿技术, 2008, 8(2): 1-2, 34.

[193] Peruzzini M. White phosphorus and green chemistry: towards an eco-effiiciently catalysed oxidative phosphory-lation[J]. Speciality Chemicals Magazine, 2003, 23(1): 32-35.

[194] Ehses M, Romerosa A, Peruzzini M. Metal-mediated degradation and reaggragation of white phosphorus[J]. Topics in Current Chemistry, 2002, 220(3): 107-140.

[195] 夏天劲. 洋水矿区几种典型地质条件下采矿方法的优选研究[D]. 长沙: 中南大学, 2005.

[196] 夏彬伟. 深埋隧道层状岩体破坏失稳机理实验研究[D]. 重庆: 重庆大学, 2009.

[197] 巫德斌. 层状岩体边坡工程力学参数研究[D]. 南京: 河海大学, 2005.

[198] 郭志华. 层状岩体宏观力学参数的计算机模拟试验[D]. 武汉: 中国科学院武汉岩土力学研究所, 2004.

[199] 李向阳. 采空区上覆岩体变形特性研究[D]. 武汉: 武汉大学, 2004.

[200] 黄秋枫. 地质力学模型试验的相似材料[J]. 现代矿业, 2009, 479(3): 50-53.

[201] 李鸿昌. 矿山压力的相似模拟试验[M]. 徐州: 中国矿业大学出版社, 1998.

[202] 康希并, 张建义. 相似材料模拟中的材料配比[J]. 岩石力学与工程学报, 1988, (2): 50-64.

[203] 王汉鹏, 李术才, 张强勇, 等. 新型地质力学模型试验相似材料的研制[J]. 岩石力学与工程学报, 2006, 25(9): 1842-1847.

[204] 李元海. 数字照相量测技术及其在岩土工程实验中的应用[M]. 徐州: 中国矿业大学出版社, 2009.

[205] 李元海, 朱合华, 上野胜利, 等. 基于图像分析的实验模型变形场量测标点法[J]. 同济大学学报, 2003, 31(10): 1141-1145.

[206] 李元海, 靖洪文, 刘刚, 等. 数字照相量测在岩石隧道相似模型试验中的应用[J]. 岩石力学与工程学报, 2007, 26(8): 1684-1690.

[207] 靖洪文, 李元海, 梁军起, 等. 钻孔摄像测试围岩松动圈的机理与实践[J]. 中国矿业大学学报, 2009, 38(5): 645-669.

[208] 张世雄, 张恩强, 蔡美峰, 等. 固体矿物资源开发工程[M]. 武汉: 武汉理工大学出版社, 2010.

[209] 杨明财, 盛建龙, 刘章鲁, 等. 基于有限元分析的露天转地下开采隔离矿柱尺寸研究[J]. 化学矿物与加工, 2017, 46(1): 38-40.

[210] 尹光志, 李小双, 李耀基, 等. 底摩擦模型模拟露天转地下开挖采空区影响下边坡变形破裂响应特征及其稳定性[J]. 北京科技大学学报, 2012, 34(3): 231-238.

[211] 华安增. 矿山岩石力学基础[M]. 北京: 煤炭工业出版社, 1980.

[212] 刘长武, 翟才旺. 地层空间应力场的开采扰动与模拟[M]. 郑州: 黄河水利出版社, 2005.

[213] 陈育民, 徐鼎平. FLAC/FLAC3D 基础与工程实例[M]. 北京: 中国水利水电出版社, 2009.

[214] 彭文斌. FLAC3D 实用教程[M]. 北京: 机械工业出版社, 2007.

[215] 刘波, 韩彦辉. FLAC 原理实例与应用指南[M]. 北京: 人民交通出版社, 2005.